生态地理遥感云计算

闫星光　马天跃　李　晶　杨　荻　编著

U0245703

北京航空航天大学出版社

内 容 简 介

本书共分为8章，书中从Google Earth Engine code Editor在线Web中的实现和账号申请，到JavaScript基础，再到GEE常用功能和GEE案例的分析，用通俗易懂的语言，渐进式讲解了GEE遥感云计算的相关操作技术，包括JavaScript中EE对象、矢量、影像、图像可视化、影像的上传和下载、影像去云、影像时间和边界筛选、指数反演、波段运算、影像掩膜、镶嵌和裁剪、矢量和栅格的转换、面积和周长的计算、线性回归、相关性分析、reducer统计和筛选、join连接、图表加载、runTask以及多个案例分析等内容。书的每章既有基础功能的使用和相应代码配备，也有高级功能知识点探究，是学习Google Earth Engine技术的理想书籍。

本书主要读者对象为测绘、生态、地理、环境和遥感等领域各层次技术及相关科研人员，以及高等院校相关专业在校师生等。

图书在版编目（CIP）数据

生态地理遥感云计算 / 闫星光等编著. —— 北京：
北京航空航天大学出版社, 2024. 11. —— ISBN 978-7
-5124-4543-7

Ⅰ. TP7

中国国家版本馆CIP数据核字第2024EX1234号

本书审图号：GS京（2024）2213号

生态地理遥感云计算

闫星光　马天跃　李　晶　杨　荻　编著
策划编辑　杨晓方　责任编辑　杨晓方

*

北京航空航天大学出版社出版发行

北京市海淀区学院路 37 号（邮编100191） https://www.buaapress.com.cn
发行部电话：（010）82317024　传真：（010）82328026
读者信箱：copyrights@buaacm.com.cn　邮购电话：（010）82316936
涿州市新华印刷有限公司印装　各地书店经销

*

开本：710×1 000　1/16　印张：25.75　字数：504千字
2025 年 1 月第 1 版　2025 年 1 月第 1 次印刷
ISBN 978-7-5124-4543-7　定价：138.00 元

编委会

闫星光，中国矿业大学（北京）博士，主要从事生态环境遥感和地理信息云计算等方面的研究。参与国家自然科学基金、国家重点研发计划、航天宏图教育部产学合作协同育人项目、阿里巴巴达摩院 AI Earth 联合创新研究计划等项目，在国内外期刊发表论文 10 余篇。CSDN、华为云社区、阿里云社区、知乎、51CTO 博客等专栏作者。在 CSDN 平台创建 Google Earth Engine、GEE 训练教程、GEE 案例分析等专栏累计阅读量达数百万次，粉丝数量超 5 万。在 2021年 CSDN 博客之星评选过程中荣获云计算领域 TOP3、2023 年 CSDN 全国博客之星 TOP13，优质创作者。被评为华为云·云享专家，华为云开发专家 HCDE（Huawei Cloud Developer Experts），阿里云社区专家博主，51CTO 博客专家博主等。

马天跃，中国矿业大学（北京）博士，主要从事国土空间规划、矿区森林监测和林龄反演等方面研究。精通 JavaScript、Python 等编程语言在谷歌地球引擎中的应用，负责本书第 5 章的编写工作。

李　晶，中国矿业大学（北京）地球科学与测绘工程学院教授，博士生导师，学院党委书记。主要从事土地利用与土地信息、土地复垦与生态重建、生态遥感、3S 集成应用和资源型城市可持续发展等领域的研究，曾主持和参与多项国家自然科学基金项目和国家重点研发计划项目，发表国内外高水平论文 90 余篇，出版专著 3 部，曾获省部级"科技进步奖"一等奖 2 项，二等奖 3 项以及"北京市师德先进个人"等荣誉。

杨　荻，美国怀俄明大学地理信息中心教授，博士生导师。2019 年获佛罗里达大学地理学博士学位。2019—2020 年于蒙大拿大学以及蒙大拿国家自然遗产中心从事博士后研究。现担任 Nature Scientific Reports 的编辑，14 种国际期刊的审稿人。其研究项目曾得到美国各大研究机构的资助。目前主要研究方向包括志愿者地理信息系统（VGI）、民众科学在地理方面的应用、地理信息云计算、生物多样性、植被遥感，以及宏观生态系统生态学（Macro systems Ecology）。曾多次举办国家级大型讲座宣传普及空间数据理解能力、Google Earth Engine 以及机器学习在地理和自然资源管理方面应用。

另外，中国矿业大学（北京）李晶教授团队成员也参与了本书的编写工作，其中，范丽谨硕士参与了前期的书稿整理工作，苏怡婷、霍江润博士对本书第 4 章中部分内容进行了分析和验证，李亚楠、梁瑞麟和余海霞参与了书稿后期核校工作。

序 言

地理意识、地理支持、地理技术、公民科学和故事讲述有助于提高大家的地理与教育、社会相关性的认识，更有可能吸引全球观众关注地理空间信息学。地理空间云计算和空间分析技术正在迅速接近一个"大时代"，在这个时代，日常生活的方方面面都将是空间化的。

Google Earth Engine（GEE）是一个云计算平台，拥有数 PB 级的卫星图像和地理空间数据集目录。在过去的几年中，GEE 在地理空间社区中变得非常流行，并在本地、区域和全球范围内为众多环境应用提供了支持。GEE 提供 JavaScript 和 Python API 两种主要平台，用于向 Earth Engine 服务器发出计算请求。本书采用动手实践的方法来帮助您使用 GEE 和云计算，教您从 GEE 的基础知识入手，创建和自定义基础的交互式地图。然后，带您学习如何将基于云的 Earth Engine 数据集和本地地理空间数据集加载到交互式地图上。随着章节的推进，您将逐步了解使用 GEE 可视化和分析 Earth Engine 数据集的实际示例，并将学习如何从 Earth Engine 导出数据。您还可学习更多高级主题，例如构建 GEE UI 和部署交互式 Web 应用程序（APP）。

本书能有效地帮助零基础学员快速掌握 GEE 基础知识，同时可以利用该平台实现高效的应用与开发，帮助科研人员实现快速生态、地理遥感快速科研产出，进而极大地推进相关学科的从单机处理到云计算的跨越。

杨 荻

AGU 年会·芝加哥

前　言

　　全球遥感是于 20 世纪 60 年代发展起来的一门新兴技术，自 1972 年美国发射了第一颗陆地卫星后，遥感时代开始逐渐从航空遥感向航天遥感时代跨越。1950 年，中国开始组建专业遥感队伍，进行航摄和应用，1975 年，中国获取了第一颗返回式卫星的卫星影像，标志着我国航天遥感时代到来。目前，我国已经逐步形成高、中、低分辨率遥感数据的全覆盖。面对遥感卫星呈现爆发式增长的趋势，基于本地单机工作站的计算机处理能力已无法满足海量遥感数据的处理和应用，如何快速处理遥感影像和科学分析成为当下新的挑战和机遇。

　　伴随着云计算技术的快速发展，遥感数据云平台应运而生。2011 年，由美国科学家 Morre 和 Hansen 在美国地球物理协会会议上发布的全新的遥感云计算平台——谷歌地球引擎 Google Earth Engine（GEE），正式拉开了遥感云计算的序幕。遥感云平台的出现，为海量遥感数据的处理和分析提供了前所未有的解决方案，颠覆了传统遥感处理手段，使得全球尺度、长时间序列和高分辨率的遥感影像处理的快速处理和分析应用成为现实。

　　近年来，基于 GEE 遥感云平台的科学研究呈爆发式增长的趋势。2010—2020 年，基于 GEE 云平台发布的文章就超过 500 篇，中国知网检索到近 5 年以 Google Earth Engine 为关键词的文献就多达 300 余篇，涵盖了测绘学、环境科学、地理学、农学、林学、气象学等主流学科。其中，卫星应用检索频率最高的关键词以 Landsat、Sentinel-2、MODIS 为主，应用领域以植被覆盖度、土地利用、气候监测、水文、影像处理、城市规划和自然灾害等为主。在全球尺度范围的研究中，以森林监测（含红树林）、地表水、土地覆盖、归一化植被指数 Normalized Vegetation Index（NDVI）、归一化烧毁率 Normalized Burned Ratio（NBR）、山地绿色植被指数 Mountain Green Cover Index（MGCI）等的相应指数研究为主。

　　在遥感云计算平台的大时代背景下，遥感影像处理和应用的云端计算将逐步成为主流。目前，关于遥感云平台的基础分析和综合应用仍处于起步阶段，为更好地服务于广大科研人员和 GEE 遥感生态领域用户，本书将谷歌地球引擎以通俗易懂的方式进行了详细讲解，使读者能快速突破 GEE 遥感云计算的学习瓶颈，以更高效的方式完成相关领域的科学研究和科研产出。书中介绍了现有国内外主流遥感云平台，包括 PIE-Engine、AI Earth 等在内的国内主流遥感云平台，有利于推广和发展国内遥感云计算领域的技术应用。

由于作者研究领域和专业限制，书中存在的诸多问题还望广大读者及时提出宝贵建议和意见，以便我们再版时予以更正。

闫星光

本书相关资源获取方式

CSDN 博客   华为云博客   阿里云博客

知乎专栏   51CTO 博客   公众号：生态云计算

读者如有问题可通过邮箱联系本书作者；Email：xingguangyan0703@gmail.com

目　录

第 1 章　云平台概述

从 1957 年前苏联发射第一颗卫星发射开始，截至 2022 年 6 月，全球卫星数量已超过万颗，其中我国共有 608 颗在轨卫星。随着全球对地观测的需求不断增加，未来卫星数量将迎来井喷式爆发阶段。在遥感领域，随着遥感传感器以及平台与日俱增，光学、激光雷达、红外微波以及夜间灯光等遥感卫星正以海量丰富的数据产品朝高精度、短周期、多维立体的方向发展，不断推动着人类在生态环境、土地利用、气象监测和灾难救援等领域的发展。

随着海量卫星数据产品的诞生，本地传统的单机及软件服务已经无法满足现有的存储和处理功能。在计算机科学领域的不断发展下，云平台、云计算技术的发展逐步成熟，各类遥感云平台也应运而生，以基于 Google 云平台建立的 GEE（Google Earth Engine）遥感云计算平台最为著名且应用最为广泛。其中国外的遥感技术平台以基于亚马逊云推出的微软行星 Planetary Computer 云平台、美国航空航天局的 NEX（NASA Earth Exchange）、澳大利亚的地球科学数据立方体（Geoscience Data Cube）、笛卡儿实验室的 Geoprocessing Platform 为主，国内的遥感云平台相对落后，但也发展迅速，目前以航天宏图信息技术股份有限公司开发的 PIE-Engine 为主要云平台，其次是阿里云旗下的 AI Earth 地球科学云平台。

GEE 历经十几年的发展，全球用户数百万，在遥感云计算领域已经处于独占鳌头的地位。目前 GEE 云平台稍显遗憾的是没有接入国内高分、风云等系列数据，限制了国内、国外多源数据融合下的协同处理分析。随着国内外其他遥感云平台的崛起，未来遥感云计算将会呈现百家争鸣的态势。

1.1　Google Earth Engine 云平台

如图 1.1.1 所示谷歌地球引擎是一个基于云的星球级地理空间分析平台，官网链接 https://earthengine.google.com/，它将谷歌的大规模计算能力运用于社会各种问题，包括森林砍伐、干旱、灾害、疾病、食品安全、水管理、气候监测和环境保护。地球引擎的目的是帮助科研人员能在缺乏计算机编程基础的情况下，快速掌握基本的 JavaScript 和 Python 语言，从而进行遥感海量数据的处理和分析，加快科研进程和产出。Google、卡内基美隆大学和美国地质调查局共同开发此平台。利用该平台可以在云端进行高性能的遥感资源获取和处理。Google Earth Engine 将 PB 级的卫星图像目录、地理空间数据集与行星级分析功能结合，开发人员可使用 Earth Engine 来检测地球表面的变化、绘制趋势图并量化差异。Earth Engine 现在可用于商业领域，并且可免费用于学术和研究（高校科研人员可免费获取）。

地球引擎数据库目前有超过 70 PB（Petabytes 缩写）的公共数据集，且每天正以超过 6 000 景的数据持续增加，数据集不仅涵盖了 Landsat、MODIS 和 Sentinel 等常用的光学遥感卫星，同时，还具有全球人口、气候、土地分类以及河流、国家等矢量数据集；同时允许用户上传自己的矢量数据和影像，每个人在 GEE 中的 Assets 中有 250 GB 的存储空间以及 15 GB 的免费 Google 云盘空间。

Google Earth Engine 和 Google Earth 的区别：Google Earth 能够通过与虚拟地球互动来远程旅行、探索和了解世界，可以查看卫星图像、地图、地形、3D 建筑等。Google Earth Engine 是一种分析地理空间信息的工具。可以通过基于 Web 端的代码编辑器、PYTHON 和 REST 等手段分析森林和水域覆盖率、土地利用变化或评估农田的基本状况等。虽然这两个工具依赖于一些相同的数据，但只有部分 Google Earth 的图像和数据可用于 Earth Engine 中的分析。

图 1.1.1　谷歌地球引擎官网

地球引擎建立在谷歌数据中心环境中可用的一系列技术之上，包括 Borg 集群管理系统和分布式数据库、谷歌文件系统以及 FlumeJava 框架，可用于并行管道执行。地球引擎还能与 Google Fusion Tables 进行互操作，这是一个基于网络的数据库，支持带有属性的几何数据（点、线和多边形）表。

　　地球引擎可支持对空间数据进行快速、交互式的探索和分析，允许用户平移和缩放重新获得的结果，以便一次检查图像的一个子集。为了促进这一点，地球引擎在图层加载过程中，使用一个"懒惰"的计算模型，这样只加载当前地图中显示的研究范围内的影像数据，从而减少运算量和提高运算过程。

1.2　微软行星 Planetary Computer 云平台

　　微软行星计算机平台（https://planetarycomputer.microsoft.com/）将数 PB 的全球环境数据目录与直观的 API、灵活的科学环境相结合，使用户能够回答有关这些数据的全球问题，并将这些答案交到保护利益相关者手中的应用程序。微软的目的在于建立一个全球的环境网络，行星计算机将全球范围的环境监测能力交到科学家、开发人员和政策制定者的手中，从而实现数据驱动的决策，并计划通过 AI for Earth 帮助组织利用云计算的全部力量来支持将 AI 应用于环境挑战的组织。微软行星云平台利用遥感数据致力于解决当今一些最严峻的环境挑战，同时为动态的、全球综合的行星计算机奠定坚实的基础。

　　目前，Planetary Computer 平台只提供 Python 和 R 语言 API，并未设立基于 Web 端开发的 JavaScript 开发界面，但提供了微软 Visual Studio Code 服务，用户可以再连接到 Planetary Computer Hub。微软行星云计算平台主要涵盖四个部分，即一个数据可视化在线浏览器、数据目录、允许用户跨时空搜索所需数据的 API 和一个完全托管的计算环境，允许用户利用 Azure 强大的计算功能轻松实现自助分析，允许科学家处理大量的地理空间数据。

　　微软行星云计算平台目前依旧处于内测阶段，用户可以通过递交申请完成账户的注册。注册后我们就可以选择进入 Planetary Computer Hub 开发环境中（图 1.2.1），选择要开发的环境如 Python、R、PyTorch、TensorFlow 和 QGIS；它使我们的数据和 API 可以通过熟悉的开源工具访问，并允许用户利用 Azure 云计算的强大功能轻松拓展相关的遥感影像数据处理和分析。

　　该平台的优势在于其有高分辨率的影像数据集，这是其他平台所不具备的，部分数据可以转接到谷歌地球引擎中，并通过该链接进行访问：https://planetarycomputer.microsoft.com/catalog。此外，平台还有很多可视化集成的 APP（https://planetarycomputer.microsoft.com/applications），例如，全球土地利用和土地分类、森林损失风险监测、美国生态系统评估系统、AI-Accelerated 地表评估等 6 个集成的应用。

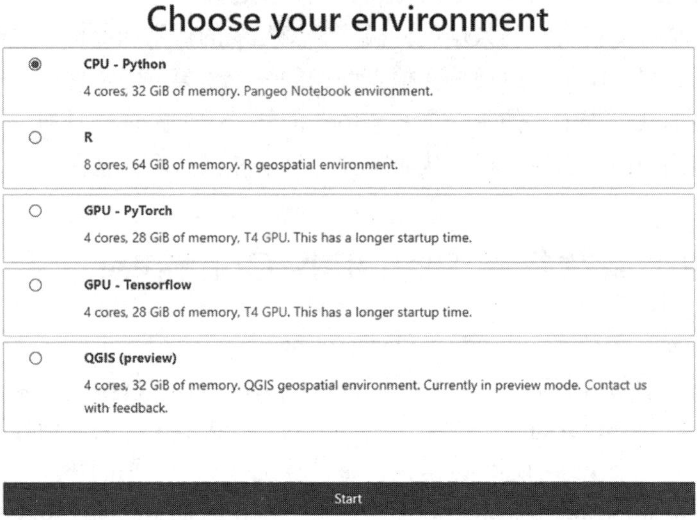

图 1.2.1　Planetary Computer Hub 环境选择界面

1.3　CODE-DE 云平台

CODE-DE（全称 Copernicus Data and Exploitation Platform）是德国地理信息战略的一部分，它提供了方便有效的遥感数据访问、处理这些数据的虚拟工作环境以及支持用户的大量信息资料和培训。CODE-DE 云代表着受联邦交通和数字基础设施部（BMVI）的委托，德国航天局委托 Cloud Ferro 和 Pixel Technologies 公司从 2020 年 4 月 1 日起运营并进一步发展 CODE-DE 云，并与欧洲 EO 平台 CREODIAS 建立联系。

CODE-DE 提供众多的服务类型：①图 1.3.1 为易于使用的 EO-Browser 在线快速浏览平台（https://browser.code-de.org/），其允许快速搜索合适的数据并在地图上可视化选定的场景。此外，预定义的处理器可用于创建初始分析，例如植被指数。②图 1.3.2 所示的 EO Finder 平台（https://finder.code-de.org/）为数据访问的强大工具，它可以打开整个档案。其除了数据搜索和可视化之外，还可以使用多个处理器"即时"执行数据处理。③对于编程用户，CODE-DE 还提供了一个可编译的在线处理环境 CODE-DE Jupyter Notebook（图 1.3.3）。可以通过 JupyterLab 界面创建、管理、执行和终止 Jupyter Notebook，完成注册后即可使用。④针对多源遥感数据使用，CODE-DE DataCube 可提供对 CODE-DE 上卫星数据的多维数据空间的轻松高效访问。这将让用户从 CODE-DE 云中的

Sentinel-1、Sentinel-2、Sentinel-3 和 Sentinel-5P 数据创建单独配置的 OGC Web 服务。

　　自 2017 年以来，CODE-DE 一直在提供对哥白尼任务数据的便捷访问。CODE-DE 提供对欧洲最大的卫星数据档案的访问。其核心是来自欧洲哥白尼任务的哨兵数据。根据传感器类型，不同的处理级别可用于进一步在线处理或下载。德国所有记录的数据集都可以随时在线获得。此外，您还可以从哥白尼服务、数字高程模型和 CODE-DE 上其他任务的记录中找到更高级别的数据产品。

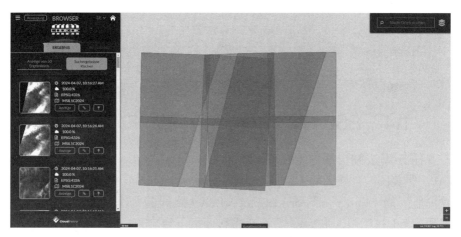

图 1.3.1　EO–Browser 数据浏览平台

图 1.3.2　EO Finder 平台

图 1.3.3　CODE-DE Jupyter Notebook

1.4　ESA MAAP 多任务算法和分析平台

多任务算法和分析平台（The Multi-Mission Algorithm and Analysis Platform，MAAP）是美国航空航天局（National Aeronautics and Space Administration，NASA）和欧洲航天局（European Space Agency，ESA）之间的合作项目，旨在支持相关合作研究。ESA-NASA 联合多任务算法和分析平台合作项目可以通过项目中心（https://scimaap.net/）或者 NASA（https://ops.maap-project.org/）与 ESA（https://esa-maap.org/，）各自的平台进行访问，该云平台项目致力于提高对地上陆地碳动态的监测和评估。MAAP 将提供一个具有与数据共存的计算能力的通用平台，以及一组开发的工具和算法，以支持这一特定研究领域，解决与增加数据速率相关的问题，并加强开放数据政策 MAAP，以最大限度地利用 BIOMASS、GEDI 和 NISAR 任务的地球观测（EO）数据。MAAP 将相关数据、算法和计算能力汇集在一个共同的云环境中，以解决共享和处理来自与 NASA、ESA 和其他航天局任务相关的现场、机载和卫星测量数据。

MAAP Pilot 于 2019 年交付，展示了专注于与生物量相关的基础地图。MAAP 1.0 版于 2021 年 10 月由 NASA 和 ESA 公开发布，MAAP 2.0 版于 2022 年发布。目前平台仅提供了可视化的平台，平台提供了日本、巴拉圭、威尔士、秘鲁和所罗门群岛的相关信息，图 1.4.1 展示了威尔士地区的生物量相关信息。

MAAP 通过以下方式满足这些社区需求：①使研究人员能够轻松发现、处理、可视化和分析来自 NASA 和 ESA 任务以及验证 / 校准活动的大量数据；②提供工具和基础设施，将数据置于同一坐标参考系中，以实现比较、分析、数据评估和数据生成；③通过科学算法环境开发用于可重复和共享科学的工具，该平台支持与数据和处理资源共存的工具；④持续加强 NASA 和 ESA 对开放数据（卫星、机载和地面）的承诺，保持数据的不断更新；⑤始终保持开源状态。

图 1.4.1 MAAP 平台测试版的可视化面板

1.5 AI Earth 地球科学云平台

AI Earth 地球科学云平台（https://engine-aiearth.aliyun.com/），基于达摩院在深度学习、计算机视觉、地理空间分析等方向上的技术积累，结合阿里云强大算力支撑，提供多源遥感对地观测数据的云计算分析服务，用数据感知地球世界，让 AI 助力科学研究，图 1.5.1 为 AI Earth 地球科学云平台首页。

图 1.5.1 AI Earth 地球科学云平台

    AI Earth 地球科学云平台，拥有主流星源的 PB 级持续更新数据，并提供海量数据存储、检索功能以及业内领先的遥感大数据时空分析框架，同时也为多个开源社区重要项目贡献代码，致力于打造数据丰富多源、算法先进鲁棒、功能完善易用、生态友好开放的地球科学云平台，让更科技、更高效、更便捷的 AI 协助我们对地球进行更深入的理解。平台的特色优势在于在其线数据处理功能，平台以其强大的 AI 技术，支持无门槛、无代码的方式解决土地分类、地表监测、建筑物提取等十多项核心技术。平台中的分析工具可以快速实现坐标转换、影像镶嵌、裁剪、波段合成和重采样等多项功能。

    AI Earth 平台于 2022 年 10 月正式上线开发者模式（图 1.5.2），以 Python 语言为用户提供强大的开发模式，整体的界面与基于 GEE 云平台 WEB 端的开发界面，相比于 GEE Python API 开发模式，用户无需安装复杂的安装包，开发者模式让用户通过自己编译代码的形式完成相应的生态遥感空间分析，极大地提升了用户体验。

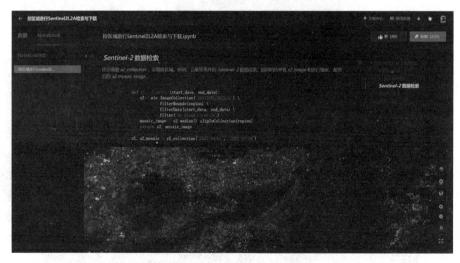

图 1.5.2　AI Earth 平台开发者界面

    为满足各类实际业务场景，平台上提供了全流程的遥感 AI 模型自学习训练模块（图 1.5.3），基于阿里云强大算力，用户可以进行全流程可视化的遥感 AI 算法自主训练在平台上完成样本标注、模型训练、模型部署等工作，让 AI 发挥最大应用价值。平台目前为每位注册用户免费提供 300 GB 存储空间，每月 10 h 的 AI 解译时长和 100 GB 数据下载流量。

图 1.5.3　AI 模型自学习训练模块

1.6　PIE-Engine 云平台

PIE-Engine（Pixel Information Expert Engine）是航天宏图基于云计算、物联网、大数据和人工智能技术自主研发的一站式地球科学大数据实时计算平台。平台构建了基于云原生的并行高效底层架构，包含无人机影像、卫星影像、遥感专题产品等多源数据以及虚拟仿真、城市实景三维等多维框架，为用户提供"云 +端""平台 +SaaS"的应用模式，助力地球科学应用的产业化发展。PIE-Engine 旨在构建全新地球科学云生态，实现时空信息融合与多维数据感知，赋能大产业，共建生态圈，发现世界的新美好。

PIE-Engine Studio 时空遥感云计算平台（https://engine.piesat.cn/enginestudio）是目前国内最为成熟的遥感云平台，PIE-Engine 云平台同样提供 web 端（图1.6.1）的 JavaScript 和 Python 版本的编写脚本，整体的设计同 GEE 如出一辙，但是整体的数据量依旧有限，平台数据集有 184 个，数据量为 6.33 PB，影像数据量 998 万景，每日上传数据量达到 7 TB。PIE-Engine Studio 是构建在云计算之上的地理空间数据分析和计算平台。用户可通过结合海量卫星遥感影像以及地理要素数据，在任意尺度上研究算法模型并采取交互式编程验证，实现快速探索地表特征，发现变化和趋势。PIE-Engine Studio 为大规模的地理数据分析和科学研究提供了免费、灵活和弹性的计算服务。

时空遥感云服务平台（PIE-Engine）采用云原生微服务架构设计开发，是国内首个互联网规模化运行对地观测遥感数据处理与服务引擎，具备全球访问的在

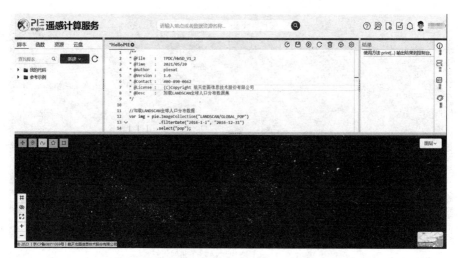

图 1.6.1　PIE-Engine Studio 交互式编程界面

线多源遥感数据分布式管理、数据处理、智能解译、综合分析服务能力。现已在自然资源、生态环保、应急管理、气象海洋、水利农林、国防安保等领域得到了成功应用。

PIE-Engine Studio 是一套基于容器云技术构建的面向地球科学领域的时空遥感云计算平台，其内部包含自动管理的弹性大数据环境，集成了多源遥感数据处理、分布式资源调度、实时计算、批量计算和深度学习框架等技术。作为构建在云计算之上的地理空间数据分析和计算平台，PIE-Engine Studio 通过结合海量遥感数据及计算资源，可供用户在任意尺度上研究算法模型并采取交互式编程验证，实现快速探索地表特征，发现变化和趋势，为地球科学领域的研究提供开放的数据与弹性算力支持。

PIE-Engine 地球科学引擎是航天宏图自主研发的一套基于容器云技术构建的面向地球科学领域的专业 PaaS/SaaS 云计算服务平台，基于自动管理的弹性大数据环境，多源遥感数据处理、分布式资源调度、实时计算、批量计算和深度学习框架等技术，构建了遥感/测绘专业处理平台、遥感实时分析计算平台、人工智能解译平台，为大众用户进行大规模地理数据分析和科学研究提供了一体化的服务。平台通过打造"开放 + 共建 + 共享"的新模式，以高效能、低门槛、低成本的途径挖掘遥感数据价值，使行业快速应用创新，为自然资源、生态、气象、环保、海洋等调查、监测、评价、监管和执法等重点工作提供技术支持，助力遥感应用产业化发展。

平台也配备了免费的资源配额，以上传个人数据或保存计算结果（250 GB 存储空间，6 000 个文件），也可根据需要对计算结果进行下载（60 GB/ 月免费

下载流量）。另外，为保证计算资源的均衡分配，每次计算最多可免费调用 2 000
景影像，导出结果大小限制为 10^{10} 个像素。

1.7　地球大数据挖掘分析云系统

地球大数据挖掘分析云系统（Earth Data Miner）是中国科学院软件研究所
Earth Data Miner 团队开发的基于 Web 端（图 1.7.1）的 Python 语言的在线编译系
统（http://earthdataminer.casearth.cn/main），该平台有中国遥感卫星地面站超过 20
万景影像，目前，CAS Earth 系统的数据总量超过 5 PB，其中生态数据 2.6 PB，对
地观测数据为 1.8 PB，大气海洋数据 0.4 PB 等。且每年还将上传超过 PB 级的数
据进行更新。平台给予每个人 CPU 配额：2 core，内存配额：4 GB，存储配额：
8 GB。

图 1.7.1　Earth Data Miner 编译界面

目前，在地球大数据专项支持下，研发地球大数据挖掘的分析系统，突破超
大规模遥感影像分布式计算与交互式分析云服务技术，服务科学家在线开展遥感
影像及其他科学数据的智能分析处理，支持 SDGs 指标全流程在线计算。该系统
为科学家提供在线算法代码开发环境，并支持将相关 SDG 指标计算算法发布为
web app 工具，支持全球用户访问使用，已与科学家团队联合开发 4 个指标在线
计算工具和 2 个 SDGs 产品生产工具。

第 2 章　GEE 平台基本简介

2.1　Timelapse

　　Timelapse 是一个全球性的、可缩放的视频，展示了自 1984 年以来我们的星球是如何变化的，其第一次在谷歌地球上提供，用户可以在三维地球上探索这些图像，为行星的变化提供一个全新的视角。

　　利用地球引擎云计算优势，GEE 平台收集了过去几十年来五颗不同卫星的遥感影像，收集了 1 500 多万张卫星图像。大部分影像来自于 Landsat，这是美国地质调查局／美国国家航空航天局的联合地球观测计划，其自 20 世纪 70 年代以来一直在观察地球。自 2015 年以来，又将 Landsat 图像与来自 Sentinel-2 任务的图像结合起来，该任务是欧盟和欧洲航天局哥白尼地球观测计划的一部分。

　　为了将全球变化置于背景之中，谷歌与卡内基梅隆大学 CREATE 实验室合作，展示了人类的影响如何改变我们的森林和水道，世界各地的城市如何发展，以及世界每个角落的变化情况。目前，在 Timelapse 平台中，有 18 个集成地点的案例展示了矿区土地变化、城市发展、森林退化、海岸线以及地表水等变化。当然，我们可以将通过右侧的 MAP 地图拖拽到全球任何一个区域，在云计算的加持下会很快看到过去近 40 年的时空动态分布情况。另外，通过 Google Earth 中的 Timelapse 中也可加载了 3D 效果的卫星影像，可让大家从不同的角度了解地球的时空变化特征。

　　Timelapse 是地球引擎中帮助科研人员快速而深入了解 PB 级数据集的一个动态情景案例示例。这里有两个版本，一个可以在谷歌地球引擎中直接进行查询，另外一个是基于 Google Earth 的开发的 3D 版本，具体访问链接请如下：

　　（https://earth.google.com/web/data=CiQSIhIgNTQOMGExNzMxYzI1MTFlYTk0NDM4YmI2ODk0NDUyOTc）

2.2　Explorer

地球引擎 Explorer（https://explorer.earthengine.google.com）是一个轻量级的地理空间图像数据浏览器，其可以访问地球引擎数据目录中的大量全球和区域数据集。它允许快速查看数据，能够在地球上任何地方进行缩放和平移，调整可视化设置，并将数据分层，以检查随时间的变化。

EE Explorer 应用程序相当于是基于 Google Earth Engine 上发布的一个集成 APP 程序。EE 资源管理器由一个集成的数据目录和工作区组成。工作区是查看加载后影像数据的地方，而数据目录检索和导入数据是否到影像区的界面。在图层设置对话框中，你会看到一个可视化参数的下拉菜单。每个数据集都有不同的默认值，可以修改它们，以改变你对数据集的可视化方式。这两个组件的共同点是有一组按钮可以在数据目录和工作区之间进行切换，另外，还有一个搜索栏，大家可以通过关键词和位置名称找到数据集和地点。

大家可单击 EE Explorer 应用程序右上方的数据目录按钮，数据目录列出了可用于在地球引擎中查看和分析的数据集，图 2.2.1 为 EE Explorer 中的可检索数据。我们可以将相应数据系列中的子集显示在 EE Explorer 中。可加载的数据集涵盖了几乎全部的遥感影像以及衍生产品数据集。

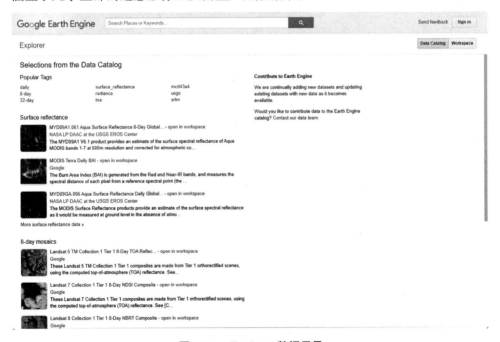

图 2.2.1　Explorer 数据目录

通过加载所选择的遥感影像数据产品，目录界面会自动回到影像展示界面，并且给出一个影像属性加载框，包括时间的筛选和可视化参数设定的选项（波段选择、透明度、波段 DN 值范围和伽马参数），这里可以根据个人需求加载多波段（真彩色、加彩色等）和单波段灰度影像。

影像的对比度和亮度可以通过 Range 中的最大值（max）和最小值（min）和伽马参数来调整。数据的可视化需要在 0~255 之间对每个被显示的频段的给定数值范围进行缩放。范围参数允许我们调整要显示的数值范围。定义的最小值将被绘制为 0，最大值为 255，所有在定义的最小和最大范围之间的数据值都是线性缩放的。在最小和最大范围之外的数据将被设置为 0 或 255，这取决于它们是小于还是大于所提供的范围。可以尝试给一个植被区域增加一些对比度，以便更好地区分植被的细微差别。

伽马（Gamma）表示一个数值和用来表示它的亮度之间的关系。粗略地说，增加伽马值可以增加可视化范围中间的数值的强度。它可以调整图像的亮度和对比度。

不透明度（Opacity）是指缺乏透明度的情况。它的选取范围从 0~1，其中 0 是透明的，1 是不透明的。它有助于在显示底层信息的同时保持顶部数据层的一些可见性。

调色板（Palette）允许我们为数据集中的数值范围分配颜色，以单波段（灰度）显示。调色板是一系列十六进制的颜色值。可以设置影像指定波段的最大值和最小值，从而将范围值映射到指定颜色梯度内，完成颜色显示的线性内插。

在 EE Explorer 中，还有一个功能是将不同影像和不同时间分辨率的同一区域的影像加载到地图上，进行可视化对比。将同一个数据集作为两个独立的图层添加到影像展示区域，然后将它们设置为显示不同的时间影像，可实现不同时间范围内同一区域的影像变化。

2.3 GEE 中的研究案例

地球引擎中的研究案例（Case Studies）部分是目前基于 GEE 平台开发的优秀案例的集成 APP 展示，包含了全球森林覆盖率变化（Global Forest Cover Change）、生命地图（Map Of Life）、全球森林监测（Global Forest Watch）、疟疾风险评测（Malaria Risk Mapping）、全球地表水（Global Surface Water）以及地球集合（Collect Earth）6 个案例展示。

2.3.1　全球森林覆盖率变化

全球森林覆盖率变化监测应用（https://earthenginepartners.appspot.com/science-2013-global-forest）是由马里兰大学的 Matt Hansen 教授及其团队使用地球引擎调查了十多年来全球树木覆盖范围、损失和增加的实践。这项研究发表在 *Science* 杂志上，分析了几乎所有的全球陆地，不包括南极洲和一些北极岛屿。这个区域包括 1.288 亿平方公里，相当于 30 m 空间分辨率下的 1 430 亿像素的 Landsat 数据。为了进行如此广泛的分析，地球引擎在数千台机器上进行并行计算，并自动管理数据格式转换、重新投影和重新取样，将图像与像素的元数据关联。在这项研究中，总共使用 10 000 台计算机上的 100 万个 CPU 核心小时并行处理了 20 太像素的 Landsat 数据，以描述 2 000 % 的树木覆盖率以及随后到 2012 年的树木覆盖率损失和收益。使用 Google Earth Engine 计算在几天内完成了一台需要 15 年才能运行的计算机。

2.3.2　生命地图

生命地图（Map of Life）团队开发了一个交互式地图，此地图供保护者查看和分析栖息地范围并评估单个物种的安全性。基于地球引擎云平台技术，结合多源源的数据，"生命地图"已经完成了关于生物物种和栖息地等的分析和可视化分析，以准确定位处于危险中的物种的位置。用户可以调整参数（例如，表明一个物种的首选栖息地），地球引擎会即时更新地图，立即显示对物种范围的影响和受保护的栖息地的数量。该研究探索了 3 200 个物种中的一部分，支持 SHI 和 SPI 的基础计算已经被计算和验证。此项实验主要在"生境分布""保护区覆盖率"和"生境趋势"选项卡之间切换，以评估改进和验证的分布，估计如何与最近的生境趋势和保护区覆盖率相关。这些例子说明了对物种分布和种群趋势以及在保护区内的潜在代表性进行改进、透明和互动评估的潜力，其中突出的物种分布范围大大缩小，目前与其他区保护力度有差距。

2.3.3　全球森林监测

全球森林监测（http://www.globalforestwatch.org/）是一项世界资源研究所倡议，也是一个动态的在线森林监测系统，该系统程序主界面如图 2.3.1 所示。全球森林观察者可使用地球引擎来测量和可视化世界森林的变化；用户可以综合过去十年的数据，或接收关于可能的新威胁进行实时警报。它于 2014 年推出，现在被企业、非营利组织、政府等用于各种应用，如防止非法砍伐和确保供应链透明度。

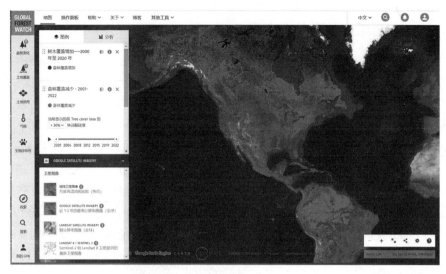

图 2.3.1　全球森林监测

该应用程序是由明尼苏达大学的阿努普——乔希领导的团队开发，是基于卫星的监测系统，以跟踪关键的濒危野生老虎栖息地的变化并防止其丧失。利用谷歌地球引擎、马特—汉森博士和谷歌产生的森林损失数据以及全球森林观察的其他数据，该团队评估了所有关键老虎栖息地在 14 年内的变化。该评估是第一个跟踪 13 个不同国家所有 76 个优先保护野生老虎的地区的评估。他们的分析发现，到 2022 年，在有效的森林保护和管理下，将野生虎数量增加一倍的国际目标是可以实现的。

2.3.4　疟疾风险评测

加州大学旧金山分校全球健康小组的科学家正在使用地球引擎来预测疟疾的爆发。当他们的工具发布时，当地卫生工作者将能够上传他们自己的已知疟疾病例信息，该平台将把这些信息与实时卫星数据结合起来，预测新病例可能发生的地域。

2.3.5　全球地表水

全球地表水（https://global-surface-water.appspot.com/map）欧洲委员会的联合研究中心（JRC）利用地球引擎开发了全球地表水的发生、变化、季节性、复发性和过渡性的高分辨率地图，图 2.3.2 为全球地表水交互式操作界面。这项研究发表在 Nature 杂志上，它分析了过去三十年来收集的陆地卫星图像，以确定永久性和季节性水体情况。了解这些变化对于确保我们的全球农业、工业和人类消费的水供应的安全，对于评估与水有关的灾难的减少和恢复，以及对于研究水传播的污染和疾病的传播都是至关重要的。

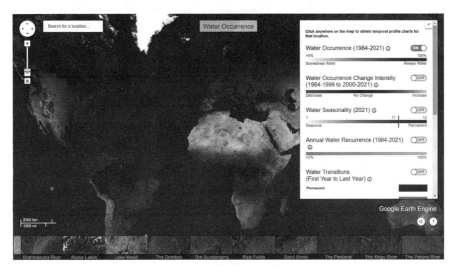

图 2.3.2　全球地表水

2.3.6　地球集合

地球集合（https://openforis.org/tools/collect-earth/）是由联合国粮食及农业组织（FAO）开发的是一个免费、开源和用户友好的工具，使用谷歌地球和谷歌地球引擎对地块进行可视化和分析，可评估森林砍伐和其他形式的土地使用变化。Collect Earth 于 2014 年推出，是 Open Foris 软件套件的一部分，旨在帮助政府、大学和非营利组织监测土地使用、荒漠化、森林变化和土地的使用动态。

2.4　地球引擎单元

地球引擎建立在谷歌的工具和服务之上，可用于进行大规模的计算。为了使运行大型地理空间分析变得容易，地球引擎平台和 API 隐藏了很多底层并行处理基础设施的复杂性。

地球引擎计算单元（Earth Engine Compute Unit，EECU），是一种抽象计算能力。地球引擎计算单元也是一种表示瞬时处理能力的机制。地球引擎通过时间谷歌引擎地球计算单位——秒（EECU-seconds）、谷歌引擎地球计算单位——小时（EECU-hours）跟踪任务的总计算足迹，作为其 EECU 使用的函数。因为谷歌有许多不同类型的处理器内核、架构等，所以 EECU 是谈论计算能力的一个有用的抽象概念。谷歌引擎用户经常希望对其工作流程所需的处理能力进行估计，而谷歌计算单元为进行比较提供了一个一致性的指标。

地球引擎会在不同的任务下有不同的计算量，用户通过操作向地球引擎发送相同（或类似）的请求，有时会出现非常不同的计算量。影响谷歌地球引擎的稳定性和预测性差异的常见驱动因素包括：缓存，比如重复使用以前的计算结果（包括部分或中间结果）；不同的基础数据（different underlying data），例如不同数量的卫星图像、不同复杂度的几何图形等；谷歌地球引擎上的算法变化，包括性能优化、错误修复等；客户端库的变化，特别是如果依赖其他用户的 EE 代码或软件包。

值得一提的是，地球引擎的任务统计只会对运行成功的任务提供相应的任务指标性能进行检查，因为运行失败的任务中数字是不准确的。如果一个作业失败是因为一个工作任务没有反应，那么这个工作任务的处理消耗就不能计入总数。

2.5   地球引擎处理环境

地球引擎有处理数据的不同环境：交互式和批处理。这两种环境可处理不同类型的查询，并具有非常不同的性能特征，所以了解何时和如何使用这两种环境是很重要的。

2.5.1   交互式环境

交互式也被称为同步或在线堆栈，这个环境被优化为响应快速完成的小任务运行请求。许多请求可以在配额限制范围内并行进行，每次仅可以打印 5 000 条记录，且需要在 5 min 内完成，如果超出限制将会报错。

（1）端点：交互式环境由不同的 API 端点组成——标准和高容量。

（2）标准端点：标准端点适合大多数人进行驱动的使用，它是代码编辑器和地球引擎应用程序的动力。具体来说，这个端点最适对延迟敏感的应用，它涉及低量并发的、非程序性的请求。

（3）大流量端点：大容量 API 端点被设计成比标准端点能并行处理更多的请求，其代价是更高的平均延迟和减少缓存。当以编程方式提出许多请求时，大流量 API 通常是最佳选择。更多内容请见大流量 API 文档。

2.5.2   批量处理环境

（1）批处理：异步地运行计算，并输出结果供以后访问（在谷歌云存储、地球引擎资产存储等）。这种环境也被称为"异步"或"离线"堆栈，为大量数据的高延迟并行处理而优化。请求作为任务提交给批处理终端，通常要调用地球引擎客户端库中的数据导入或导出函数（如 Export.* 和 ee.batch.*）。每个批处理任务的最长处理时间为 10 d。每个用户最多可以提交 3 000 个任务，但每个用户只能有少量的任务同时运行。

（2）任务周期：任务被保存在每个用户的队列中，按照任务提交的顺序开始。当任务被分配给一个批处理程序时，任务从提交（排队）状态进展到运行状态。每个处理器负责协调不同数量的批处理工作者来运行计算并产生任务的结果。一个任务的工作者数量是由 EE 服务并行化作业的能力决定的，不是用户可配置的。

任务可以通过代码编辑器的任务标签、独立的任务管理器页面、地球引擎 CLI 的任务命令，或通过调用 ListOperations 端点来监控。当任务创建了必要的工件（地球引擎资产、Google 云存储中的文件等）时，任务就成功完成。

（3）任务失败：如果一个任务由于无法通过重试解决的原因而失败（例如，数据无效），该任务将被标记为失败，并且不会再次运行。

如果一个任务失败的原因可能是间歇性的（例如，它在运行计算时超时了），地球引擎将自动尝试重试，并填入重试字段。任务最多可以失败 5 次，最后的失败将导致整个任务被标记为 FAILED。

2.5.3　谷歌地球任务状态

在谷歌地球引擎中的任务的状态下，任务可以有以下状态值：

（1）任务未提交（UNSUBMITTED）：仍在客户端上待定。

（2）任务准备中（READY）：在服务器上排队。

（3）任务运行中（RUNNING）：目前正在运行。

（4）完成任务（COMPLETED）：成功完成。

（5）任务失败（FAILED）：未成功完成。

（6）运行中的任务被取消（CANCEL_REQUESTED）：仍在运行，但已被要求取消（也就是说，不保证任务会被取消）。

（7）取消任务（CANCELLED）：被所有者取消了。

2.6　地球引擎分辨率

谷歌地球引擎中如何处理分辨率呢？面对全球影像数据的加载，对了解谷歌地球引擎中影像显示的处理过程尤为重要。谷歌地球引擎中同样也是使用金字塔模型完成影像逐级显示的加载效果。每个栅格数据集只需构建一次金字塔，之后每次查看栅格数据集时都会访问这些金字塔。栅格数据集越大，创建金字塔集所花费的时间就越长，但这也就意味着可以为将来节省更多的时间。在谷歌地球引擎中，金字塔的设定是以像素分辨率为单位进行的。与其他 GIS 和图像处理平台不同，谷歌地球引擎最终输出的显示结果是按照导出影像时候的分辨率，而不是通过原有影像本身的分辨率进行金字塔分析。具体来讲，例如，当请求输出一景 1 000 m 分辨率的影像，你就可以直接指定分辨率参数，输出结果就会按照你所设定的参数加载或导出影像。

图 2.6.1 为谷歌地球引擎中金字塔聚合方式，虚线表示聚合 2×2 的 4 个像素的金字塔缩放。它使用输出指定的比例来确定要用作输入图像金字塔的适当级别。

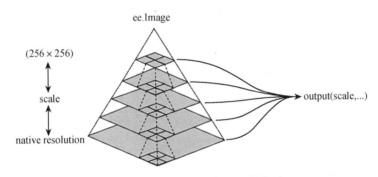

图 2.6.1　谷歌地球引擎金字塔模型

在 GEE 中有两种确定分辨率的大小，一是使用 Map.addLayer（）将图像添加到地图，即代码编辑器中地图的缩放级别（Map.addLayer（）中的 zoom 参数）决定了从图像金字塔请求输入的比例。对于其他计算，可以指定以米为单位的 scale 参数决定缩放的大小。值得注意的是，JavaScript API 代码编辑器地图会默认地图投影为墨卡托（EPSG：3857）投影。

2.7　地球引擎配额

地球引擎平台有一些配额限制，以确保资源在用户之间公平分配。由于在地球引擎中有许多不同类型的资源（计算、存储等），所以有许多不同类型的配额限制。不同配额类型之间的主要区别是它们是否可以调整。对于某些类型的配额，我们能够在每个用户或每个项目的基础上改变限制，而其他类型是全系统的限制，不能改变。值得注意的是，配额限制的存在是为了确保整个地球引擎社区计算资源的可用性。如果你试图通过多个 Google 账户来运算和下载影像，地球引擎将对这种规避配额限制会进行封号处理。

　　每个地球引擎资产都有一个相应的数据存储大小，以字节为单位。资产可以由云项目或个人拥有（遗留资产），每个资产都会被计入其所有者的地球引擎总体存储和资产数量的限制。这些类型的配额限制是在平台层面上设置的，所以它们不能以每个用户或每个项目为基础进行调整。它们不太可能随着时间的推移而发生重大变化。地球引擎的中的 Assets 中每个用户有 250 GB 的存储空间，单个几何体最多仅可有 1 亿个特征，1 000 个属性（列）和 10 万个顶点；谷歌云盘中每个人都有 15 GB 的空间，谷歌云盘的空间不仅是用于存储地球引擎中的影像，如果你同时使用谷歌邮箱或者其他服务，依旧会占据这 15 GB 的空间。

2.8　GEE 平台账号申请

　　Google Earth Engine 云平台中在 JavaScript API 和 Python API 进行遥感云平台计算之前，都需要申请一个账号，否则无法进行编译。一般都需要经过以下几个过程：

　　（1）账号申请的网址：https://signup.earthengine.google.com（需要科学上网），进入网址后我们选择 Code Editor 如图 2.8.1 所示。

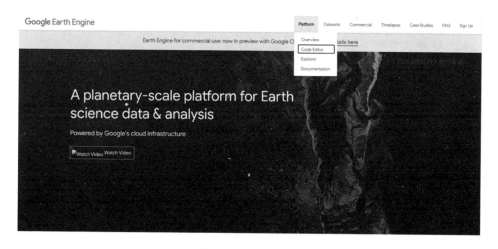

图 2.8.1　官网界面

　　（2）当我们单击 Code Editor 后，网址会自动跳转到地球引擎提示界面（图 2.8.2），提示你是否注册，如果没有注册，可单击图中的 here 进行注册。

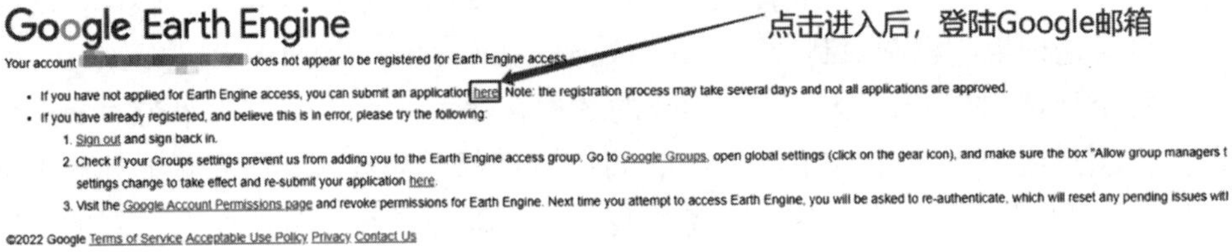

图 2.8.2　账号注册提示

（3）这里需要我们填写所需信息，包括邮箱、全名、机构、国别以及你的用途，图 2.8.3 为注册过程中所需填写的具体信息，这里建议用在校的 edu 邮箱进行注册。无论老师还是学生都可以进行申请。另外，建议申请后绑定一个 Google 邮箱这样以后可以用 Google 邮箱直接登录。

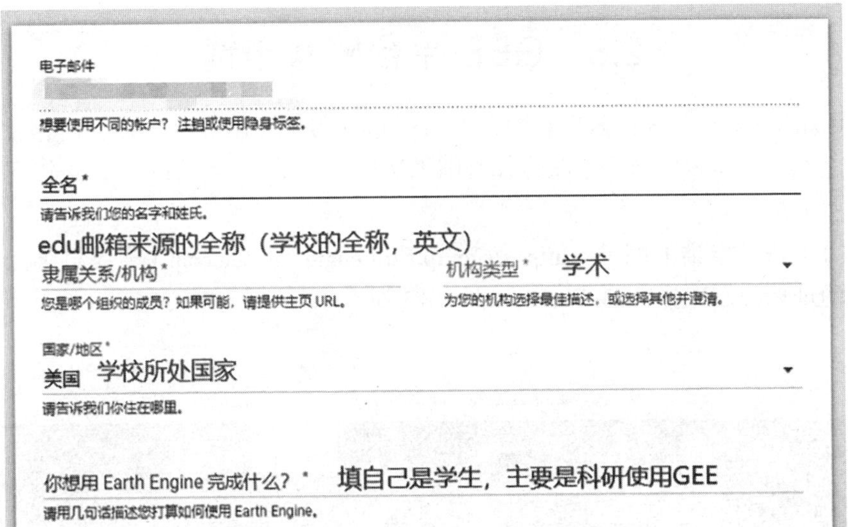

图 2.8.3　注册信息

（4）等待邮箱收到的信息，注册后一般都会在几分钟之内得到谷歌地球引擎的官方回复，如图 2.8.4 所示。注：当第一次申请没有通过，下次再填写申请的理由时可以写得更具体些，或者将你的科研任务进行详细描述即可。

（5）最后注册成功的界面如图 2.8.5 所示，单击 TRY THE CODE EDITOR 按钮就可以正式进入 JavaScript code editor 界面，从而开始遥感云计算交互式分析。

Q 搜本邮件

⑦

Welcome to Earth Engine!

Greetings, Earth Engine Developer, and welcome! You now have access to:

- The Earth Engine Code Editor - the primary Earth Engine development environment.
- The Earth Engine Developer docs - including our development guides, API reference, and and tutorials.
- The Earth Engine Explorer - a graphical user interface. No programming skills needed.

Note that it may take a few days before this change is propagated through the system.

To get started with Earth Engine, we suggest you:

- Read our Frequently Asked Questions.
- Check out our Get Started guide, tutorials, and complete documentation.
- Visit the Earth Engine developers list.

It's great to have you on board. We look forward to seeing what you can do with Earth Engine!

↰ 回复　　➡ 转发

图 2.8.4　谷歌地球引擎的回复邮件

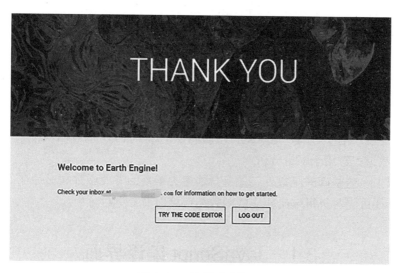

图 2.8.5　注册成功界面

第 3 章 GEE 基础语法和概念

谷歌地球引擎作为一个卫星遥感数据处理云平台，平台基础的函数库的构建也仅围绕四个主要的数据类型来进行构建，分别是影像（Image）、影像集合（ImageCollection）、几何体（Geometry）、矢量（Feature）、矢量集合（FeatureCollection）；GEE 中最重要且独有的数据类型以聚合统计（Reducer）和连接（Join）类型为主；其他数据类型包括字符串（String）、字典（Dictionary）、列表（LIst）、时间（Date）、数字（Number）和数组（Array）等，这些数据类型都是服务器端对象，并不会作为客户端 JavaScript 进行操作。这里我们选取最重要的几类数据类型进行介绍。

- 影像：地球引擎中的基本栅格数据类型。
- 影像集合：一个图像的堆栈或时间序列组成的影像合集。
- 几何体：地球引擎中的基本矢量数据，可以通过画图工具栏完成点、线、面（矩形和多边形）直接构造。
- 矢量：单个矢量数据或一个具有属性的几何体。
- 矢量集合：由一系列矢量数据组成的集合。
- 聚合统计：一个用于计算影像和区域的统计或按照最大值、最小值、平均值来完成影像集合的聚合。
- 连接：基于时间、地点或特定的属性，用于连接两个数据集。
- 数组：常用于多维分析。

除以上一些基础的函数外，还有其他更为丰富的专业函数和已经在公开的部分算法，还可同时进行编码相应的函数在地球引擎上进行分析。

3.1 JavaScript 编译界面

代码编辑器是地球引擎 JavaScript API 的一个集成开发环境。它为输入、分享调试、运行和管理代码提供了一种简单的方法。JavaScript 代码编辑器官网链接：https://code.earthengine.google.com/。第一次访问代码编辑器时，JavaScript 的编译界面如图所示。编译界面中总共可以划分为四大区域，分别为上部左侧的代码文档区、上部中间部分为代码编辑区，上部右侧为结果展示区，下部为地图的图层绘制和展示区。

对于代码、函数和资源区，代码文档区中主要包含了三个部分，第一个部分"Script"是代码部分，第二部分"Docs"是在 GEE 中可以使用的各类函数，第三个部分"Assets"就是 GEE 上的网盘，用于存储影像和矢量文件，图 3.1.1 为地球引擎 JavaScript 编译界面的代码文档区。

图 3.1.1　JavaScript 编译界面的代码文档区

"Script"部分主要涵盖了五个部分（图 3.1.2），第一个部分"Owner"是自己编写并保存的代码部分，当你在编写好代码之后，单击代码 save 按钮就会弹出保存的信息，同时保存完成之后就可以在这个部分找到你的代码，这里保存的脚本名称可以使用中文来编辑，以方便你下次打开。此外，我们也可以在这个部分建立自己的分类标签，以存放不同的代码。

图 3.1.2　JavaScript 脚本库中的 Owner 部分

第二部分"Writer"和第四部分"Archive"是一个存储库，如果你没有外接存储库，可以暂时忽略，一般情况下这里暂时用不到。第三部分是"Reader"，这部分主要是别人分享的公开代码，如果你通过别人给你的 GEE LINK，并将其复制到浏览器中，就会保存现有该分享者的代码，从而供后续继续阅读使用。最后一个部分为"Example"（图 3.1.3）中是 GEE 平台的一些教学案例代码区域，这里主要涵盖了影像、影像集合、矢量集合、图表、影像去云以及 UI 设计等教学案例，同时你可以在"Datesets"中找到 GEE 中所有数据集的代码（目前共有859 个数据集），直接单击相应的代码名称就可获取当前影像的可视化展示结果。

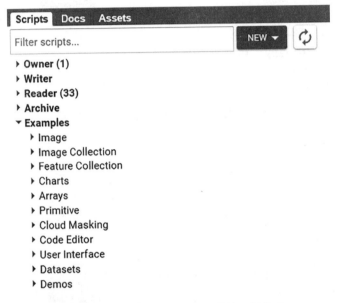

图 3.1.3　Script 中地球引擎自带的示例代码

在左侧栏的第二部分"Dos"文档中，如图 3.1.4 所示。这里介绍了很多函数，按照分类总共有 32 个部分，具体内容分为 ee.Algorithms、ee.Array、ee.Blob、ee.Classifier、ee.Clusterer、ee.ConfusionMatrix、ee.Date、ee.DateRange、ee.Dictionary、ee.ErrorMargin、ee.Feature、ee.FeatureCollection、ee.Filter、ee.Geometry、ee.Image、ee.ImageCollection、ee.Join、ee.Kernel、ee.List、ee.Model、ee.Number、ee.PixelType、ee.Projection、ee.Reducer、ee.String、ee.Terrain、ee.data、Chart、Export、Map、ui 和 Internal。

左侧栏中的第三个部分为"Assets"，总共有两个部分，第一个部分"CLOUD ASSETS"用于创建的云端的项目，每一个项目就是你当前云端的工作项目环境，可以在界面的右上角的头像处进行更换当前的工作项目（Change Cloud Project），这部分的主要目的类似于不同的项目，应该有一个不同的文件

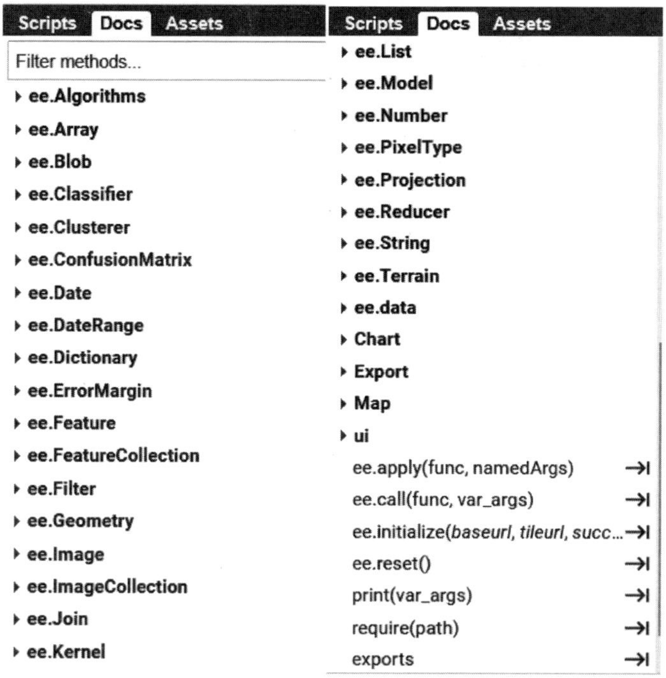

图 3.1.4　地球引擎中的 EE 对象及函数介绍

夹，以让其用于存储此项目中的相关数据，如图 3.1.5 所示。"Assets"中的第二个部分"LEGACY ASSETS"是默认状态下平时上传矢量或者影像数据的默认列表，新用户第一部分是空的，可以通过"ADD A PROJECT"给自己添加一个工作项目，如图 3.1.6 所示。

图 3.1.5　改变当前工作项目（Change Cloud Project）

图 3.1.6　添加新的项目（ADD A PROJECT）

3.1.1　代码编辑区

这部分主要用于编辑代码，也是整个 WEB 端的核心部分，该部分的操作界面主要有获取链接的"Get Link"、用于保存代码的"Save"部分、运行代码"Run"、重置"Reset"、发布应用程序"App"和设置按钮。获取链接的按钮总共有两个选项，如果我们直接单击则会出现图 3.1.7 所示获取代码链接后的弹窗，我们可以将此链接分享给别人，同时下面的两个选项分别用于是否自动执行代码和是否隐藏你已经有的所有代码。

图 3.1.7　获取当前代码脚本的链接

Get Link 的下拉框选项中可以选择链接（Manage Links），用于管理你过去一段时间内的所有代码，如图 3.1.8 所示。可以选择下载或者删除以及再在 GEE 中的 Code Editor 打开你之前所有执行过的代码，如图 3.1.9 所示。我们可以选择任意一条代码来进行加载，同时也可以选择移除和下载代码。下载后的代码是一个 zip 压缩包，里面存放着选择下载的代码脚本，文件名称以代码链接命名的 txt 文档。

图 3.1.8　管理代码脚本链接

Public links created by ████████@gmail.com

	URL	Created	Code snippet
☑	1. /1fde761f9611887f9e0c57695e6e0144	Oct 5, 15:41	/** * @license
☐	2. /1615d86f863f22f6b09cf1499bde8f1f	Oct 5, 15:41	/* Author: Sofia Ermida (sofia.ermida@ipma.pt; @ermida_sofia)
☐	3. /7973874fe8cf07f1f0046fbe64fce3f3	Oct 5, 15:34	/* Author: Sofia Ermida (sofia.ermida@ipma.pt; @ermida_sofia)
☐	4. /bf139e31bf5f3c3a93149e8db9e270be	Oct 5, 10:34	var geometry = /* color: #d63000 */
☐	5. /b3a579b749e9d019347cd9072a81b204	Oct 5, 10:28	var geometry = /* color: #d63000 */
☐	6. /862dfc28d41717c1e0d91a1e91ce06d6	Oct 5, 10:24	var geometry = /* color: #d63000 */
☐	7. /203f0a6f975f2fd2e25bdd4d0bee98cb	Oct 5, 10:01	var geometry = /* color: #d63000 */
☐	8. /598ce3c90abf0041aa14888e3f747ade	Oct 5, 09:57	var geometry = /* color: #d63000 */
☐	9. /8a957e00eef5ff8ba1cbf74c7718bb8e	Oct 5, 09:36	var geometry =

Limit to　Max links per page
Past week ∨　100 ∨　PREVIOUS　NEXT

DOWNLOAD　DELETE

图 3.1.9　脚本链接管理界面

保存（Save）按钮这里有两个选项，其实差别不大，我们可以直接单击保存，或选择下拉框中的 save as 和 save with a description 两种方式，如图 3.1.10 所示。两者的区别主要是当你在保存的时候是否需要添加一些描述内容来方便下次使用，不过两者的单击后的保存框都为图 3.1.11 所示。

这里的"Run"为脚本的运行按钮，也就是将编写好的代码执行的过程，我们可以单击 Run 直接运行代码，成果将会在 Console 控制台和 Task 任务中心进行展示或将脚本中所包含所需加载的图层信息加载到 Map 地图上。但如果使用

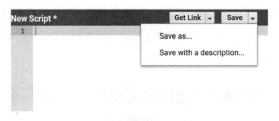

图 3.1.10　脚本保存选项

图 3.1.11　脚本保存界面

"Run with profiler"就会出现脚本中运行程序计算过程中的所有操作程序，每个操作的运行时间、内存、数量和具体的程序描述如图 3.1.12 所示。

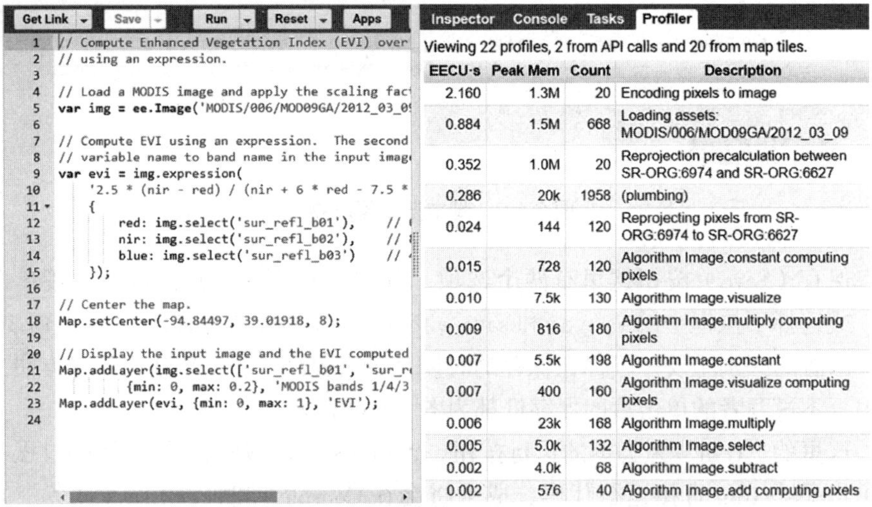

图 3.1.12　脚本运行过程中计算全过程

　　"Reset" 按钮的主要功能就是重置，这里如果直接单击，就会将原本保存的代码进行重置，如果选择下拉框中的 "Clear script" 的按钮，即将清除所有代码重新进行编写。

　　当用户要发布一个已经编写好的交互式应用程序时，就可以在当前代码环境中，单击 Apps 按钮，从而进行应用程序的发布，图 3.1.13 为看到已经发布的 APP，如果创建一个新的 APP，我们可以设定第一步就确定 App 的名字和 URL 链接，即应用程序管理界面中 NEW APP 选项，第二步可以选择发布的项目的链接（图 3.1.14），这里两个选项分别是当前代码的发布或你的 Scripts 中的代码。

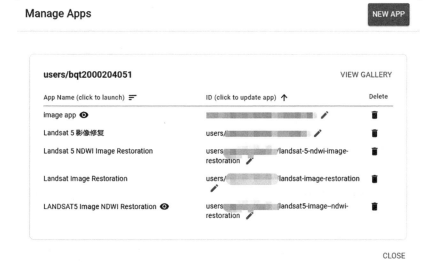

图 3.1.13　应用程序管理界面

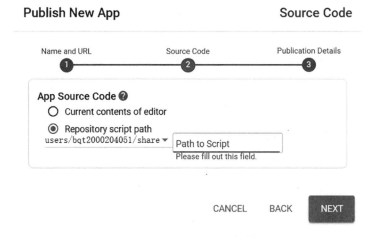

图 3.1.14　发布应用程序前的代码选择

最后一步就是我们可以设定 APP 的名称和 logo（图 3.1.15），还可以限制是否将发布的 APP 共享到 Google 群中。

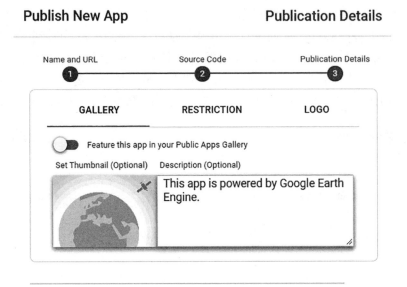

图 3.1.15　发布应用程序图标、是否公开等操作

3.1.2　结果展示区

WEB 端最右侧的部分主要分为监测"Inspector"、控制中心"Console"、任务目标"Task"以及运行程序细节展示"Profiler"，这部分主要是文字、图表以及成果的展示，其中"Inspector"中主要的目的是可以通过单击 Map 中的任何一个地方来展示点的信息以及地图现有加载的图层信息，即都通过三种方式展示。一个是点的经纬度和该点的分辨率，二是这个像素点所在的值是多少，三是就是这个点的上所处的对象都有哪些，图 3.1.16 所示的部分为 MODIS 影像部分波段展示结果。

Console 控制台中用于展示我们使用 print 打印的信息、图表和 gif 的动画结果，图 3.1.17 所展示了 MODIS 影像 EVI 波段输出的结果。

图 3.1.16　Inspector 展示界面

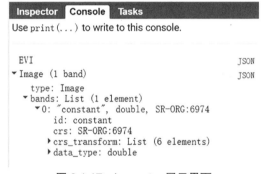

图 3.1.17　Inspector 展示界面

"Task"的主要任务是下载和上传数据的控制中心，以用于查看代码中所执行的下载任务和本地上传任务，即可以查看任务运行的时间，运行过程中的错误以及运行此任务的代码，图 3.1.18 为任务中心的三种任务运行状态，灰色任务为运行过程中取消的任务；蓝色部分为运行完成的任务。我们可以选择 Open in Drive 按钮在谷歌硬盘中查看和下载到本地；红色部分为任务上传或下载过程中出现错误的部分，并会提示错误的主要原因是什么。以上无论哪一个任务都可以单击 Source Script 按钮来获取此任务的脚本，且打开后会返回到当初任务处理过程中的 JavaScript 界面。

"Task Manager"用于管理之前所有下载的代码，如图 3.1.19 所示，任务管理中心中都可以通过单击下载任务来返回当初已经下载的界面，用于修改，并查看我们之前所有的任务状态。

图 3.1.18　Inspector 展示界面

图 3.1.19　Inspector 展示界面

3.1.3　图层绘制和展示区

在谷歌地球引擎的编辑界面中，最重要的一点是我们很方便查看代码编写后图层的加载，同时我们可以利用图层区域左上角的绘图工具，完成点、线和多边形的矢量图层的绘制。在谷歌地球引擎的地图区域，有 4 个可以控制的按钮，左上角为绘制矢量图层的区域，其下方为地图的缩放按钮，右侧为地图底图的选择按钮（基本地图和卫星地图），这里基本地图可以加载地形。当我们选择卫星地图时，可以去掉图层中的地名，以方便查看影像，如图 3.1.20 所示。

在地图的右下角部分为影像的键盘快捷键、图层名称、比例尺和使用条款等环节，其中比例尺部分有两个选项公里和英里，可以单击进行切换。键盘快捷键如下图 3.1.21 所示，键盘快捷键包含了 10 个键盘操作，分别是上、下、左、右、加、减以及 home、end、PgUp、PgDn，分别代表了地图的上下左右移动和放大缩小的命令操作。

图 3.1.20　卫星地图去除地名的结果

图 3.1.21　键盘快捷键

3.2　JavaScript 语法

JavaScript 是一种基于对象和事件驱动的脚本语言，它可以嵌入 HTML 网页内，让网页具有与用户互动的功能，并且可以动态操作网页内容，发送请求到服务器，并接收和处理服务器返回的内容。JavaScript 程序一般是在客户端运行，当然也可以在服务器端运行。JavaScript 代码不需要编译即可运行，代码的运行由 JS 解释器来执行，JS 解释器可一边读取代码一边解释并执行代码。这就是为什么 GEE 在线的编译器会选择用 JS 的原因。

JavaScript 编程语言并不是当下研究学者或学生应用最广泛和编程的首要选择，但谷歌地球引擎中的 JavaScript 不需要编译环境，可直接基于 WEB 端直接进行编程，相比于其他编程语言更容易学习，可以跨平台进行浏览等诸多优点。JavaScript API 是一种与地球引擎服务器通信的方式。它允许指定你想做的计算。API 的设计使用者不需要担心计算是如何分布在机器集群中的，以及计算结果是如何实现的。API 的用户只需指定需要做的事情。这大大简化了代码，向用户隐藏了实现细节。这也使得对于不熟悉写代码的用户来说非常容易上手，以便在地球引擎从事各项开发和科研工作。

在使用 JavaScript 的过程中，需要注意语法以及在 GEE 中所对应的具体问题，在 GEE 中，我们一般使用 var 作为的变量（Variable）名称的定义，我们的 JavaScript 并没有像 Python 一样对空格有着绝对的要求，这里我们一般主要会用到大小括号"（）""{}"来进行区分，结尾的语句可以用";"来进行，当然这里并不一定是必要的。这里使用"var"和";"都是非必须的。具体注意事项如下所示：

①不加分号的后果不是很严重（图 3.2.1），一般会提示一个感叹号"i"，代表缺乏非必要的分号";"。整个代码并不会因为缺少这个部分而不能运行，但如果代码过于复杂，那么就有必要规范化进行代码编译。

图 3.2.1　缺少冒号提示

②在编程语言中，变量是用来存储数据值的。在 JavaScript 中，一个变量是用 var 关键字定义的，后面是变量的名称。下面的代码将文本"Google Earth Engine"分配给名为 gee 的变量。请注意，代码中的文本字符串应该用引号括起来，这里可以使用单引号（'）或者双引号（''）。当我们使用引号时，必须将字符串括起来，且成对出现。当然每条编程语句通常应该以分号结束，尽管谷歌地球引擎中的代码编辑器并不要求这样做，同时即使不声明 var 的变量，这里不会

出现任何错误。在地球引擎中，JavaScript 变量名称和 Java 变量名称相同，变量名称只能由字母、数字和下划线组成，不能包含其他符号。标识符的第一个字符必须是字母、下划线，不能是数字，当一个变量声明了一次后，第二次就不需要再次使用 var 进行声明，结果如图 3.2.2 所示。

图 3.2.2　变量声明方式

③注释单行注释用 "//"，大段注释用 "/* */"，两种注释代码方式如图 3.2.3 所示。

图 3.2.3　JavaScript 代码注释方式

④ JavaScript 的函数定义通常是以 function 来进行调用的，如图 3.2.4 中所示的 NDVI 波段运算函数中，function 是声明 JS 函数的关键字，image 是函数名称，函数主体使用一对大括号 "{}" 括起来，由大括号括起来的是 JavaScript 代码块。一个函数是一个代码块，当按它的名字调用它时，就会执行。在谷歌地球引擎中，代码块常常和循环函数 map 一同使用。

图 3.2.4　函数名为 addNDVI 的函数

除了以上常用的基本功能外，这里同样可以进行算术运算符、赋值运算符、关系运算符、逻辑运算符，条件运算符，字符串连接运算，当然我们这些内容会在后面的章节对应案例分别进行说明。

3.2.1　EE 对象

一个对象是一个数据结构，允许存储键值对。输入一个键，它会返回所传入的值。GEE 中的数据结构主要包括两个即矢量和栅格数据，数据类型 Image 和 Feature 图像由波段和属性字典组成。单个几何元素（点、线、面）的集合成为 FeatureCollection，多景影像的集合为 ImageCollection。Earth Engine 中的其他基本数据结构包括 String、Dictionary、List、Array、Date 和 Number 等常用的数据。接下来我们会先介绍数据类型，再介绍影像的基本操作步骤。

地球引擎的 API 非常庞大，它提供的对象和方法可以完成从简单数学到图像处理的高级算法的所有工作。在代码编辑器中，你可以切换到文件选项卡，查看按对象类型分组的 API 函数。API 函数的前缀是 ee（代表地球引擎）。在 GEE 当中，因为特定的环境，Google 把所有的对象都通过特定的 EE 的对象方法进行封装，所有 GEE 中的算法都会在前面加入"ee."，表 3.2.1 和图 3.2.5 所示部分为谷歌地球引擎中所有的对象和常用方法。

表 3.2.1　Docs 文档中的所有 ee 对象

ee.Algorithms	ee.ErrorMargin	ee.List	Chart
ee.Array	ee.Feature	ee.Model	Export
ee.Blob	ee.FeatureCollection	ee.Number	Map
ee.Classifier	ee.Filter	ee.PixelType	ui
ee.Clusterer	ee.Geometry	ee.Projection	Internal
ee.ConfusionMatrix	ee.Image	ee.Reducer	ee.apply()
ee.Date	ee.ImageCollection	ee.String	ee.call()
ee.DateRange	ee.Join	ee.Terrain	ee.initialize()
ee.Dictionary	ee.Kernel	ee.data	ee.reset()

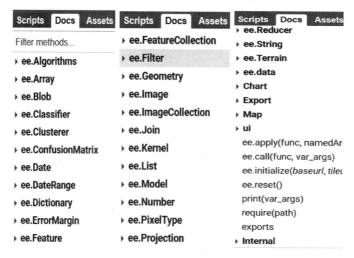

图 3.2.5　谷歌地球引擎中的 EE 对象

3.3　字符串类型

这里最简单的依旧是 print 命令，即使你没有学习这个编程基础知识。这个非常简单，归结起来就是一点，把你想说的话放到引号当中即可，这样打印出来的结果就是一个字符串类型。请尝试将下面的代码放入代码编辑器中进行尝试：

```
print('this is GEE ');
print('此星光明 ');
```

注意，代码中的引号、括号和分号都要在英文状态下输入，输出显示在代码编辑器右侧的控制台选项卡中，结果如图 3.3.1 所示：

图 3.3.1　字符串加载

当然，如果我们想转化一个数据、年份或者其他的信息时，例如下面我们要用到的 ee.String（string）以此来构建一个字符串，在这里括号中可以放的不仅是字符串，也可以是一个计算的对象。比如说计算结果的时浮点或者整形，可以通

过这个函数进行强制转化为字符串。请尝试将下面的代码放入编辑器中:

```
varstring = ee.String(12345)
print(string)
```

图 3.3.2 为数字类型强制转化为字符串进行的报错提示,这里的报错原因是因为 ee.String()对象所需接收的数据类型应该是一个字符串,而不是一串数字或者其他类型。这里的解决方案是将所出入的类型用引号强制转化为字符串类型,这样计算机就能识别了。当我们不确定数据类型的时候,可以使用 typeof 方法来查看 JavaScript 与使用 EE 对象的类型区别,请尝试将下面代码运行,最终结果如图 3.3.3 所示。

图 3.3.2 字符串强制转化报错

Inspector **Console** Tasks

Use print(...) to write to this console.

string	JSON
object	JSON
Is this an EE object? true	JSON

图 3.3.3 查看字符串类型和 EE 对象

代码链接: https://code.earthengine.google.com/54494b8c8f97af1ce204e717327613
53?hideCode=true。

代码:

```
// 加载一个字符串变量
var clientString = 'I am a String';
print(typeof clientString);  // string 字符串类型


var serverString = ee.String('I am not a String!');
```

```
print(typeof serverString);  //EE object 对象
print('Is this an EE object?',serverString instanceof
ee.ComputedObject);  // true
```

3.4　数字类型

在开始介绍列表、字典和数组前，先介绍数字类型，这些可用于 ee.Number（）在服务器上创建数字对象。例如，使用 Math.EJavaScript 方法在服务器上创建一个常量值：

代码链接：https://code.earthengine.google.com/84299f618ba442da3f4c7ae8456c69ee?hideCode=true。

代码：

```
// 定义常量 E 看结果，这里我们用 ee.Number（）将其转化为数字类型
var serverNumber = ee.Number(Math.E);
print('e=', serverNumber);
// 使用一个内置函数对数字进行操作。
var logE = serverNumber.log();
print('log(e)=', logE);
```

值得注意的是，一旦创建了 Earth Engine 对象，就必须使用 Earth Engine 方法来处理它。在此示例中，不能使用 JavaScript Math.log（）来处理该 Earth Engine 对象。必须使用方法 ee.Number（），也就是说，只要使用了带 ee. 的方法，以后所有的问题只能按照 GEE 本身的方法来计算，最终的 log 输出结果如图 3.4.1 所示。

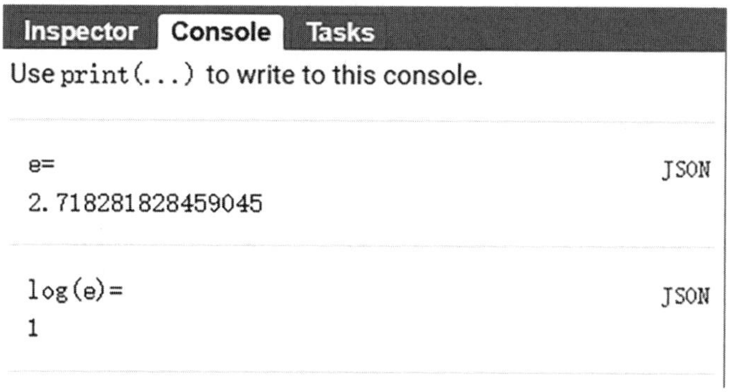

图 3.4.1　log 数据结果

3.5　列表类型

列表可以用 ee.List（list）来表示，但很多时候，我们新手会犯一个错误，就像如下图 3.5.1 列表的错误提示：

图 3.5.1　列表的错误提示

这里我们需要理解的是，因为这里需要一个参数，但是 ee.List（list）中列表给出的数据是分开的数据，并没有按照规定的格式，这里报错的主要原因就是列表所需用到的格式 "[ ]"，这里所需要的数据要放到指定的中括号内，代码如下：

代码链接：https://code.earthengine.google.com/0e7eeafb5d044ab8d028ad7c6dea04da?hideCode=true。

代码：

```
// 正确的列表加载方式
var list=ee.List([1,2,3,4,5])
print(list)
// 自动生成 1-12 的列表
var list1=ee.List.sequence(1,12)
print(list1)
// 重复列表中的列表
print(ee.List.repeat(1,5))
```

当然，很多时候我们不想一个个输入列表，那么我们可以用到 ee.List.sequence（），它可以产生一个列表时序，你只需要输入开始、截止的数字就可以了，未来这个函数对于 for 循环中年、月的遍历过程使用是非常多的。同时，我们可以使用 ee.List.repeat（）进行重复，请尝试下面代码，结果如图 3.5.2 所示，正确的列表加载和时序分析：

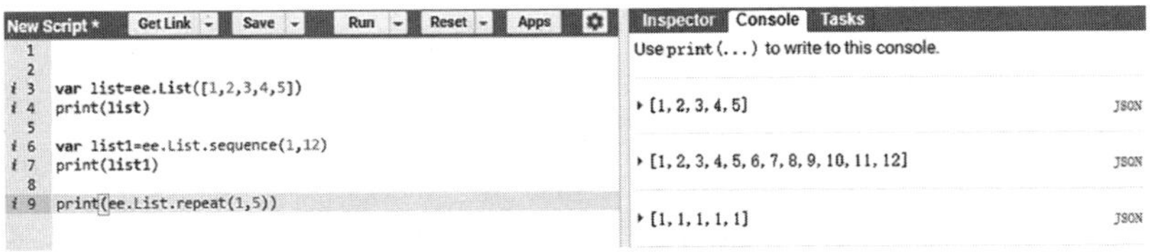

图 3.5.2　列表的正确加载结果

ee.List () 在地球引擎中有很多功能可以调用，例如，列表初始化，序列分析，添加、合并、删减、替换、判断、排序、反转、去重，统计和循环遍历计算。具体代码如下，最终结果如图 3.5.3 所示：

图 3.5.3　常用列表操作分析

代码链接为：https://code.earthengine.google.com/eb508630e34ecce3ee02d54584295f3f?hideCode=true。

代码为：

```
//ee.List 列表
var ee_list1 = ee.List([1,2,3,4,5]);
print("ee list create first method", ee_list1);

// 列表初始化除了可以直接使用 Js 数组，还可以使用内部方法
var ee_list2 = ee.List.sequence(1,5);
print("ee list create second method", ee_list2);
print("ee_list2[1] = ", ee_list2.get(1));
print("length ", ee_list2.length());
```

```
print("size ", ee_list2.size());

// 创建一个 4 长度，所有值都是 10 的列表
print("repeat list", ee.List.repeat(10, 4));

// 添加元素
var ee_list3 = ee.List([1,2,3]);
ee_list3 = ee_list3.add(4);
print("ee_list3 is", ee_list3);
print("insert index", ee_list3.insert(0, 9));

// 合并列表
var ee_list4 = ee.List([1,2,3]);
var ee_list5 = ee.List([5,6,7]);
print("cat list", ee_list4.cat(ee_list5));

// 删除
var ee_list6 = ee.List([1,2,3,4]);
print("remove element", ee_list6.remove(4));
print("remove elements", ee_list6.removeAll(ee.List([1,2])));
// 替换
print("replace element", ee_list6.replace(4, 5));
// 提取部分 List
print("slice list", ee_list6.slice(1, 3));
// 判断包含
print("contain element", ee_list6.contains(3));
// 排序和翻转
print("reverse list", ee_list6.reverse());
print("sort list", ee_list6.sort());
//to string
var ee_list7 = ee.List(["a", "b", "c"]);
print("join string", ee_list7.join("-"));

// 去重
var ee_list8 = ee.List(["a", "b", "c", "a"]);
print("remove dup string", ee_list8.distinct());
//reduce
var ee_list9 = ee.List([1,2,3,4]);
print("list sum", ee_list9.reduce(ee.Reducer.sum()));
```

```
//map
var ee_list10 = ee_list9.map(function(data) {
  return ee.Number(data).multiply(2);
});
print("ee_list10 is", ee_list10);
```

3.6　字典类型

GEE 的字典中并没有将内容限定为文本类型，而是包含了数字、词汇和符号，简单来说就是一个大括号中多个键和值组成。我们通过一个代码集合来简单说明字典是如何操作的，如何新建字典？如何获取字典的大小、键值？如何将两个列表生成新的字典？以及字典的合并，判断和删除等功能，下面将从以下几个方法中入手去解决，最终的结果如图 3.6.1 所示：

① ee.Dictionary.fromLists（keys，values）。从两个平行的键和值的列表中构造一个字典。

② combine（second，overwrite）合并。合并两个字典。在名字重复的情况下，输出包含第二个字典的值，除非 overwrite 是 false。两个字典中的空值被忽略 / 删除。

③ contains（key）检验是否包含键。如果字典包含给定的键，则返回 true。

④ remove（selectors，ignoreMissing）移除字典的内容。返回一个删除了指定键的字典。

代码链接：https://code.earthengine.google.com/f8a8d9a24caf48d2ef4456964cb2f8fb?hideCode=true。

代码为：

```
//ee.Dictionary 字典
var ee_dict1 = ee.Dictionary({
  name: "AA",
  age: 10,
  desc: "this is a boy"
});
// 获取字典的大小、key 列表、a 值列表
print("size is", ee_dict1.size());
print("keys is", ee_dict1.keys());
print("values is", ee_dict1.values());
```

```
// 根据键值取值
print("age is ", ee_dict1.get("age"));
print("name is ", ee_dict1.get("name"));

var keys = ["name", "year", "sex"];
var values = ["BB", 1990, "girl"];
// 生成新的字典
var ee_dict2 = ee.Dictionary.fromLists(keys, values);
print("ee_dict2 is", ee_dict2);
// 合并两个字典
var ee_dict3 = ee_dict1.combine(ee_dict2);
print("ee_dict3 is", ee_dict3);
var ee_dict4 = ee_dict1.combine(ee_dict2, false);
print("ee_dict4 is", ee_dict4);
// 判断是否包含 key
var flag = ee_dict4.contains("name");
print("flag is", flag);
// 删除
var ee_dict5 = ee.Dictionary({
  a: 1,
  b: 2,
  c: 3
});
ee_dict5 = ee_dict5.remove(["a", "c"]);
print("ee_dict5 is", ee_dict5);
// 添加忽略可以防止键值不存在造成删除错误
print(ee_dict5.remove(["a", "c"], true));
// 添加，需要注意的使用 set 后字典会变为 GEE 的 object 对象类型，
// 所以需要强制转换一下
var ee_dict6 = ee.Dictionary({
  a: 1,
  b: 2,
  c: 3
});
ee_dict6 = ee_dict6.set("d", 4);
ee_dict6 = ee.Dictionary(ee_dict6);
print("ee_dict6 is", ee_dict6);
```

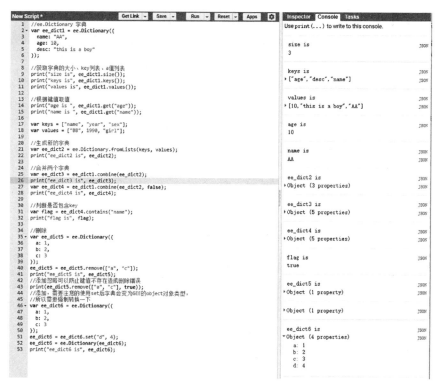

图 3.6.1　常用字典用法

3.7　数组类型

ee.Array 类型在 Earth Engine 表示 1-D 向量、2-D 矩阵、3-D 阵列。数组是一种灵活的数据结构，但它们的伸缩性不如地球引擎中的其他数据结构，其本质上是一个列表，但它具有方向性。如果问题可以在不使用数组的情况下解决，那么结果的计算速度会更快、效率更高。但是，如果问题需要更高维度的模型、灵活的线性代数或任何其他数组，则可以使用 Array 该类。

对于一个 N 维数组，从 0 到 $N-1$ 有 N 个轴。阵列的形状由轴的长度决定。轴的长度代表沿它的位置数多少。数组大小或数组中的总元素数等于轴长度的乘积。每个轴上每个位置的每个值都必须有一个有效数字，因为当前不支持稀疏或参差不齐的数组。数组的元素类型表示每个元素是什么类型的数字；数组的所有元素都将具有相同的类型。Earth Engine 中的数组由数字列表和列表列表构成。嵌套的程度决定了维数。下面的代码将数组的建立、膜、矩阵行列转换等进行了举例，结果分析如图 3.7.1 所示。

代码链接：

https://code.earthengine.google.com/b934cc546ec8c9788b7f9fee39f4f58b?hideCode=true。

代码：

```
// 建立两个数组 y
var Array_1 = ee.Array( [[1], [2], [3]]); //3*1
var Array_2 = ee.Array( [[1, 2, 3]]); //1*3
print( Array_1,Array_2 )
// 建立矩阵 E
var array = ee.Array.identity(4);
print( array )

var Array_3 = ee.Array([ [ 1,2,3 ],[ 4,5,6 ] ]);

// 按照 0 轴或者 1 轴进行重复，第一个参数代表方向
var Array_2 = Array_1.repeat( 1,2 );
print( Array_1, Array_2 );

// 矩阵的膜
var Array_1 = ee.Array( [ [1,1],[2,2],[3,3],[4,4]] );
var Array_2 = ee.Array( [ [ 0],[ 0],[ 1],[ 0]] );
var Array_3 = Array_1.mask( Array_2 );
print( Array_1, Array_2, Array_3 )

// 倒置矩阵
var Array_1 = ee.Array( [ [111,111,111], [222,222,222] ]);
var Array_2 = Array_1.transpose();
print( Array_1, Array_2);
```

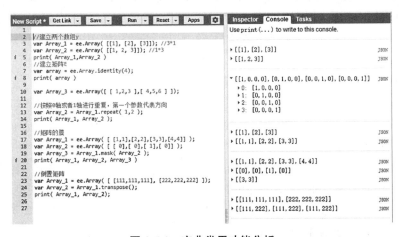

图 3.7.1　字典常用功能分析

3.8　矢量和矢量集合

在 GEE 中关于矢量的定义方法：ee.Feature（geometry，properties）可以将以下参数之一作为矢量的来源：

①几何元素（点、线、面）。

②一个 GeoJSON 几何体。

③一个 GeoJSON 特征。

④一个计算的对象：如果指定了属性，则被重新解释为一个几何体，如果没有指定，则被解释为一个地物。

在谷歌地球引擎中，最基本的矢量元素是通过 ee.Feature 来实现，单个几何图形和矢量文件的综合代码如下，结果如图 3.8.1 所示。

代码链接：https://code.earthengine.google.com/05c4e0fddffa34b51eca5e4c0fddfb3f?hideCode=true。

代码为：

```
// 创建一个几何
var polygon = ee.Geometry.Polygon([
  [[-35, -10], [35, -10], [35, 10], [-35, 10], [-35, -10]]
]);

// 创建一个矢量把几何元素放入并加入属性
var polyFeature = ee.Feature(polygon, {foo: 42, bar: 'tart'});

// 打印相应的值和记载图形
print(polyFeature);

// 创建一个属性字典，其中一些可能是计算值
// 这里的计算是将 8 默认的字符串转化为数字，然后加上 88 作为 foo 的值
var dict = {foo: ee.Number(8).add(88), bar: 'nihao'};

// 使用属性字典创建一个空几何特征
// 没有几何元素和仅有上面创造的字典作为属性值
var nowhereFeature = ee.Feature(null, dict);

Map.addLayer(polyFeature, {}, 'feature');
// 创建一个点的几何然后加入一些属性进去
```

```
//set 中设定的两个参数，第一个为属性的名称，第二个为属性的值
var feature = ee.Feature(ee.Geometry.Point([-122.22599,
37.17605]))
  .set('genus', 'Sequoia').set('species', 'sempervirens');

// 从这个 feature 中获取这个属性
var species = feature.get('species');
print(species);

// 在加入一个新的属性时进入
feature = feature.set('presence', 1);

// 重写属性就形成一个新的几何并且放入 feature 中
var newDict = {genus: 'Brachyramphus', species: 'marmoratus'};
var feature = feature.set(newDict);

// 打印检查结果
print(feature);
```

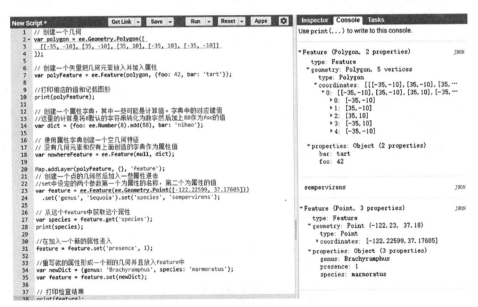

图 3.8.1　矢量和几何图形分析

　　每个 Feature 都有一个主要 Geometry，存储在 geometry 属性中。Geometry 几何体也有两个几何体相交和缓冲区之类的方法，结果将保留 Feature 调用该方法

的所有其他属性。在地球引擎的函数库中还有一些方法可以对矢量进行分析，处理方法有很多，例如计算面积、获取几何体边界、获取矢量中心点及其坐标，不同矢量相交等的常用操作的最终结果如图 3.8.2 和 3.8.3 所示。

代码链接：https://code.earthengine.google.com/41e2eb3a347f4ea1fa893c736d5c28ab?hideCode=true。

代码：

```
// 两个矢量边界
var polygon1 = /* color: #d63000 */ee.Geometry.Polygon(
        [[[116.18363255709164, 39.73608336682765],
          [116.62857884615414, 39.75297820506206],
          [116.60660618990414, 40.08580181855619],
          [116.15067357271664, 40.077395868796174]]]);
var polygon2 = /* color: #ffc82d */ee.Geometry.Polygon(
        [[[116.45728060961198, 40.23636657920226],
          [116.42981478929948, 39.97166693527704],
          [116.82806918383073, 39.95903650847623],
          [116.88849398851823, 40.20700637790917]]]);

//polygon 转化为矢量对象
var feature1 = ee.Feature(polygon1);
var feature2 = ee.Feature(polygon2);
// 加载影像
Map.centerObject(feature1, 9);
Map.addLayer(feature1, {color: "red"}, "feature1");
Map.addLayer(feature2, {color: "blue"}, "feature2");

// 矢量面积计算
print("feature area is: ", feature1.area());
// 矢量边界
print("feature bounds is: ", feature1.bounds());
// 矢量中心点
print("feature centroid is: ", feature1.centroid());
// 矢量转化成 geometry
print("feature geometry is: ", feature1.geometry());
// 矢量坐标
print("feature coordinates is: ", feature1.geometry().
coordinates());
// 检查是否相交返回值为布尔类型
```

```
print("feature1 and feature2 is intersects ?", feature1.
intersects(feature2));
var intersec = feature1.intersection(feature2);
Map.addLayer(intersec, {}, "intersec");
// 外延2000
var buffer1 = feature1.buffer(2000);
Map.addLayer(buffer1, {color:"ff00ff"}, "buffer1");
// 内沿2000m
var buffer2 = feature1.buffer(-2000);
Map.addLayer(buffer2, {color:"00ffff"}, "buffer2");
// 两者之间的差异，就是buffer1减去buffer2
var differ = buffer1.difference(buffer2);
Map.addLayer(differ, {color:"green"}, "differ");
```

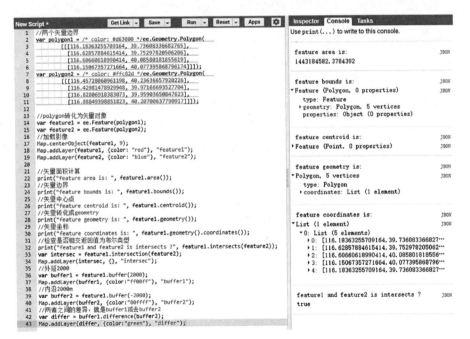

图 3.8.2　矢量分析结果

　　feature 中使用 aggregate（总计）中选取最大、最小和平均值分析，这里用到的几个方法：aggregate_max（property），aggregate_min（property），aggregate_mean（property）集合中的对象的特定属性进行聚合，计算所选属性值的最大值、最小值和平均值，最终的结果如图 3.8.3 所示。

　　代码链接：https://code.earthengine.google.com/11d99eb7941308c5946285131e06

78d7？hideCode=true。

代码：

```
// 生成几个矢量属性放在矢量集合中
var fCol = ee.FeatureCollection([
  ee.Feature(null, {count: 1}),
  ee.Feature(null, {count: 2}),
    ee.Feature(null, {count: 12}),
  ee.Feature(null, {count: 21}),
  ee.Feature(null, {count: 13})
]);

// 分别统计其中最大最小值
print("count max", fCol.aggregate_max("count"));
print("count min", fCol.aggregate_min("count"));
print("count mean", fCol.aggregate_mean("count"));
```

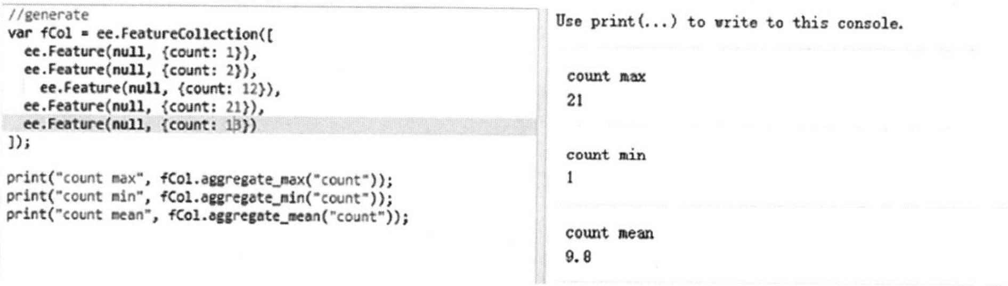

图 3.8.3　按矢量集合属性字段筛选

矢量集合与图像以及其他几何图形和特征一样，矢量集合可以直接添加到地图中 Map.addLayer ()。这里需要解释的是这个加载在地图上的图层的方法：

对于 Map.addLayer (eeObject, visParams, name, shown, opacity)，这里的参数主要是前三个要加载在地图上的对象，颜色参数，图层名称。默认的可视化将显示带有黑色实线和半透明黑色填充的矢量。如要以颜色呈现矢量，请指定 color 参数。如果想产生随机色彩，那么就可以用一个随机函数 .randomVisualizer，具体代码可以参考随机颜色图层函数：Map.addLayer (ecoregions, {color: ecoregions. randomVisualizer}, ‘default display’) 下面以红色显示"RESOLVE"生态区 (Dinerstein et al. 2017) 作为默认可视化。

代码链接：https://code.earthengine.google.com/e19e2d1e63be9721aa21db5bd0418 c55?hideCode=true。

代码：

```
// 从一个数据库中加载一个矢量几何
var ecoregions = ee.FeatureCollection('RESOLVE/ECOREGIONS/2017');
// 加载影像并使用默认颜色和红色进行填充
Map.addLayer(ecoregions, {}, 'default display');
// 这里的 color 就相当于 {} 中的一个字典中的键值，也可以设定 min, max 等
Map.addLayer(ecoregions, {color: 'FF0000'}, 'colored');
// 如需其他显示选项，请使用 featureCollection.draw().
Map.addLayer(ecoregions.draw({color: '006600', strokeWidth: 5}),
{}, 'drawn');
```

对于多点的矢量集合，可通过多个点的经纬度来建立一个矢量结合，另外，我们还可以通过随机点生成一个矢量集合，这里谷歌地球引擎中的随机样本点生成函数 randomPoints ()。下面所示的代码中，按照指定的区域分别生成了两个随机样本点集合，两个集合的颜色分别为红色和黑色，如图 3.8.4 所示。最终，这里通过 merge 将前后两个矢量集合在一起，结果如图 3.8.5 和 3.8.6 所示。

代码链接: https://code.earthengine.google.com/3b8ff7dc57b68b153d38d668ded0aec0? hideCode=true。

代码：

```
// 加载一个几何面
var utahGeometry = ee.Geometry.Polygon([
  [-114.05, 37],
  [-109.05, 37],
  [-109.05, 41],
  [-111.05, 41],
  [-111.05, 42],
  [-114.05, 42]
]);
print(utahGeometry)

// 利用选定的区域随机点生成一些点
var newFeatures = ee.FeatureCollection.randomPoints
(utahGeometry, 25, 12);
var moreNewFeatures = ee.FeatureCollection.randomPoints
(utahGeometry, 25, 1);
// 利用 merge 函数将两个随机样本点合并在一起
var combinedFeatureCollection = newFeatures.merge(more
NewFeatures);
```

```
print(combinedFeatureCollection)
```

```
// 加载各个图层
Map.addLayer(newFeatures, {}, 'New Features');
Map.addLayer(moreNewFeatures, {color: 'red'}, 'More New
Features');
Map.addLayer(combinedFeatureCollection, {color: 'yellow'},
'Combined FeatureCollection');
print(newFeatures, moreNewFeatures, combinedFeatureCollection);
```

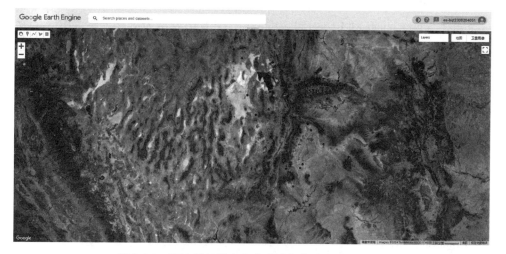

图 3.8.4　全球生态区矢量集合展示

图 3.8.5　两个随机样本点生成的集合（红色和黑色）

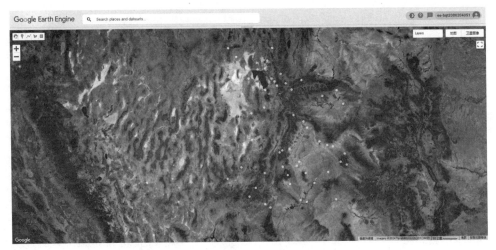

图 3.8.6　两个点矢量集合合并后新点矢量集合

　　整个实现过程：生成两组不同的随机点，每组包含 25 个点。通过使用不同的种子参数分别设定 12 和 1，以在两个集合中生成不同的随机点。将所有的 ee.FeatureCollection 添加到地图中。首先，将地图的中心设置为下面定义的坐标，并将缩放级别设置为 6。然后添加所有图层，将图层标签指定为文本字符串（例如，'New Features'）和颜色，以显示每个图层。我们还将打印结果。

3.9　影像和影像集合

　　栅格数据（Image 和 ImageCollection）在 GEE 中表示为对象。影像由一个或多个波段组成，每个波段都有自己的名称、数据类型、比例和投影。每幅影像都有存储为一组属性的元数据。当我们调用单景影像，并让其赋值给一个变量时，就可以使用 ee.Image () 在括号中输入 GEE 中单景影像的代码，这里的单景或者影像集合的名称，在 GEE 中被称为 "Collection Snippet"。如果我们想要加载影像集合，所使用的方法为 ee.ImageCollection ()，下面分别介绍单景影像和影像集合的加载。MERIT DEM 是通过消除现有 DEM（NASA SRTM3 DEM、JAXA AW3D DEM、Viewfinder Panoramas DEM）中的主要误差成分，而产生的 3 S 角分辨率的高精度全球 DEM（约 90 m 分辨率）是由东京大学制作的。

　　代码链接：https://code.earthengine.google.com/e0e728ae5c6e380016ba02aaa9cdce88?hideCode=true。

　　代码：

```
var dataset = ee.Image("MERIT/DEM/v1_0_3");

var visualization = {
  bands: ['dem'],
  min: -3,
  max: 18,
  palette: ['000000', '478FCD', '86C58E', 'AFC35E', '8F7131',
            'B78D4F', 'E2B8A6', 'FFFFFF']
};

// 这里的显示一般会显示地图显示的中心点位置，参数主要是经纬度和缩放参数。
Map.setCenter(90.301, 23.052, 10);
Map.addLayer(dataset, visualization, "Elevation");
```

　　如图 3.9.1 所示，影像集合的图层加载和单景影像的加载方式基本相同，这里使用的是澳大利亚境内 5 m 分辨率的数字高程模型（DEM），它是由 2001~2015 年间约 236 次单独的 LiDAR 测量得出的，覆盖面积超过 245 000 km²。这些调查涵盖了澳大利亚人口密集的沿海地区；墨累达令盆地的洪泛区，以及主要和次要人口中心。所有可用的 1 m 分辨率 LiDAR 衍生的 DEM 已经被编译，并使用邻接平均法对每个调查区域的 5 m 分辨率数据集进行重新采样，然后合并成每个州的单一数据集。每个州的数据集都作为图像集中的一个单独图像提供。值得注意的是，在加载影像集合的过程中，如果选择单波段影像集合加载，必须选择指定的波段，否则可视化参数中的 palette 参数，就无法应用于多波段影像，或者不设定 palette 参数，只设定影像波段 DN 值的最小值（min）和最大值（max）。

　　代码链接：https://code.earthengine.google.com/9b236f3efc3af7ec6addbb2ebbf252ed?hideCode=true。

　　代码：

```
var dataset = ee.ImageCollection('AU/GA/AUSTRALIA_5M_DEM');
var elevation = dataset.select('elevation');
var elevationVis = {
  min: 0.0,
  max: 150.0,
  palette: ['0000ff', '00ffff', 'ffff00', 'ff0000', 'ffffff'],
};
Map.setCenter(140.1883, -35.9113, 8);
Map.addLayer(elevation, elevationVis, 'Elevation');
```

图 3.9.1　南澳大利亚州南部 DEM 展示

除了现有谷歌地球引擎中现有影像数据集以及自己上传的影像外，还可以通过 ee.Image（）设定常量作为单景影像，默认生成的影像波段名称为"constant"，我们可以利用 cat（）函数将多个常量影像合并为一个多波段影像，也可以使用 addBands（）函数添加常量影像作为新的波段。当生成的多波段影像集合，还可以利用 select（）函数来改变原有波段的名称，结果如图 3.9.2 所示。

代码链接：https://code.earthengine.google.com/e1db02188aeff2a62988638168462 285?hideCode=true。

代码：

```
// 创建单一的常量影像
var image1 = ee.Image(1);
print(image1);

// 将两个单波段影像进行合并，成为一个多波段影像
var image2 = ee.Image(2);
var image3 = ee.Image.cat([image1, image2]);
print(image3);

// 直接创建一个常量的多波段能影像
var multiband = ee.Image([1, 2, 3]);
print(multiband);
```

```
// 重命名影像波段的名称
var renamed = multiband.select(
    ['constant', 'constant_1', 'constant_2'], // old names
    ['band1', 'band2', 'band3']               // new names
);
print(renamed);

// 利用 .addBands 再添加一个波段
var image4 = image3.addBands(ee.Image(42));
print(image4);
```

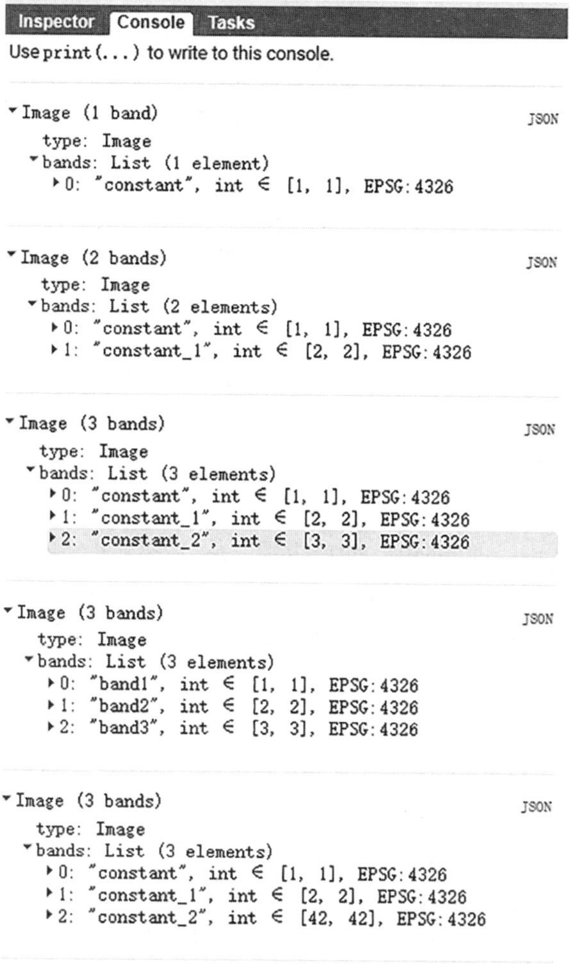

图 3.9.2　常量影像合成多波段影像

第 4 章　地球引擎学习和使用教程

4.1　GEE 基础教程

4.1.1　加载 DEM 影像

本节主要的目的通过图层加载函数（Map.addLayer ( )）和图层中心点设定函数（Map.setCenter ( )）加载单景 DEM 影像，使用的影像数据是 NASA 30 m 数字高程模型，分辨率为 30 m。加载单景 DEM 影像的整个流程按照加载影像、设定中心点和图层加载 3 个步骤来实现。值得注意的是，我们在加载影像的时候可以设定影像的最大、最小值以及可视化参数进行影像图层的设定。

代码链接：https://code.earthengine.google.com/76a68a1259cdfac4dd129decc3a5ab48?hideCode=true。

1. 函数：Map.setCenter (lon, lat, zoom)

将地图视图放在给定坐标和给定缩放级别的中心位置。

参数：

① Lon (Number)：中心的经度，单位是度。

② lat (Number)：中心的纬度，单位是度。

③ zoom (Number, optional)：缩放级别，从 0~24。

2. 函数：Map.addLayer (eeObject, visParams, name, shown, opacity)

将给定的 EE 对象作为一个图层添加到地图中。

参数：

① eeObject (Collection|Feature|Image|RawMapId)：要添加到地图上的对象。

② visParams (FeatureVisualizationParameters|ImageVisualizationParameters, optional)。可视化参数。对于图像和图像集合，有效参数见 ee.data.getMapId。对于特征和特征集合，唯一支持的键是 "color"，作为一个 CSS 3.0 颜色字符串或 "RRGGBB" 格式的十六进制字符串。当 eeObject 是一个地图 ID 被忽略。

③ name (String, optional)：图层的名称。默认为 "N 层"。

④ shown (Boolean, optional)：表示该图层是否应该默认打开的标志。

⑤ opacity（Number，optional）：该图层的不透明度，用 0~1 之间的数字表示，默认为 1。

代码：

```
// 加载指定的 DEM 影像
var image = ee.Image("NASA/NASADEM_HGT/001");
// 设定加载地图的中心点
Map.setCenter(116, 40, 2);
// 将影像加载到地图上
// min 和 max 分别代表 DEM 影像的最大与最小值取值范围
Map.addLayer(image, {min: 0, max: 3000}, 'SRTM');
```

4.1.2　影像集合的加载

除了单景影像的加载，大多数情况下谷歌地球引擎都是按照影像集合的形式存储影像的，所以如何正确使用影像集合的加载显得尤为重要，在谷歌地球引擎中需要加载影像集合时，就会用到 ee.ImageCollection（）对象来加载影像集合，并可以通过筛选卫星影像指定的时间范围来加载指定日期范围内的影像，当然也可以通过特定的聚合方式镶嵌（mosaic）或聚合对象（reducer）中的一种形式（最大值、最小值、平均值或者中位数）将指定时间段内的影像聚合成一景影像。此次所使用的影像集合数据为 Landsat 5，选取了其中的采用真彩色影像 RGB 波段（'B3'，'B2'，'B1'）作为图层的影像展示。

代码链接：https://code.earthengine.google.com/7d91b3c1247af27f037aa0452c4daafd?hideCode=true。

1. 函数：filterDate（start，end）

它是通过一个日期范围来过滤一个集合的快捷方式。开始和结束可以是日期、数字（解释为自 1970-01-01T00:00:00Z 以来的毫秒转化后得到的）或以字符串（例如 "1996-01-01T08:00"）。这里的时间是影像来源于影像自带的属性 'system：time_start'。通常情况下时间的筛选形式以年月日的形式进行，筛选具体形式为（"xxxx-xx-xx"），相当于 this.filter（ee.Filter.date（..））；关于其他日期过滤选项，请看 ee.Filter 类型。

参数：

① this：collection（Collection）：影像集合实例。

② start（Date|Number|String）：开始日期。

③ end（Date|Number|String，optional）：结束日期（不包括）。可选的。如果

不指定,将创建一个从"开始"开始的 1 ms 范围。

2. 函数 median( )

通过计算所有匹配波段堆栈中每个像素点的所有数值的中位数来聚合一个图像集合。波段是按名称匹配的。

参数:

this:collection(ImageCollection):要进行聚合的影像集合。

代码:

```
/ 加载 Landsat 5 影像
var collection = ee.ImageCollection('LANDSAT/LT05/C01/T1')
     .filterDate('2000-04-01', '2000-07-01');
//影像聚合以中位数的形式
var median = collection.median();
//设置影像可视化参数
var visParams = {bands: ['B3', 'B2', 'B1'], gain: [1.4, 1.4,
1.1]};
//加载影像集合
Map.addLayer(median, visParams, 'clipped composite');
```

4.1.3 底图的设定

本节主要任务是设定不同的底图,这样做的目的是当我们在加载不同底图的时候可以有效区别所加载影像和底图之间的关系。在底图右上角,我们可以切换矢量底图和卫星底图,同时,矢量底图还可以添加地形,使图层有 3D 效果更加真实,除此之外,我们可以利用谷歌地球引擎函数 Map.setOptions (),通过代码的形式完成地球底图的预设,以下我们就将以代码的形式进行底图的切换,不同影像底图加载结果如图 4.1.1 所示。

代码链接:https://code.earthengine.google.com/218184694db8ce3abb87ae77fe89eb05?hideCode=true。

函数:Map.setOptions(mapTypeId, styles, types)

修改谷歌地图的基图。允许如下操作。

①设置当前的 MapType。

②为基站地图提供自定义样式(MapTypeStyles)。

③为 basemap 设置可用的 mapTypesIds 列表。

如果调用时没有参数,则将地图类型重置为 google 默认的类型。

参数：① mapTypeId（String, optional）：用于设置基图的 mapTypeId。可以是"ROADMAP""SATELLITE""HYBRID"或"TERRAIN"中的一种，以选择标准的 Google Maps API 地图类型，或是 opt_styles 字典中的一个键。如果留空，并且 opt_styles 中只指定了 1 种样式，那么将使用该样式。

② styles（Object, optional）：自定义 MapTypeStyle 对象的字典，其键值是将出现在地图的地图类型控件中的名称。参见：https://developers.google.com/maps/documentation/javascript/reference#MapTypeStyle

③ Types（List<String>, optional）：一个要提供的 mapTypeIds 的列表。如果省略，但指定了 opt_styles，则将所有的样式键追加到标准的 Google Maps API 地图类型中。

代码：

```
// 设置底图
// 尝试切换不同的底图风格 "ROADMAP"、"SATELLITE"、"HYBRID" 或
"TERRAIN"
Map.setOptions("SATELLITE");
//Map.setOptions("ROADMAP");
//Map.setOptions("HYBRID");
//Map.setOptions("TERRAIN");
```

加载后的结果：

图 4.1.1　卫星底图

4.1.4 矢量集合的加载

谷歌地球引擎拥有很多的矢量集合数据（全球各国矢量边界、全球发电站矢量、全球各国省/州边界等），通常情况下，我们所使用的概率较小，但是有很多时候，如果没有某一个国家的矢量边界，也无法通过本地上传的形式实现指定某个国家的矢量边界加载，就可以通过在线调用以上矢量数据，通过指定的属性进行筛选，完成指定区域矢量的加载，矢量集合使用的 EE 对象为 ee.FeatureCollection ()。本次我们以 2016 年美国各州矢量边界为例进行怀俄明州和亚利桑那州的筛选，有关数据集的中的属性可以自行去 GEE 数据集中查看，本案例中使用 "NAME" 属性进行州的筛选，最终结果如图 4.1.2 所示。

代码链接：https://code.earthengine.google.com/5cff694bb080bbeea478616a3c59b6de?hideCode=true。

1. 函数：filter (filter)

对这个集合应用一个过滤器。

参数：

① this：collection (Collection)：集合实例。

② filter (Filter)：一个应用于这个集合的过滤器。

2. 函数：ee.Filter.or (var_args)

使用布尔式 OR 组合两个或多个过滤器。

参数：

① var_args (VarArgs<Filter>)

要组合的过滤器。

3. 函数：ee.Filter.eq (name, value)

对等于给定值的元数据进行过滤。

参数：

① name (String)：要过滤的属性名称。

② value (Object)：要对比的值。

代码：

```
//2016 年美国州矢量集合
var fc = ee.FeatureCollection('TIGER/2016/States')
    .filter(ee.Filter.or(    // 用筛选器进行筛选，这里 or 的作用就是筛选，
只要满足就可进行加载
        ee.Filter.eq('NAME', 'Wyoming'),// 按州名称进行筛选
```

```
                    ee.Filter.eq('NAME', 'Arizona')));
// 设定地图中心点位置和缩放倍数
Map.setCenter(-110, 40, 5);
// 加载矢量图层
Map.addLayer(fc, {}, 'Wyoming and Arizona' );
```

图 4.1.2 筛选出来的两个矢量

4.1.5 全球二级行政单元矢量集合快速加载

谷歌地球引擎推出了一个新的功能，即矢量的快速加载即 FeatureView，它是矢量集合 FeatureCollection 的一个纯视图的加速表示。与 FeatureCollection 不同的是，FeatureView 的栅格地图瓦片是即时生成的，而 FeatureView 的栅格瓦片是预先计算过的，用以提供快速渲染。除了渲染速度更快之外，FeatureView 功能还实现了与缩放级别相关的特征细化。当使用该函数进行矢量加载时，密集的数据集在放大时可能看起来不完整（小的特征不会被描述），但当放大时，更多的数据会变得可见，这可以改善较低缩放级别的地图完整性。数据集的快速机载的过程由几个优化参数控制，这些参数在将 FeatureCollection 导出为 FeatureView 资产时被设置。FeatureView 对象不能包含在计算或表达式中，但可以作为 FeatureViewLayer 在 JavaScript 代码编辑器和地球引擎应用程序中进行可视化和检查。它们也可以被集成到 Google Maps API 应用程序中。

这里所使用的矢量数据为全球行政单元矢量数据（Global Administrative Unit Layers 2015，Second-Level Administrative Units），我们将利用数据中二级行政单

元的数据进行加载，这个数据集我们可以按照国家代码以及二级单位进行分析。通过加载全球的矢量数据来进行分析可知，在 GEE 中可以直接使用 ui.Map. FeatureViewLayer 来快速加载所需的矢量数据，但这仅限于矢量数据。最终影像的加载结果如图 4.1.3 所示。

代码链接：https://code.earthengine.google.com/e1338fa3126a4591a6e5452accb619ff?hideCode=true。

1. 函数：ui.Map.FeatureViewLayer（assetId，visParams，name，shown，opacity）

从一个 FeatureView 资产中生成一个图层，用于在 ui.Map 上显示。

参数：

① assetId（String）：FeatureView 的资产 ID。

② visParams（Object，optional）：该图层的可视化参数。

③ name（String，optional）：图层的名称，在图层列表中和检查图层时出现。默认为资产 ID。

④ shown（Boolean，optional）：该图层最初是否显示在地图上。默认为 true。

⑤ opacity（Number，optional）：图层的不透明度，用 0~1 之间的数字表示，默认为 1，不透明。

代码：

```
// 加载全球二级单元矢量数据
var admin2 = ee.FeatureCollection("FAO/GAUL_SIMPLIFIED_500m/2015
/level2");
// 加载指定区域的矢量数据
var karnataka = admin2.filter(ee.Filter.eq('ADM1_NAME', 'Karnataka'))
 // 设定可视化参数
var visParams = {'color': 'red'}
var visParams1 = {'color': 'green'}
// 加载图层
Map.addLayer(admin2, visParams, 'World Districts')
Map.addLayer(karnataka, visParams1, 'Karnataka Districts')

// 以下代码建议和上面的分开加载，这样能区分加载的速度
// 使用 FeatureViewLayer 功能快速加载矢量地图
var view = ui.Map.FeatureViewLayer("FAO/GAUL_SIMPLIFIED_500m/2015/
level2_FeatureView")
// 下面这行代码是错误的，因为我们使用的这个函数已经含有 layer 属性了，所以使
用 Map.add() 函数来进行快速加载
//Map.addLayer(view, {}, 'view_world')
```

图 4.1.3　全球二级矢量的单元加载

4.1.6　按几何体来筛选影像

本节主要讲解利用指定的点作为研究区，用以筛选该点所在区域的影像。我们在下面所给定的案例中使用 Sentinel-2 影像集合，筛选指定点的影像。值得注意的是，如果按照点来进行筛选影像时，筛选后的影像只要落在这个点上就会被筛选出来。如果你的研究区超过了该单景影像的范围，那么不适合利用点作为影像的筛选边界。在筛选过程中，我们还利用了 Sentinel-2 影像自带的云含量属性 CLOUDY_PIXEL_PERCENTAGE，即将筛选单景影像云量小于 20% 的影像作为影像筛选对象，这里我们以两种聚合方式（镶嵌和中位数）将所选时间范围内的影像进行拼接。

代码链接：https://code.earthengine.google.com/4e79ac08fed9c153a352e2156a77ce4d?hideCode=true。

1. 函数：ee.Filter.lt（name，value）

对小于给定值的元数据进行过滤。

参数：

① name（String）：要过滤的属性名称。

② value（Object）：要对比的值。

2. 函数：ee.Filter.bounds（geometry，errorMargin）

创建一个过滤器，如果该对象的几何体与给定的几何体相交，则通过。

注意：提供一个大的或复杂的集合作为几何参数会导致性能不佳。整理集合的几何体并不能很好地扩展；可使用最小的集合（或几何体）来实现所需的结果。

参数：

① geometry（ComputedObject|FeatureCollection|Geometry）：要与之相交的几何体、特征或集合。

② errorMargin（ComputedObject|Number，optional）：可选的误差范围。如果是数字，则解释为球面米。

代码：

```
// 加载一个点的矢量
var geometry = ee.Geometry.Point([116.60412933051538, 40.9529129
12328241])
// 加载影像集合
var s2 = ee.ImageCollection("COPERNICUS/S2");
 // 设定可视化参数
// 这里的字典用于给 Map.addLayer() 中 visParams 参数进行传参提前进行的变量
声明
var rgbVis = {
  min: 0.0,
  max: 3000,
  bands: ['B4', 'B3', 'B2'],
};
// 影像过滤，时间筛选和按点筛选的影像范围
// 云量筛选
var filtered = s2.filter(ee.Filter.lt('CLOUDY_PIXEL_PERCENTAGE',
30))
  .filter(ee.Filter.date('2019-01-01', '2020-01-01'))// 时间范围筛选
  .filter(ee.Filter.bounds(geometry))// 边界筛选
 // 指定研究区和时间范围后进行影像镶嵌
var mosaic = filtered.mosaic()
 // 这里除了中值合成之外，还有平均值、最大值、最小值合成
var medianComposite = filtered.median();
// 加载筛选后的影像
Map.addLayer(filtered, rgbVis, 'Filtered Collection');
// 加载镶嵌后的影像
Map.addLayer(mosaic, rgbVis, 'Mosaic');
// 加载按照中位数合成后的影像
Map.addLayer(medianComposite, rgbVis, 'Median Composite')
```

4.1.7　影像和影像集合的裁剪

本节主要介绍对影像和影像集合进行裁剪的问题，大多数情况下，我们的研究区并不是以影像给定范围，所以如何进行影像裁剪就显得尤为重要。这里有一个问题是值得注意的，对单景影像可以直接使用 clip ( ) 进行裁剪，但是对于影像集合不能直接裁剪，因为影像集合是由很多单景影像组成的，而 clip ( ) 工具只能作用于单个影像，所以要对影像集合进行裁剪时，通常情况会先对影像进行镶嵌或者聚合。本次代码使用哨兵 2 号数据，研究区为一个五角星几何体，最终使用 clip 来进行裁剪影像。当让你的研究区为一个矢量集合的时候，也可以使用 clipToCollection ( ) 来进行裁剪，但调用矢量集合前要将矢量集合以ee.FeatureCollection ( ) 对象来命名。

代码链接：https://code.earthengine.google.com/5f4443216e028ced1ee0ef7a70a0f174?hideCode=true。

1. 函数：clip (geometry)

将一个图像夹在一个几何体或特征体上。输出的波段与输入的波段完全对应，只是几何体没有覆盖的数据被屏蔽了。输出的图像保留了输入图像的元数据。使用 clipToCollection 可将图像剪切到一个特征集合，这里指的是裁剪一个矢量集合。

参数：

① this：image (Image)：图像实例。

② geometry (Feature|Geometry|Object)：要剪切的几何体或特征。

2. 函数：median ()

通过计算所有匹配波段堆栈中每个像素点的所有数值的中位数来聚合一个图像集合。波段是按名称匹配的。

参数：

this：collection (ImageCollection)：要聚合的图像集合。

代码：

```
// 利用画图工具进行研究区 " 五角星 "
var geometry = /* color: #d63000 */ee.Geometry.Polygon(
        [[[116.23087783635367, 41.19200315568651],
          [115.95072646916617, 41.15478979414543],
          [116.19791885197867, 41.030592616981146],
          [116.15397353947867, 40.831388973646945],
          [116.43412490666617, 40.98499483382704],
```

```
                [116.71976943791617, 40.83970111459536],
                [116.65934463322866, 41.05130845041069],
                [116.91752334416617, 41.16719659678629],
                [116.53849502385366, 41.212668110585284],
                [116.39017959416617, 41.4271966843369]]]);
// 加载影像集合
var s2 = ee.ImageCollection("COPERNICUS/S2");

var rgbVis = {
  min: 0.0,
  max: 3000,
  bands: ['B4', 'B3', 'B2'],
};
var filtered = s2.filter(ee.Filter.lt('CLOUDY_PIXEL_PERCENTAGE', 30))
  .filter(ee.Filter.date('2019-01-01', '2020-01-01'))
  .filter(ee.Filter.bounds(geometry))

// 影像集合镶嵌和聚合后的裁剪
  // 利用镶嵌后的矢量进行裁剪
var mosaic = filtered.mosaic().clip(geometry)
  // 利用中位数合成后的影像进行裁剪
var medianComposite = filtered.median().clip(geometry);
  // 单景影像可以直接裁剪
var image = ee.Image("COPERNICUS/S2/20190103T031129_20190103T031
125_T50TML").clip(geometry)

// 加载不同聚合方式下的影像
Map.addLayer(mosaic, rgbVis, 'Mosaic');
Map.addLayer(medianComposite, rgbVis, 'Median Composite');
Map.addLayer(image, rgbVis, 'Single Image');
```

4.1.8 影像和矢量的导出

本节主要介绍导出简单的矢量和影像，即分别将影像和矢量导出到地球引擎中的资产（Assets）和硬盘（Drive）中。这里总共需要用到 4 个函数，分别为 Export.image.toAsset ()、Export.image.toDrive ()、Export.table.toAsset () 和 Export. table.toDrive ()。这里将影像和矢量导出到资产中的目的是方便下次直接使用，而导出到硬盘的作用是方便下载到本地进行后续处理。

地图除了可以导出到 Assets 和 Drive 中外，还可以导出到 Google Cloud 中进行存储，但整体上平时使用较少，具体大家可以自行参考 Export.image. toCloudStorage ( ) 和 Export.table.toCloudStorage ( ) 函数来进行。本节主要任务就是利用单景影像和所画的矢量进行导出，当然函数中有很多参数是可以选择的，只有在导出的文件很多时且需要有效区分时才会用，如果仅是单景影像则可以直接进行其中的参数（collection）设定，其他的参数可以参考函数的默认值来进行修改即可。另外，在矢量的导出过程中，我们可以选择导出 "CSV"（默认）、"GeoJSON" "KML" "KMZ" "SHP" 或 "TFRecord" 等格式。影像导出任务成功后在 Task 中的结果如图 4.1.4 所示。

代码链接：https://code.earthengine.google.com/1a59ac4a45d50584d8056362c131 d73e?hideCode=true。

1. 函数：Export.image.toAsset（image, description, assetId, pyramidingPolicy, dimensions, region, scale, crs, crsTransform, maxPixels, shardSize）

创建一个批处理任务，将图像作为栅格导出到地球引擎资产中。任务可以从任务标签中开始。

参数：

① image（image）：要导出的图像。

② description（String, optional）：任务的可读名称。默认为 "myExportImageTask"。

③ assetId（String, optional）：目标资产 ID。

④ pyramidingPolicy（Object, optional）：适用于图像中每个频段的叠加策略，以频段名称为关键。值必须是：平均值、样本、最小、最大或模式。默认为 "平均"。一个特殊的键。"默认值 "可以用来改变所有波段的默认值。

⑤ dimensions（Number|String, optional）：输出的图像所使用的尺寸。可以取一个正整数作为最大尺寸，也可以是 "WIDTHxHEIGHT" 形式，其中 WIDTH 和 HEIGHT 都是正整数。

⑥ region（Geometry.LinearRing|Geometry.Polygon|Strin, optional）：一个 LinearRing、Polygon 或坐标，代表要输出的区域。这些可被指定为 Geometry 对象或序列化为字符串的坐标。

⑦ scale（Number, optional）：分辨率，以每像素米为单位。默认为 1 000。

⑧ crs（String, optional）：输出的图像要使用 CRS。

⑨ crsTransform（List<Number>|String, optional）：导出图像使用的阿法尔变换。需要定义 "crs"。

⑩ maxPixels（Number, optional）：限制导出的像素数。默认情况下，如果输出超过 1e8 像素，你将看到一个错误。明确设置这个值可以提高或降低这个限

制，最大值通常为 1e13。

⑪ shardSize（Number, optional）：计算该图像的分片大小，以像素为单位。默认为 256。

2. 函数：Export.image.toDrive（image, description, folder, fileNamePrefix, dimensions, region, scale, crs, crsTransform, maxPixels, shardSize, fileDimensions, skipEmptyTiles, fileFormat, formatOptions）

创建一个批处理任务，将图像以光栅形式导出到驱动器。任务可以从任务标签开始。"crsTransform""scale"和"dimensions"是相互排斥的。

参数：

① image（image）：要导出的图像。

② description（String, optional）：任务的可读名称。可以包含字母、数字、-、_（没有空格）。默认为"myExportImageTask"。

③ folder（String, optional）：导出任务所在的 Google Drive 文件夹。注意：（a）如果文件夹名称在任何级别都存在，输出将被写入该文件夹，（b）如果存在重复的文件夹名称，输出将被写入最近修改过的文件夹，（c）如果文件夹名称不存在，将在根部创建一个新的文件夹，以及（d）带有分隔符的文件夹名称（例如'path/to/file'）将被解释为字面字符串，而不是系统路径。默认为驱动器根目录。

④ fileNamePrefix（String, optional）：文件名的前缀。可以包含字母、数字、-、_（没有空格）。默认为描述。

⑤ dimensions（Number|String, optional）：输出的图像所使用的尺寸。取一个正整数作为最大尺寸，或者取"WIDTHxHEIGHT"，其中 WIDTH 和 HEIGHT 都是正整数。

⑥ region（Geometry.LinearRing|Geometry.Polygon|String, optional）：一个 LinearRing、Polygon 或坐标，代表要输出的区域。这些可以指定为 Geometry 对象或序列化为字符串的坐标。

⑦ scale（Number, optional）：分辨率，以每像素米为单位。默认为 1 000。

⑧ crs（String, optional）：输出的图像要使用的 CRS。

⑨ crsTransform（List<Number>|String, optional）：导出图像使用的阿法尔变换。需要定义"crs"。

⑩ maxPixels（Number, optional）：限制导出的像素数。默认情况下，如果输出超过 1e8 像素，你将看到一个错误。明确设置这个值可以提高或降低这个限制。

⑪ shardSize（Number, optional）：计算该图像的分片大小，以像素为单位。默认为 256。

⑫ fileDimensions（List<Number>|Number, optional）：如果图像太大，无法装入单个文件，则为每个图像文件的像素尺寸。可以指定一个单一的数字来表示正方形，也可以指定一个的数组来表示（宽，高）。请注意，图像仍然会被剪切成整体图像的尺寸。必须是 shardSize 的倍数。

⑬ skipEmptyTiles（Boolean, optional）：如果为真，则跳过写入空（即完全屏蔽）的图像瓦片。默认为 false。

⑭ fileFormat（String, optional）：导出图像的字符串文件格式。目前只支持"GeoTIFF"和"TFRecord"，默认为"GeoTIFF"。

⑮ formatOptions（ImageExportFormatConfig, optional）：由字符串组成的字典，特定格式选项。

3. 函数：Export.table.toAsset（collection, description, assetId, maxVertices）

创建一个批处理任务，将地物集合导出到地球引擎表资产中。任务可以从任务标签中开始。

参数：

① collection（FeatureCollection）：要导出的特征集合。

② description（String, optional）：任务的可读名称。默认为"myExportTableTask"。

③ assetId（String, optional）：目标资产 ID。

④ maxVertices（Number, optional）：每个几何体未切割的顶点的最大数量；顶点较多的几何体将被切割成小于此大小的块。

4. 函数：Export.table.toDrive（collection, description, folder, fileNamePrefix, fileFormat, selectors, maxVertices）

创建一个批处理任务，将 FeatureCollection 作为一个表导出到 Drive。任务可以从任务标签中开始。

参数：

① collection（FeatureCollection）：要导出的特征集合。

② description（String, optional）：任务的可读名称。可以包含字母、数字、−、_（没有空格）。默认为"myExportTableTask"。

③ folder（String, optional）：导出任务所在的 Google Drive 文件夹。注意：（a）如果文件夹名称在任何级别都存在，输出将被写入该文件夹；（b）如果存在重复的文件夹名称，输出将被写入最近修改的文件夹；（c）如果文件夹名称不存在，将在根部创建一个新的文件夹；（d）带有分隔符的文件夹名称（例如"path/to/file"）被解释为字面字符串，而不是系统路径。默认为驱动器根目录。

④ fileNamePrefix（String, optional）：文件名的前缀。可以包含字母、数字、−、_（没有空格）。默认为描述。

⑤ fileFormat（String, optional）：输出格式。"CSV"（默认）、"GeoJSON""KML"
"KMZ""SHP" 或 "TFRecord"。

⑥ selectors（List<String>|String, optional）：导出时要包含的属性列表；可以
是以逗号分隔的单个字符串，也可以是字符串列表。

⑦ maxVertices（Number, optional）：每个几何体的最大未切割顶点数；顶点
数较多的几何体将被切割成小于此尺寸的碎片。

代码：

```
// 加载矢量
var geometry = /* color: #d63000 */ee.Geometry.Polygon(
        [[[116.23087783635367, 41.19200315568651],
          [115.95072646916617, 41.15478979414543],
          [116.19791885197867, 41.030592616981146],
          [116.15397353947867, 40.831388973646945],
          [116.43412490666617, 40.98499483382704],
          [116.71976943791617, 40.83970111459536],
          [116.65934463322866, 41.05130845041069],
          [116.91752334416617, 41.16719659678629],
          [116.53849502385366, 41.212668110585284],
          [116.39017959416617, 41.4271966843369]]]);
// 这里必须将几何体或者单个矢量转换为矢量集合，因为在矢量导出的过程第一个参
数是 collection，它为一个集合
var geofc = ee.FeatureCollection(geometry)
// 将矢量导出到 GEE 资产中
Export.table.toAsset({
        collection:geometry,
//   description:,
//   assetId:,
//   maxVertices:,
})
// 将矢量导出到谷歌硬盘中
Export.table.toDrive({
        collection:geometry,
//   description:,
//   folder:,
//   fileNamePrefix:,
//   fileFormat:,
//   selectors:,
//   maxVertices:,
```

```
})

// 加载单景影像并裁剪
var image = ee.Image("COPERNICUS/S2/20190103T031129_2019010
3T031125_T50TML").clip(geometry)

// 将影像导出到 GEE 资产中，这里除了影像，其他参数在导出任务中都可以设定
Export.image.toAsset({
        image:image,
//  description:,
//  assetId:,
//  pyramidingPolicy:,
//  dimensions:,
//  region:,
//  scale:,
//  crs:,
//  crsTransform:,
//  maxPixels:,
//  shardSize:,
})

// 将影像导出到谷歌硬盘中，可以下载
Export.image.toDrive({
        image:image,
//  description:,
//  folder:,
//  fileNamePrefix:,
//  dimensions:,
//  region:,
//  scale:,
//  crs:,
//  crsTransform:,
//  maxPixels:,
//  shardSize:,
//  fileDimensions:,
//  skipEmptyTiles:,
//  fileFormat:,
//  formatOptions:,
});
```

结果：

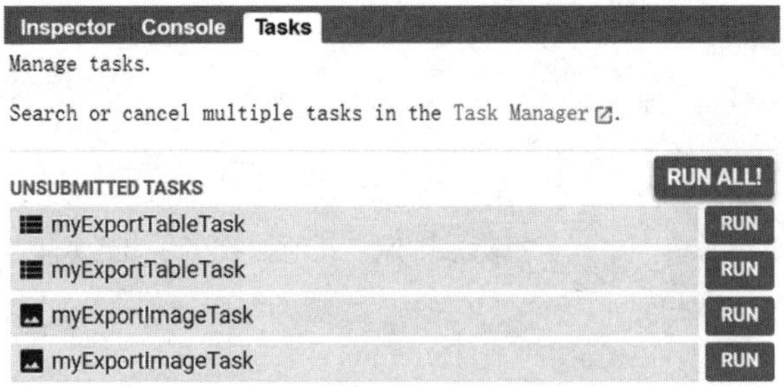

图 4.1.4　默认状态下的导出结果

4.1.9　影像时间、边界和云量的筛选

本节主要介绍熟悉筛选对象（filter）功能的使用，特别是以影像的时间、空间以及云量的筛选为主，这里主要介绍两种筛选方式，例如，时间筛选过程中可以使用 filterDate（）或 filter（ee.Filter.date（）），边界筛选可以使用 filterBounds（geometry）或 filter（ee.Filter.bounds（）），两者基本上是等价的。本案例用 Sentinel-2 影像来进行指定研究区的筛选，从而能按照开发者意愿以代码的形式来完成影像筛选。

代码链接：https://code.earthengine.google.com/0bfbf9de8a342161122dc248c42e25bc?hideCode=true。

1. 函数：filterDate（start，end）/filter（ee.Filter.date（..））

通过一个日期范围来过滤集合的快捷方式。开始和结束可以是日期、数字（解释为自 1970-01-01T00:00:00Z 以来的毫秒）或字符串（例如"1996-01-01T08:00"）。基于'system：time_start'。

参数：

① this：collection（Collection）：集合实例。

② start（Date|Number|String）：开始日期（包括所输入的日期）

③ end（Date|Number|String，optional）：结束日期（不包括你所输入的日期）。可选的。如果不指定，将创建一个从"开始"开始的 1 ms 范围。

2. 函数 filterBounds（geometry）/filter（ee.Filter.bounds（..））

通过与几何体相交来过滤一个集合的快捷方式。集合中的项目如果没有与给定的几何体相交，就会被排除。提供一个大的或复杂的集合作为几何参数会导致性能不佳。整理集合的几何体并不能很好地扩展；使用最小的集合（或几何体）来实现所需的结果。大部分面对矢量边界复杂的情况，我们尽量简化边界，可避免运算超时。

参数：

① this：collection（Collection）：集合实例。

② geometry（ComputedObject|FeatureCollection|Geometry）：与之相交的几何体、特征或集合。

代码：

```
// 加载哨兵 2 号数据
var s2 = ee.ImageCollection("COPERNICUS/S2");
// 过滤原始数据，这里的信息是在影像属性种包含的信息，云量百分比信息，这里选
择云量小于 30
var filtered = s2.filter(ee.Filter.lt('CLOUDY_PIXEL_PERCENTAGE', 30))

// 时间过滤
var filtered = s2.filter(ee.Filter.date('2021-01-01', '2022-01-01'))
// 第二种时间过滤方法
//var filtered = s2.filterDate('2021-01-01', '2022-01-01')
// 研究区过滤
var filtered = s2.filter(ee.Filter.bounds(geometry))
// 第二种边界筛选方法
//var filtered = s2.filterBounds(geometry)
// 让我们在集合上一起应用所有的过滤器

// 首先应用元数据文件过滤器
var filtered1 = s2.filter(ee.Filter.lt('CLOUDY_PIXEL_PERCENTAGE',
30))
// 应用日期过滤器
var filtered2 = filtered1.filter(
  ee.Filter.date('2019-01-01', '2020-01-01'))
// 最后边界过滤
var filtered3 = filtered2.filter(ee.Filter.bounds(geometry))

// 与其一个接一个地应用过滤器，我们可以将它们 " 连锁 " 起来
// 使用 . 符号将所有的过滤器放在一起。这样以后代码会很简洁
var filtered = s2.filter(ee.Filter.lt('CLOUDY_PIXEL_PERCENTAGE', 30))
  .filter(ee.Filter.date('2019-01-01', '2020-01-01'))
  .filter(ee.Filter.bounds(geometry))
```

```
var rgbVis = {
  min: 0.0,
  max: 3000,
  bands: ['B4', 'B3', 'B2'],
};
Map.addLayer(filtered, rgbVis, 'Filtered')
```

4.1.10　矢量面积和周长计算

本节主要介绍计算矢量的面积和周长，矢量可以是自己上传的范围或通过绘图工具形成的几何体。绘制或加载的矢量，在谷歌地球引擎中矢量对象（ee. Feature（））下的面积函数 area（）和周长函数 perimeter（）分别进行计算。此外本案例还进行了几何体的转化和几何体坐标获取等功能的实现，将最终的结果打印到控制台（Console）中，如图 4.1.5 所示。

代码链接：https://code.earthengine.google.com/42ae3938d86c31fc926472b6195ba 424?hideCode=true。

1. 函数：area（maxError, proj）

返回该特征的默认几何体的面积。点和线串的面积为 0，多几何体的面积为其组成部分的面积之和（相交面积被多次计算）。

参数：

① this：feature（Element）：取自几何图形的特征。

② maxError（ErrorMargin, default: null）：在执行任何必要的重新投影时，可以容忍的最大误差量。

③ proj（Projection, default: null）：如果指定，结果将以该投影的坐标系为单位。否则，它将以平方米为单位。

2. 函数：perimeter（maxError, proj）

返回给定特征的几何体的多边形部分的周长。多个几何体的周长是其组成部分的周长之和。

参数：

① this: feature（Element）：取自几何体的特征。

② maxError（ErrorMargin, default: null）：在执行任何必要的重投影时，可以容忍的最大误差量。

③ proj（Projection, default: null）：如果指定，结果将以该投影的坐标系为单位。否则将以米为单位。

3. 函数：toGeoJSONString ()

返回几何图形的 GeoJSON 字符串表示。

参数：

① this: geometry（Geometry）。

② Geometry 实例。

4. 函数：type ()

返回几何图形的 GeoJSON 类型。在 GEE 中有 9 种形式的 GeoJSON 类型："BBox""LineString""LinearRing""MultiLineString""MultiPoint""MultiPolygon""Point""Polygon""Rectangle"。

5. 函数：coordinates ()

返回一个 GeoJSON 风格的几何体坐标列表。

参数：

this: geometry（Geometry）。

6. 函数：geodesic ()

如果是假的，几何体边缘投影后的结果是直的。如果是 true，边缘是弯曲的，遵循地球表面的最短路径。函数的返回值是布尔类型，即真为"true"，假为"false"。

参数：

this: geometry（Geometry）。

代码：

```
// 创建一个几何图形，也可以直接使用工具画
var boulder = ee.Geometry.Polygon([[[116.20109252929689,40.05156
843965244],
          [116.20109252929689, 39.88949036804283],
          [116.47575073242189, 39.88949036804283],
          [116.47575073242189, 40.05156843965244],
          [116.20109252929689, 40.05156843965244]]]);


// 将图形展示在地图上，如果直接画，直接就有矢量图
Map.centerObject(boulder);
// 这里的颜色设定是红色，16 进制的形式
Map.addLayer(boulder, {color: 'FF0000'}, 'geodesic polygon');


// 直接使用面积计算，然后转化为平方千米
```

```
print('Polygon area: ', boulder.area().divide(1000 * 1000));

// 计算周长转化为千米
print('Polygon perimeter: ', boulder.perimeter().divide(1000));

// 将几何图形打印成 GeoJSON 字符串
print('Polygon GeoJSON: ', boulder.toGeoJSONString());

// 打印 GeoJSON 的 "类型"。
print('Geometry type: ', boulder.type());

// 以列表形式打印坐标
print('Polygon coordinates: ', boulder.coordinates());

// 打印该几何体是否为测地线
print('Geodesic? ', boulder.geodesic());
```

结果：

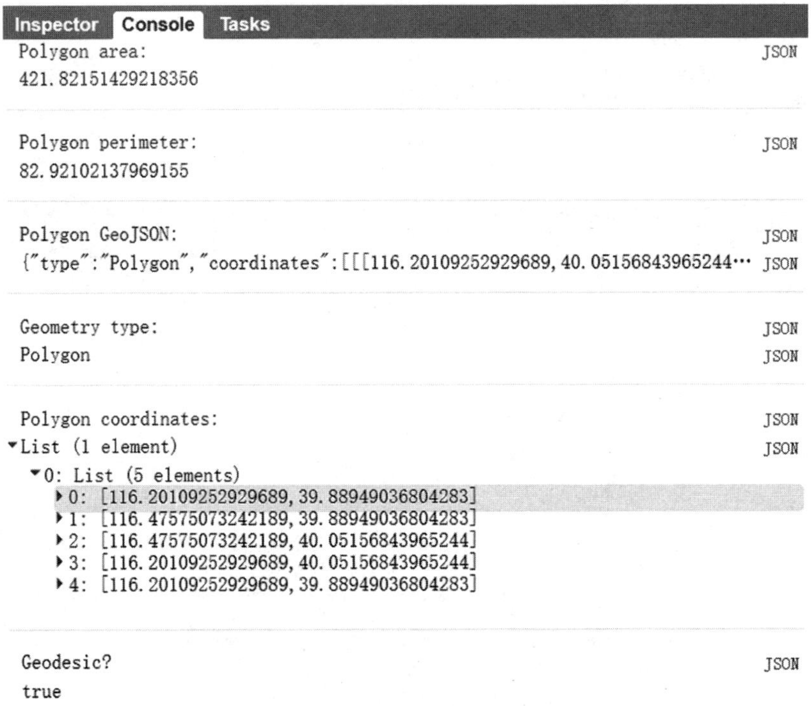

Inspector	**Console**	Tasks	
Polygon area:			JSON
421.82151429218356			
Polygon perimeter:			JSON
82.92102137969155			
Polygon GeoJSON:			JSON
{"type":"Polygon","coordinates":[[[116.20109252929689, 40.05156843965244···			JSON
Geometry type:			JSON
Polygon			JSON
Polygon coordinates:			JSON
▼List (1 element)			JSON
▼0: List (5 elements)			
▶0: [116.20109252929689, 39.88949036804283]			
▶1: [116.47575073242189, 39.88949036804283]			
▶2: [116.47575073242189, 40.05156843965244]			
▶3: [116.20109252929689, 40.05156843965244]			
▶4: [116.20109252929689, 39.88949036804283]			
Geodesic?			JSON
true			

图 4.1.5　控制台加载后的结果

4.1.11　单景影像的区域统计

本节主要介绍利用谷歌地球引擎中的统计分析函数，reduceRegion（）对指定区域的影像进行统计分析时，而统计过程中，reducer 对象中包含了最大值 ee.Reducer.max（），最小值 ee.Reducer.min（），平均值 ee.Reducer.mean（），中位数 ee.Reducer.median（），标准差 ee.Reducer.stdDev（），方差 ee.Reducer.variance（）等统计类型。在此案例中我们使用 DEM 数据作为研究对象，分别将以上的统计分析工具分别进行加载，最终的结果如图 4.1.6 所示。

代码链接：https://code.earthengine.google.com/db4ad77f7f278fedb8048619bdf24d86?hideCode=true。

1. 函数：reduceRegion（reducer, geometry, scale, crs, crsTransform, bestEffort, maxPixels, tileScale）

对一个特定区域的所有像素应用一个还原器。统计工具 Reducer 的输入数必须与输入图像的波段数相同，或者它必须有一个输入，并对每个波段进行重复。返回还原器的形式按照字典的形式输出。

参数：

① this: image（Image）：要还原的图像。

② reducer（Reducer）：要应用的还原器。

③ geometry（Geometry, default: null）：要减少数据的区域。默认为图像的第一个波段的范围。

④ scale（Float, default: null）：以米为单位的投影名义比例。

⑤ crs（Projection, default: null）：工作中的投影。如果没有指定，则使用图像的第一个波段的投影。如果除了比例之外还指定了比例，则按指定的比例重新调整。

⑥ crsTransform（List, default: null）：CRS 变换值的列表。这是一个 3x2 变换矩阵的行主排序。这个选项与"scale"相互排斥，并取代已经设置在投影上的任何变换。

⑦ bestEffort（Boolean, default: false）：如果多边形在给定的比例下包含太多的像素，计算并使用一个更大的比例，这样可以使操作成功。

⑧ maxPixels（Long, default: 10 000 000）：要减少的最大像素数。

⑨ tileScale（Float, default: 1）：一个介于 0.1 和 16 之间的比例因子，用于调整聚合瓦片的大小；设置一个较大的瓦片比例（例如 2 或 4），使用较小的瓦片，并可能使计算在默认情况下耗尽内存。

2. 函数：ee.Reducer.max（numInputs）

创建一个还原器，输出其（第一个）输入的最大值。如果 numInputs 大于 1，也会输出其他输入的相应值。

3. 函数：ee.Reducer.sum（）

返回一个计算器输入（加权）之和的 Reducer。

4. 函数：ee.Reducer.min（numInputs）

创建一个还原器，输出其（第一个）输入的最小值。如果 numInputs 大于 1，也会输出其他输入的相应值。

5. 函数：ee.Reducer.stdDev（）

返回一个计算其输入的标准偏差的 Reducer。

6. 函数：ee.Reducer.mean（）

返回一个计算其输入的（加权）算术平均值的 Reducer。

7. 函数：ee.Reducer.count（）

返回一个计算非空输入数的 Reducer。

代码：

```
// 选择的 geometry
var geometry =
    /* color: #d63000 */
    /* displayProperties: [
      {
        "type": "rectangle"
      }
    ] */
    ee.Geometry.Polygon(
        [[[115.58297089511154, 40.8630822504715],
          [115.58297089511154, 39.55427399591598],
          [117.25289277011154, 39.55427399591598],
          [117.25289277011154, 40.8630822504715]]], null, false);


// 选择单景影像 90m 分辨率数据 DEM
var image = ee.Image('CGIAR/SRTM90_V4');

// 最大值
var max = image.reduceRegion({
  reducer: ee.Reducer.max(),
```

```
    geometry: geometry,
    scale: 200
});
print("最大值",max);
// 最小值
var min = image.reduceRegion({
    reducer: ee.Reducer.min(),
    geometry: geometry,
    scale: 200
});
print("最小值",min);
// 平均值
var mean = image.reduceRegion({
    reducer: ee.Reducer.mean(),
    geometry: geometry,
    scale: 200
});
print("平均值",mean);
// 标准差
var stdDev = image.reduceRegion({
    reducer: ee.Reducer.stdDev(),
    geometry: geometry,
    scale: 200
});
print("标准差",stdDev);
// 每个点的总数
var sum = image.reduceRegion({
    reducer: ee.Reducer.sum(),
    geometry: geometry,
    scale: 200
});
print("总数",sum);
//200 分辨率的总个数
var count = image.reduceRegion({
    reducer: ee.Reducer.count(),
    geometry: geometry,
    scale: 200
```

```
});
print("200分辨率的总个数 ",count);
//方差
var variance = image.reduceRegion({
  reducer: ee.Reducer.variance(),
  geometry: geometry,
  scale: 200
});
print(" 方差 ",variance);
```

结果如下：

图 4.1.6　各类统计结果

4.1.12 RMSE、MAE、MSE 的计算

在谷歌地球引擎中不仅可以对图像进行分析，还可以对数据进行处理，这里就包含对数组的处理，很多时候影像也可以转化为数组的形式来计算，此案例主要目的是计算谷歌地球引擎中没有的一些评价参数，例如，均方根误差 RMSE、均方误差 MSE 和平均绝对误差 MAE。这里用两个数组分别计算以上评价指标。整个实验过程主要通过加载两组数组对象实现各误差值的计算，最终结果如 4.1.7 图所示。

代码链接：https://code.earthengine.google.com/6461bb39ca3998c1f57eba57c22e0 3ba?hideCode=true。

函数：ee.Array（values，pixelType）

返回一个具有给定坐标的数组。

参数：

① values（Object）：一个现有的数组来铸造，或者一个数字/数字列表/任何深度的数字嵌套列表来创建一个数组。对于嵌套列表，同一深度的所有内部数组必须有相同的长度，而且数字只能出现在最深的一层。

② pixelType（PixelType，default: null）：values 参数中每个数字的类型。如果没有提供像素类型，它将从"数值"中的数字推断出来。如果"values"中没有任何数字，必须提供这个类型。

代码：

```
// 设定两个数组
var observation = ee.Array([0.1,0.2,0.3,0.7]);
var prediction = ee.Array([0.12,0.22,0.31,0.82]);
// 利用 RMSE 公式进行编码计算
print(observation.subtract(prediction).pow(2).reduce('mean',
[0]).sqrt(),'RMSE');
// 利用 MSE 公式进行编码计算
var observation = ee.Array([0.1,0.2,0.3,0.7]);
var prediction = ee.Array([0.12,0.22,0.31,0.82]);
print(observation.subtract(prediction).pow(2).reduce('mean',
[0]),'MSE');
// 利用 MAE 公式进行编码计算
var observation = ee.Array([0.1,0.2,0.3,0.7]);
var prediction = ee.Array([0.12,0.22,0.31,0.82]);
print(observation.subtract(prediction).abs().reduce('mean',
[0]),'MAE');
```

结果如下:

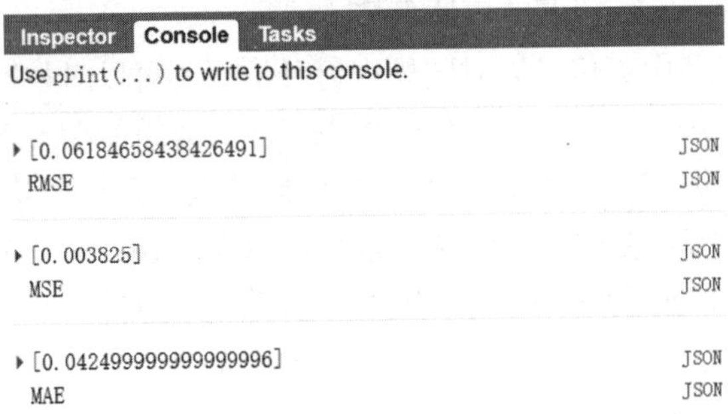

图 4.1.7　RMSE、MSE 和 MAE 结果分析

4.1.13　按矢量面积大小筛选研究区

本节介绍假设由多个矢量组成的矢量集合数据，我们需要按照面积或者其他属性来筛选研究区，用于确定最终的研究区范围。本案例中使用公开的美国县域尺度的矢量数据（TIGER/2016/Counties），通过计算各县的面积来创建新的矢量属性，并按照设立的面积属性来筛选不同面积大小的研究区，这里设定了新的函数，用于让矢量集合中的每个矢量都能加载面积属性，从而完成后续的面积筛选，最终筛选后的结果如图 4.1.8 所示。

代码链接：https://code.earthengine.google.com/bf259078e316b48f30ac07a4d8bf78fa?hideCode=true

1. 函数：divide（right）

将第一个值除以第二个值，除以 0 时返回 0。

参数：

① this: left（Number）：左边的值。

② right（Number）：右边的值。

2. 函数：set（key, value）

在一个字典中设置一个值。这里是设定字典的一个函数，主要有两个参数，一个是键 key，一个是值 Value。

参数：

① this: dictionary（字典）。

② key（字符串）。

③ value（对象）。

3. 函数：ee.Filter.lt（name, value）

对小于给定值的元数据进行过滤。将筛选结果返回构建的过滤器。

参数：

① name（String）：要过滤的属性名称。

② value（Object）：要对比的值。

4. 函数：ee.Filter.gt（name, value）

对大于给定值的元数据进行过滤。将筛选结果返回构建的过滤器。

参数：

① name（String）：要过滤的属性名称。

② value（Object）：要对比的值。

代码：

```
// 加载美国国家县数据
var counties = ee.FeatureCollection('TIGER/2016/Counties');
// 计算
// 遍历每个县的面积
var countiesWithArea = counties.map(function(f) {
  // 以平方米为单位计算面积。  转换为公顷。
  var areaHa = f.area().divide(100 * 100);
  // 返回值给原有影像上加一个名为面积 "area" 的新属性。
  return f.set({area: areaHa});
});

// 筛选面积区域较小的县
var smallCounties = countiesWithArea.filter(ee.Filter.lt('area',
3e5));
// 筛选面积区域大的县
var bigCounties = countiesWithArea.filter(ee.Filter.gt('area',
2e6));

// 加载地图中心点位置
Map.setCenter(-119.7, 38.26, 5);
Map.addLayer(smallCounties, {color: '900000'});
Map.addLayer(bigCounties, {color: '100000'});结果：
```

结果如下：

图 4.1.8　按面积区分不同县

4.1.14　栅格重投影和重采样

本节内容有两方面。其一，是加载 0~24 个缩放级别下谷歌地球引擎的分辨率大小，这里利用 Map.getScale () 函数进行了选定；其二，是利用谷歌地球引擎中的 projection () 和 resample () 函数获取当前影像的投影以及重投影，在重投影下的分布模型有两种，分别为 "bilinear" 和 "bicubic interpolation"，默认状态下为 "bilinear"。因图层信息较多，本书并未逐一加载所展示不同缩放级别下的影像，请大家通过代码链接在 web 端自行加载访问。

1. 函数：resample（mode）

一个返回与其参数相同的图像的算法，但它使用双线性或双三次插值（而不是默认的近邻）来计算除其原始投影或同一图像金字塔的其他层次以外的投影中的像素。这有赖于输入图像的默认投影是有意义的，因此不能用于合成物，相反，应该对用于创建合成的图像重新取样。

参数：

① this: image（Image）：要重新取样的图像。

② mode（String, default: "bilinear"）：要使用的插值模式。是 "bilinear" 或 "bicubic interpolation" 之一）。

2. 函数：projection ()

返回图像的默认投影。如果图像的各个部分没有相同的投影，则抛出一个错误。

参数：

this: image（Image）：要获得投影的图像。

nominalScale（）：返回该投影单位的线性比例，以米为单位，在真正的比例点测量。

参数：

this: proj（Projection）。

代码链接：https://code.earthengine.google.com/2b3378cdc9e4383f3be1969b6d1e8137?hideCode=true

代码：

```
// 加载一个单点来
var point = /* color: #d63000 */ee.Geometry.Point([116.1919315463
8731, 40.00301605854597]);
// 影像获取和预处理
// 在 GEE 中有 0~24 各缩放级别
// 下面是分别在不同分辨率下的 scale 就可以得到
// 获取不同分辨率情况下的分辨率大小
Map.centerObject(point, 0);
print('Map Scale (meters) at Zoom Level 0:', Map.getScale());
Map.centerObject(point, 1);
print('Map Scale (meters) at Zoom Level 1:', Map.getScale());
Map.centerObject(point, 2);
print('Map Scale (meters) at Zoom Level 2:', Map.getScale());
Map.centerObject(point, 3);
print('Map Scale (meters) at Zoom Level 3:', Map.getScale());
Map.centerObject(point, 4);
print('Map Scale (meters) at Zoom Level 4:', Map.getScale());
Map.centerObject(point, 5);
print('Map Scale (meters) at Zoom Level 5:', Map.getScale());
Map.centerObject(point, 6);
print('Map Scale (meters) at Zoom Level 6:', Map.getScale());
Map.centerObject(point, 7);
print('Map Scale (meters) at Zoom Level 7:', Map.getScale());
Map.centerObject(point, 8);
print('Map Scale (meters) at Zoom Level 8:', Map.getScale());
Map.centerObject(point, 9);
print('Map Scale (meters) at Zoom Level 9:', Map.getScale());
Map.centerObject(point, 10);
print('Map Scale (meters) at Zoom Level 10:', Map.getScale());
Map.centerObject(point, 11);
```

```
print('Map Scale (meters) at Zoom Level 11:', Map.getScale());
Map.centerObject(point, 12);
print('Map Scale (meters) at Zoom Level 12:', Map.getScale());
Map.centerObject(point, 13);
print('Map Scale (meters) at Zoom Level 13:', Map.getScale());
Map.centerObject(point, 14);
print('Map Scale (meters) at Zoom Level 14:', Map.getScale());
Map.centerObject(point, 15);
print('Map Scale (meters) at Zoom Level 15:', Map.getScale());
Map.centerObject(point, 16);
print('Map Scale (meters) at Zoom Level 16:', Map.getScale());
Map.centerObject(point, 17);
print('Map Scale (meters) at Zoom Level 17:', Map.getScale());
Map.centerObject(point, 18);
print('Map Scale (meters) at Zoom Level 18:', Map.getScale());
Map.centerObject(point, 19);
print('Map Scale (meters) at Zoom Level 19:', Map.getScale());
Map.centerObject(point, 20);
print('Map Scale (meters) at Zoom Level 20:', Map.getScale());
Map.centerObject(point, 21);
print('Map Scale (meters) at Zoom Level 21:', Map.getScale());
Map.centerObject(point, 22);
print('Map Scale (meters) at Zoom Level 22:', Map.getScale());
Map.centerObject(point, 23);
print('Map Scale (meters) at Zoom Level 23:', Map.getScale());
Map.centerObject(point, 24);
print('Map Scale (meters) at Zoom Level 24:', Map.getScale());

// 计算 NDVI
function add_ndvi(image) {
  return image.addBands(image.normalizedDifference(['B5', 'B4']).
rename ('NDVI'));
}

// 获取镶嵌的 NDVI 图像
var vt_naip = ee.ImageCollection("LANDSAT/LC08/C02/T1_TOA")
  .filterBounds(point)
  .filterDate('2021-11-01', '2021-12-31')
  .mosaic();
```

```
// 检查 VT NAIP 图像的图像信息、投影信息和比例
print('VT NAIP:', vt_naip);
print('VT NAIP Projection, CRS, and CRS Transform:', vt_naip.
projection());
print('VT NAIP Scale (meters):', vt_naip.projection().
nominalScale());

// 用双线性和双三次方对图像进行重采样
var vt_naip_bl = vt_naip.resample('bilinear');
var vt_naip_bc = vt_naip.resample('bicubic');

// 添加 NDVI 波段并重新取样
var ndvi_nn = add_ndvi(vt_naip).select('NDVI');
var ndvi_bl = add_ndvi(vt_naip).select('NDVI').resample
('bilinear');
var ndvi_bc = add_ndvi(vt_naip).select('NDVI').resample
('bicubic');

// 添加 NDVI 波段，重新取样，并重新投影
var ndvi_nn_rp = add_ndvi(vt_naip).select('NDVI')
    .reproject(vt_naip.projection(), null, vt_naip.projection().
nominalScale());
var ndvi_bl_rp = add_ndvi(vt_naip).select('NDVI')
    .reproject(vt_naip.projection(), null, vt_naip.projection().
nominalScale())
  .resample('bilinear');
var ndvi_bc_rp = add_ndvi(vt_naip).select('NDVI')
  .reproject(vt_naip.projection(), null, vt_naip.projection().no
minalScale())
  .resample('bicubic');

// 加载地图和可视化参数设定
// 设置地图中心点位置
Map.centerObject(point, 12);

//定义可视化参数
var vis_params_rgb_naip = {
  bands: ['B4', 'B3', 'B2']
};
```

```
var vis_params_ndvi = {
  min: -1,
  max: 1,
  palette: ['blue', 'white', 'green']
};

// 将 NAIP RGB 图像添加到地图中
Map.addLayer(vt_naip, vis_params_rgb_naip, 'VT NAIP - Nearest
Neighbor Resampling');
Map.addLayer(vt_naip_bl, vis_params_rgb_naip, 'VT NAIP -
Bilinear Resampling');
Map.addLayer(vt_naip_bc, vis_params_rgb_naip, 'VT NAIP - Bicubic
Resampling');

// 重采样 resample
Map.addLayer(ndvi_nn, vis_params_ndvi, 'NDVI - NN');
Map.addLayer(ndvi_bl, vis_params_ndvi, 'NDVI - BL');
Map.addLayer(ndvi_bc, vis_params_ndvi, 'NDVI - BC');

// 增加 NDVI 的重采样和重投影
Map.addLayer(ndvi_nn_rp, vis_params_ndvi, 'NDVI - NN - RP');
Map.addLayer(ndvi_bl_rp, vis_params_ndvi, 'NDVI - BL - RP');
Map.addLayer(ndvi_bc_rp, vis_params_ndvi, 'NDVI - BC - RP');
```

4.1.15　直方图图表展示

直方图（Histogram）又称质量分布图，是一种统计报告图，由一系列高度不等的纵向条纹表示数据分布的情况。一般用横轴表示数据类型，纵轴表示分布情况。我们经常会用到直方图图表来表示一些统计数据，在 GEE 中，我们使用 chart 对象中的 ui.Chart.image.histogram（）函数来进行相应影像数据的直方图加载。本节我们将选用指定区域的高程来查看该区域指定的高程分布情况，使用的数据为 ALOS DSM: Global 30m v3.2 高程数据集，最终的不同高程下的直方图统计结果如图 4.1.9 所示。

代码链接：https://code.earthengine.google.com/adcb695d56ac6512674fa38178e9b94c?hideCode=true。

函数：ui.Chart.image.histogram（image，region，scale，maxBuckets，minBucket Width，maxRaw，maxPixels）

从一个图像生成一个图表。计算并绘制图像指定区域内各条带值的直方图。

① *X* 轴（*X*-axis）：直方图桶（直方图的值）。

② *Y* 轴（*Y*-axis）：频率（波段值的间隔像素数）。

返回一个图表。

参数：

① image（Image）：要生成直方图的图像。

② region（Feature|FeatureCollection|Geometry，optional）：要缩小的区域。如果省略，则使用整个图像。

③ scale（Number，optional）：应用直方图还原器时使用的像素比例，单位是米。

④ maxBuckets（Number，optional）：建立直方图时要使用的最大桶数；将四舍五入到 2 的幂数。

⑤ minBucketWidth（Number，optional）：直方图桶的最小宽度，如果为空，则允许使用 2 的任何次方。

⑥ maxRaw（Number，optional）：建立初始直方图前要累积的数值。

⑦ maxPixels（Number，optional）：如果指定，将覆盖直方图还原中允许的最大像素数。默认为 1e6。

代码：

```
// 加载研究区
var geometry = /* color: #d63000 */ee.Geometry.Polygon(
        [[[87.93055868876723, 34.72398238989824],
          [118.86805868876723, 34.86833167769917],
          [119.48329306376723, 35.94285681687323],
          [87.93055868876723, 35.51476646777715]]]);


// 影像选择和筛选
var elevation = ee.ImageCollection("JAXA/ALOS/AW3D30/V3_2")
                    .filterBounds(geometry)
                    .select("DSM")
                    .mosaic();


// 生成柱状图数据。 使用minBucketWidth来获指定高程值的间隔大小。
var histogram = ui.Chart.image.histogram({
  image: elevation,
  region: geometry,
  scale: 1000,
```

```
    minBucketWidth: 300
});
histogram.setOptions({
    title: '高程直方图'
});
// 加载直方图到控制台
print(histogram);

// 加载图层结果
Map.addLayer(elevation.clip(geometry));
Map.setCenter(104.01, 37.7, 6);
```

结果如下：

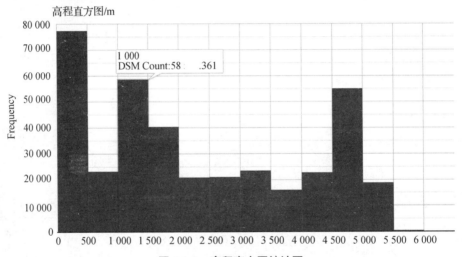

图 4.1.9　高程直方图统计图

4.1.16　绘制指定区域的波段值

折线图是将排列在工作表的列或行中的数据进行绘制后形成的线状图形。折线图可以显示随时间（根据常用比例设置）而变化的连续数据，因此非常适用于显示在相等时间间隔下数据的趋势。在 GEE 中，可以使用 ui.Chart.image.byRegion () 函数来表示折线图，本次我们使用的数据为 ALOS DSM: Global 30 m v3.2 高程数据集，不同点的高程结果分布如图 4.1.10 所示，图 4.1.11 为所选取的点分布情况。

代码链接：https://code.earthengine.google.com/6e0a53db1bd6eac41e9158b1b3ce

7361? hideCode=true。

函数：ui.Chart.image.byRegion（image，regions，reducer，scale，xProperty）

从一个图像生成一个图表。提取并绘制图像中一个或多个区域的波段值，每个波段都是一个单独的系列。

X 轴（X-axis）：由 xProperty 标记的区域（默认：'system: index'）。

Y 轴（Y-axis）：精简器输出。

系列（Series）：波段名称。

返回一个图表。

参数：

① image（Image）。要提取频带值的图像。

regions（Feature|FeatureCollection|Geometry|List<Feature>|List<Geometry>，optional）

要减少的区域。默认为图像的脚印。

② reducer（Reducer，optional）。为 Y 轴生成数值的还原器。每个波段必须返回一个单一的值。默认为 ee.Reducer.mean（）。

③ scale（Number，optional）。与还原器一起使用的刻度，单位是米。

④ xProperty（String，optional）。用来作为 X 轴上每个区域的标签的属性。默认为'system: index'。

代码：

```javascript
// 我们利用 GEE 画图工具在线单击一些点，来获取点的经纬度
var geometry = /* color: #98ff00 */ee.Geometry.MultiPoint(
        [[117.9188174700737, 35.56656083049918],
         [113.9417666888237, 36.02992040456611],
         [109.7010440325737, 36.47290336233495],
         [105.3724307513237, 36.36681658959953],
         [102.3182315325737, 36.20741490799818],
         [100.2528018450737, 36.24286563824065],
         [97.0667666888237, 36.1542086922384],
         [93.8807315325737, 35.97659385425229],
         [90.84850497007372, 35.5486853917397],
         [88.34362215757372, 35.31594227507094]]);

// 影像选择和筛选
var elevation = ee.ImageCollection("JAXA/ALOS/AW3D30/V3_2")
                    .filterBounds(geometry)
                    .select("DSM")
```

```
                        .mosaic();
```

// 建立一个列表，里面都是由点构成的，但是必须转化为矢量
// 否则 chart 图表加载过程中无法识别
```
var waypoints = [
  ee.Feature(
      ee.Geometry.Point([88.34362215757372, 35.31594227507094]),
      {'name': 'point1'}),
  ee.Feature(
      ee.Geometry.Point([90.84850497007372, 35.5486853917397]),
{'name': 'point2'}),
  ee.Feature(
      ee.Geometry.Point([93.8807315325737, 35.97659385425229]),
      {'name': 'point3'}),
  ee.Feature(
      ee.Geometry.Point([97.0667666888237, 36.1542086922384]),
{'name': 'point4'}),
  ee.Feature(
      ee.Geometry.Point([100.2528018450737,36.24286563824065]),
{'name': 'Point5'}),
  ee.Feature(
      ee.Geometry.Point([102.3182315325737, 36.20741490799818]),
{'name': 'point6'}),
  ee.Feature(
      ee.Geometry.Point([105.3724307513237, 36.36681658959953]),
{'name': 'point7'}),
  ee.Feature(ee.Geometry.Point([109.7010440325737, 36.4729033623
3495]), {'name': 'point8'}),
  ee.Feature(ee.Geometry.Point([113.9417666888237, 36.0299204045
6611]), {'name': 'point9'}),
  ee.Feature(ee.Geometry.Point([113.9417666888237, 36.0299204045
6611]), {'name': 'point10'})
];
```

// 建立一个矢量集合，将上面的矢量列表转化为矢量集合
```
var rainierWaypoints = ee.FeatureCollection(waypoints);
```
// 图表设定
```
var chart = ui.Chart.image.byRegion({
  image: elevation,
  regions: rainierWaypoints,
```

```
  scale: 200,
  xProperty: 'name'
});
chart.setOptions({
  title: '我国东西走向高程分布',
  vAxis: {
    title: '高程(m)'
  },
  legend: 'none',
  lineWidth: 1,
  pointSize: 4
});
// 加载图表到控制台
print(chart);

// 加载图层结果
Map.addLayer(rainierWaypoints, {color: 'FF0000'});
// 展示采集点信息
Map.addLayer(elevation.clip(geometry));
Map.setCenter(104.01, 37.7, 6);
```

结果如下:

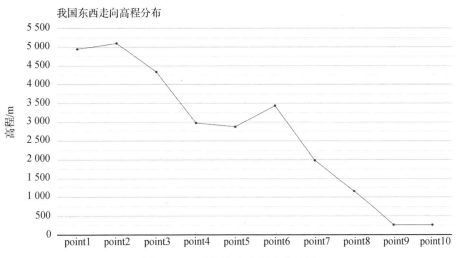

图 4.1.10　自西向东高程分布结果

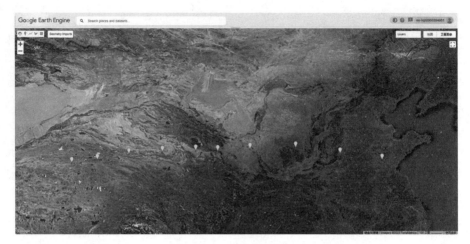

图 4.1.11　各点分布情况

4.2　GEE 中级教程

4.2.1　单景影像 NDVI 计算

本节主要介绍 NDVI 指数的计算，所使用的影像分别是 Landsat 8 和 MODIS/006/MOD09GA 的单景影像。这里主要总结了两种方式来计算归一化植被指数（Normalized vegetation index，NDVI）。在地球引擎中，将归一化函数 normalizedDifference（) 用于类似于归一化植被指数和归一化水体指数标准的计算指数，其他指数运算可以使用 expression（) 进行计算分析。本案例提供了两种 NDVI 波段运算的解决方案，最终影像加载后的结果如图 4.2.1 和 4.2.2 所示。

代码链接：

代码 1：

https://code.earthengine.google.com/f1f2fdd2e521367a6cc03bfe75be7ed8?hideCode=true。

代码 2：

https://code.earthengine.google.com/553a6547ef3451f522ff563b887ea264?hideCode=true。

1. 函数：normalizedDifference（ bandNames ）

计算两个频段之间的归一化差异。如果没有指定要使用的频段，则使用前两个频段。归一化差值的计算方法是（ 波段 1—波段 2）/（ 波段 1 ＋波段 2）。注意，返回的图像波段名称是'nd',输入的图像属性不会保留在输出的图像中,任何一个输入波段的负像素值都会导致输出的像素被屏蔽。为了避免屏蔽负的输入值,请使用 ee.Image.expression()来计算归一化的差异。

参数:

① this:input(Image)。输入的图像。

② bandNames(List,default: null)。指定要使用的波段名称的列表。如果不指定,则使用第一个和第二个波段。

2. 函数:expression(expression,map)

在一个图像上评估一个算术表达式,可能涉及其他图像。主要输入图像的波段可以使用内置函数 b(),如 b(0)或 b('band_name')。表达式中的变量被解释为附加图像参数,必须在 opt_map 中提供。每个这样的图像的波段均可以像 image.band_name 或 image[0]那样被访问。b()和 image[]都允许多个参数,以指定多个波段,如 b(1,'name',3)。调用 b()时没有参数,或者本身使用一个变量,会返回图像的所有波段。如果表达式的结果是一个单一的波段,可以用'='运算符给它指定一个名称(例如:x = a + b)。最后返回值由提供的表达式计算出的图像。这里注意,在使用表达式过程中,我们不需要写出 x,而是通过 return 的形式返回给计算的影像即可,从而避免出错。

参数:

① this: image(Image)。图像实例。

② expression(String)。要评估的表达式。

③ map(Dictionary<Image>, optional)。按名称提供的输入图像的地图。

代码 1:

```
//Landsat 8 单景影像 NDVI 计算
// 多个区域选取组成一个感兴趣的区域,需要设置系统索引,即需要一个编号
var roi = /* color: #98ff00 */ee.FeatureCollection(
        [ee.Feature(
            ee.Geometry.Polygon(
                [[[114.62959747314449, 33.357067677774594],
                  [114.63097076416011, 33.32896028884253],
                  [114.68315582275386, 33.33125510961763],
                  [114.68178253173824, 33.359361757948754]]]),
            {
              "system:index": "0"
            }),
```

```
        ee.Feature(
            ee.Geometry.Polygon(
                [[[114.72092104073545, 33.35448759404677],
                    [114.72778749581357, 33.32580564060472],
                    [114.77585268136045, 33.33039538788689]]]),
            {
                "system:index": "1"
            }),
        ee.Feature(
            ee.Geometry.Polygon(
                [[[114.7181744587042, 33.269561620989904],
                    [114.7181744587042, 33.29826208049367],
                    [114.67285585518857, 33.30055770950425]]]),
            {
                "system:index": "2"
            })]);
Map.centerObject(roi, 9);
Map.setOptions("SATELLITE");


//Landsat 单景影像的添加
var image = ee.Image("LANDSAT/LC08/C01/T1_TOA/LC08_123037_20180611");
// 方法 1
// 利用 GEE 自带函数进行归一化指数计算
var ndvi = image.normalizedDifference(["B5", "B4"]).
rename("NDVI");
// 方法 2
// 按照表达式进行分析 NDVI 计算
    var NDVI = image.expression(
        "(NIR - RED) / (NIR + RED)",
        {
            RED: image.select("B4"),     //  RED
            NIR: image.select("B5"),     //  NIR
        });


    Map.addLayer(NDVI, {min: 0, max: 1}, "NDVI_expression");

var visParam = {
```

```
    min: -0.2,
    max: 0.8,
    palette: ["FFFFFF", "CE7E45", "DF923D", "F1B555", "FCD163",
              "99B718", "74A901", "66A000", "529400", "3E8601",
              "207401", "056201", "004C00", "023B01", "012E01",
              "011D01", "011301"]
};
Map.addLayer(ndvi, visParam, "NDVI");
Map.addLayer(roi, {color: "red"}, "roi");
```

加载后的结果如下：

图 4.2.1　NDVI 影像加载

代码 2：

```
// RED is sur_refl_b01, 620-670nm
// NIR is sur_refl_b02, 841-876nm

// 加载单景 MODIS 影像
var img = ee.Image('MODIS/006/MOD09GA/2012_03_09');

// 使用 normalizedDifference(A, B) 来计算 (A - B)/(A + B)
var ndvi = img.normalizedDifference(['sur_refl_b02', 'sur_refl_b01']);

// 制作一个颜色板，用来加载 NDVI 影像颜色
var palette = ['FFFFFF', 'CE7E45', 'DF923D', 'F1B555', 'FCD163',
'99B718',
               '74A901', '66A000', '529400', '3E8601',
```

```
'207401', '056201',
                    '004C00', '023B01', '012E01', '011D01',
'011301'];

// 设定地图中心点位置
Map.setCenter(116.84497, 40.01918, 8);

// 显示 RGB 影像和 NDVI 影像加载
Map.addLayer(img.select(['sur_refl_b01', 'sur_refl_b04', 'sur_refl_
b03']),
        {gain: [0.1, 0.1, 0.1]}, 'MODIS bands 1/4/3');
Map.addLayer(ndvi, {min: 0, max: 1, palette: palette}, 'NDVI');
```

加载后的结果如下：

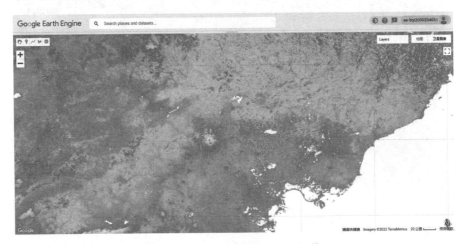

图 4.2.2　MODIS 影像 NDVI 加载

4.2.2　影像集合 NDVI 和 SAVI 指数计算

本节主要介绍将我们所要进行计算的指数放在一个函数中，然后通过 map 映射函数完成对所有影像的指数计算，从而优化代码。本案例利用 Landsat 5 影像进行区域和时间筛选后作为影像数据，然后将 NDVI 和 SAVI（Soil–Adjusted Vegetation Index）指数的波段运算的过程放入一个 function 函数中，以方便后续 Landsat 影像集合遍历 map（）以上两个指数进行一并计算，SAVI 和 NDVI 指数影像计算结果如图 4.2.3 和 4.2.4 所示。

代码链接：https://code.earthengine.google.com/0d5c15a38378a186b1298f83da3d92f9?hideCode=true。

1. 函数：JavaScript 语言的 function 函数

```
    function myFunction(a, b) {
  return a * b;        // 函数返回 a 和 b 的乘积
}
```

2. 函数：map（algorithm, dropNulls）

在一个集合上映射一个算法。

参数：

① this: collection（Collection）。集合实例。

② algorithm（Function）。对集合中的图像或特征进行映射的操作。一个 JavaScript 函数，接收图像或特征并返回其一。该函数只被调用一次，结果被捕获为描述，所以它不能执行命令式的操作或依赖外部状态。

dropNulls（Boolean, optional）

如果为真，则允许映射算法返回空值，其返回空值的元素将被放弃。

代码：

```
// 加载 Landsat 5 影像集合进行时间筛选
var collection = ee.ImageCollection('LANDSAT/LT05/C01/T1_TOA')
    .filterDate('2000-01-01', '2001-01-01');


// function 函数
// NDVI 函数的表达式计算
var NDVI = function(image) {
  return image.expression('float(b("B4") - b("B3")) / (b("B4") +
b("B3"))');
};


// SAVI 函数的表达式计算
var SAVI = function(image) {
  return image.expression(
      '(1 + L) * float(nir - red)/ (nir + red + L)',
      {
        'nir': image.select('B4'),
        'red': image.select('B3'),
        'L': 0.2
```

```
        });
};

// 可视化参数
var vis = {
    min: 0,
    max: 1,
    palette: [
        'FFFFFF', 'CE7E45', 'DF923D', 'F1B555', 'FCD163', '99B718',
        '74A901', '66A000', '529400', '3E8601', '207401', '056201',
        '004C00', '023B01', '012E01', '011D01', '011301'
    ]
};

// 加载地图中心点
Map.setCenter(116.7848, 40.3252, 11);
// 分别加载 NDVI 和 SAVI 两个图层
Map.addLayer(collection.map(NDVI).mean(), vis, 'Mean NDVI');
Map.addLayer(collection.map(SAVI).mean(), vis, 'Mean SAVI');
```

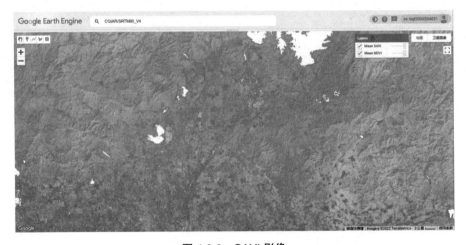

图 4.2.3　SAVI 影像

图 4.2.4　NDVI 影像

4.2.3　坡度、坡向、山阴计算

很多情况下除了高程之外，还需要坡度、坡向等因素作为我们研究的驱动因素，而传统的计算方式一般都是按照 DEM 影像来计算提取相关信息，在谷歌地球引擎中，有两种方式来实现。第一种是利用 ee.Terrain 对象中 ee.Terrain. slope（）、ee.Terrain.aspect）和 ee.Terrain.hillshade（）。第二种解决方案是利用 ee.Algorithms.Terrain（）函数，计算结果中分别可以输出 slope、aspect 和 hillshade3 个波段。本案例中所使用的数据为 SRTM V4 数字高程数据，最终结果如图 4.2.5 所示。

代码链接：https://code.earthengine.google.com/77976ebdc7a0cd6fa3d0c3de08896 10f? hide Code=true。

1. 函数：ee.Terrain.slope（input）
根据地形 DEM 计算坡度（度）。局部梯度计算使用的是每个像素的 4 个连接的"邻居"，所以在图像的边缘会出现缺失值。
参数：
① input（Image）。一张高程图像，单位是 m。
2. 函数：ee.Terrain.aspect（input）
从一个地形 DEM 中计算纵横度。局部梯度计算使用的是每个像素的 4 个连接的"邻居"，所以在图像的边缘会出现缺失值。
参数：
① input（Image）一张高程图像，单位是 m。
3. 函数：ee.Terrain.hillshade（input, azimuth, elevation）
从 DEM 计算出一个简单的山体阴影。

参数：

① input（Image）。一个高程图像，单位是 m。

② azimuth（Float, default: 270）。照射方位角，从北到南。

③ elevation（Float, default: 45）。光照高度，单位是度。

4. 函数：ee.Terrain.hillShadow（image, azimuth, zenith, neighborhoodSize, hysteresis）

创建一个阴影带，在像素被照亮的地方输出 1，在像素成为阴影的地方输出 0。输入仰角带、光源的方位角和天顶角（度）、邻域大小。目前，这种算法只适用于墨卡托投影，在这种投影中，光线是平行的。

参数：

① image（Image）。要应用阴影算法的图像，其中每个像素应代表以米为单位的海拔高度。

② azimuth（Float）。方位角，单位是度。

③ zenith（Float）。天顶，单位是度。

④ neighborhoodSize（Integer, default: 0）。邻近区域的大小。

⑤ hysteresis（Boolean, default: false）。使用滞后性。物理上不太准确，但可能产生更好的图像。

5. 函数：ee.Algorithms.Terrain（input）

从一个地形 DEM 计算坡度、坡向和一个简单的丘陵阴影。

这里提供一个包含单一海拔带的图像，以米为单位，如果有一个以上的海拔带，则以"海拔"命名。增加以度数为单位的"坡度"和"坡度"输出带，以及一个无符号字节的"丘陵阴影"输出带，以实现可视化。所有其他波段和元数据都是从输入图像中复制的。本地梯度的计算是使用每个像素的 4 个连接的邻居，所以在图像的边缘会出现缺失值。

参数：

① input（Image）。一张高程图像，单位是 m。

代码：

```
// 首先加载 DEM 影像
var dem = ee.Image('CGIAR/SRTM90_V4').select("elevation");

// 加载算法函数
var terrain = ee.Algorithms.Terrain(dem);

// 分别选择对应的波段去计算
var slope = terrain.select('slope');
```

```
var aspect = terrain.select('aspect');
var hillshade = terrain.select('hillshade');

// 将各波段数据打印出来
print("terrain",terrain)
print("slope",slope)
print("aspect",aspect)
print("hillshade",hillshade)

// 分别计算坡度、坡向、山阴
var slope1 = ee.Terrain.slope(dem)
var aspect1 = ee.Terrain.aspect(dem)
var hillshade1 = ee.Terrain.hillshade(dem)

// 打印结果
print("slope1",slope1)
print("aspect1",aspect1)
print("hillshade1",hillshade1)
```

结果如下：

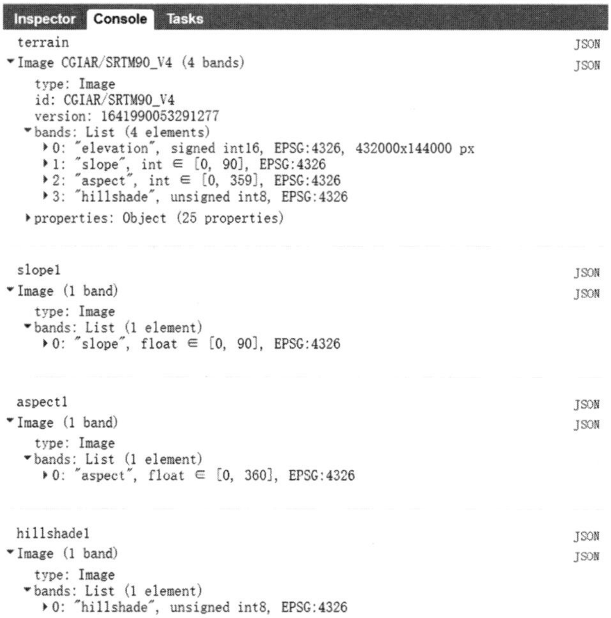

图 4.2.5　不同方式计算的坡度、坡向和山阴

4.2.4 简单的动画加载

在大数据时代，影像的时序展示成了我们快速了解区域变化的重要方式，本节主要目的是实现指定区域的动画加载，这里使用的是 MODIS/006/MOD13Q1 数据中 NDVI 波段。首先输入一个研究区，一般为一个矩形，然后加载影像和可视化参数，最后按照缩略图 ui.Thumbnail（ ）加载到地图上或打印到控制台上。值得注意的是，无论是打印在控制台还是展示在地图上，都只能按照其中一个方式进行，影像动态图并不能同时加载到控制台和地图上。

代码链接：https://code.earthengine.google.com/92621daa9c0e7cad6efee2e297a7d6c8?hideCode=true。

1. 函数：ee.Geometry.Rectangle（coords，proj，geodesic，evenOdd）

构建一个描述矩形多边形的 ee.Geometry。为了方便，当所有参数都是数字时，可以使用 varargs。这允许创建 EPSG:4326 多边形，正好给定 4 个坐标或斜对角线的坐标，例如，ee.Geometry.Rectangle（minLng，minLat，maxLng，maxLat）。

参数：

① coords（List<Geometry>|List<List<Number>>|List<Number>）。矩形的最小角和最大角，以 GeoJSON 'Point' 坐标格式的两个点的列表，描述一个点的两个 ee.Geometry 对象的列表，或以 xMin，yMin，xMax，yMax 顺序的四个数字的列表。

② proj（Projection，optional）。这个几何体的投影。如果没有指定，默认为输入的 ee.Geometry 的投影，如果没有 ee.Geometry 的输入，则为 EPSG:4326（WGS–84 坐标系）。

③ geodesic（Boolean，optional）。如果是假的，边缘在投影中是直的。如果是 true，边缘是弯曲的，遵循地球表面的最短路径。默认是输入的测地线状态，如果输入的是数字，则为真。

④ evenOdd（Boolean，optional）。如果为真，多边形内部将由偶数 / 奇数规则决定，如果一个点穿过奇数的边到达无限大的一个点，那么它就是内部。否则，多边形使用左 – 内规则，当以给定的顺序行走顶点时，内部在壳的边缘的左侧。如果没有指定，默认为 true。

2. 函数：ui.Thumbnail（image，params，onClick，style）

从 ee.Image 异步生成一个固定尺寸的缩略图。

参数：

① image（Image，optional）。要生成缩略图的 ee.Image。默认为一个空的 ee.Image。

② params (Object, optional)。关于可能的参数的解释，见 ui.Thumbnail. setParams ( )。默认为一个空对象。

③ onClick (Function, optional)。缩略图被单击时触发的回调。

④ style (Object, optional)。一个允许的 CSS 样式的对象，其值将被设置为该标签。默认为一个空对象。

代码：

```
// 加载一个矩形框，这里用到的方式是加载矩形的西北角和东南角的经纬度
var rect = ee.Geometry.Rectangle({
  coords: [[110, 40], [120, 30]],
  geodesic: false
});
//加载研究区和中心点位置
Map.addLayer(rect);
Map.centerObject(rect, 3);


// 选择 2020—2021 年的影像集合中的 NDVI
var collection = ee.ImageCollection("MODIS/006/MOD13Q1")
  .filterDate('2020-01-01', '2021-01-01')
  .select('NDVI');


// 可视化参数设定
var args = {
  crs: 'EPSG:3857',  // 墨卡托地图
  dimensions: '300',
  region: rect,
  min: -2000,
  max: 10000,
  palette: 'black, blanchedalmond, green, green',
  framesPerSecond: 12,
};


// 创建一个视频缩略图并将其添加到地图上或者控制台中
var thumb = ui.Thumbnail({
  image: collection,
  params: args,
// 这里设定加载缩略图的大小和格式
```

```
style: {
    position: 'bottom-right', // 设定加载到地图中的位置
    width: '320px' // 设定缩略图的宽度
}});

// 控制台和地图上无法同时加载
// 加载到 console 控制台上
//print(thumb);
// 加载到地图上
Map.add(thumb);
```

4.2.5　矢量中心点和坐标缓冲区

如何在地球引擎中确定中心点位置和建立缓冲区？在 GEE 中，我们可以使用 centroid ( ) 函数来获取中心点位置，主要的任务是计算矢量中心点、坐标点和建立缓冲区 buffer ( )，并设定缓冲区的内沿和外拓，并通过加载两个矢量，实现矢量的交集和并集分析，结果如图 4.2.6 所示。

代码链接：https://code.earthengine.google.com/e35697d4875f8f3a33f3426fd478fa79?hideCode=true。

1. 函数：centroid (maxError, proj)

返回一个位于几何体最高维度组件中心的点。较低维度的部分会被忽略，所以一个包含两个多边形、三条线和一个几何体的中心点等同于一个只包含两个多边形的几何体的中心点。

参数：

① this: geometry (Geometry)。计算这个几何体的中心点。

② maxError (ErrorMargin, default: null)。在执行任何必要的重投影时，可以容忍的最大误差量。

③ proj (Projection, default: null)。如果指定，结果将是这个投影。否则将是 WGS84。

2. 函数：coordinates ( )

返回一个 GeoJSON 风格的几何体坐标列表。

参数：

① this: geometry (Geometry)。

3. 函数：intersects (right, maxError, proj)

如果几何体相交，返回 true。

参数：

① this: left（Geometry）。作为操作的左边操作数的几何体。

② right（Geometry）。用来作为操作的右边操作数的几何体。

③ maxError（ErrorMargin, default: null）。在执行任何必要的重新投影时，可以容忍的最大误差量。

④ proj（Projection, default: null）。执行该操作的投影。如果没有指定，操作将在球面坐标系中进行，线性距离将以球面上的米为单位。

4. 函数：intersection（right, maxError, proj）

返回两个几何图形的交点。

参数：

① this: left（Geometry）。作为操作的左边操作数的几何体。

② right（Geometry）。作为操作的右边操作数的几何体。

③ maxError（ErrorMargin, default: null）。在执行任何必要的重新投影时，可以容忍的最大误差量。

④ proj（Projection, default: null）。执行该操作的投影。如果没有指定，操作将在球面坐标系中进行，线性距离将以球面上的米为单位。

5. 函数：buffer（distance, maxError, proj）

返回由给定的距离所缓冲的输入。如果距离是正数，则几何体被扩展，如果距离是负数，则几何体被收缩，就是我们所说的向内延伸。

参数：

① this: geometry（Geometry）。被缓冲的几何体。

② distance（Float）。缓冲的距离，可能是负数。如果没有指定投影，单位是米。否则，单位是投影的坐标系。

③ maxError（ErrorMargin, default: null）。在逼近缓冲圈和执行任何必要的重新投影时，可以容忍的最大误差量。如果没有指定，默认为距离的 1%。

6. 函数 proj（Projection, default: null）

如果指定，缓冲将在这个投影中执行，距离将被解释为这个投影的坐标系的单位。否则，距离将被解释为米，缓冲将在球面坐标系中执行。

参数：

① difference（right, maxError, proj）。返回"右边"的几何体与"左边"的几何体相减的结果。

② this: left（Geometry）。作为操作的左边操作数的几何体。

③ right（Geometry）。用来作为操作的右边操作数的几何体。

④ maxError（ErrorMargin, default: null）。在执行任何必要的重新投影时，可

以容忍的最大误差量。

⑤ proj（Projection, default: null）。执行该操作的投影。如果没有指定，操作将在球面坐标系中进行，线性距离将以球面上的米为单位。

代码：

```
// 加载两个几何体
var polygon1 = /* color: #d63000 */ee.Geometry.Polygon(
        [[[116.18363255709164, 39.73608336682765],
            [116.62857884615414, 39.75297820506206],
         [116.60660618990414, 40.08580181855619],
            [116.15067357271664, 40.077395868796174]]]);
var polygon2 = /* color: #ffc82d */ee.Geometry.Polygon(
            [[[116.45728060961198, 40.23636657920226],
            [116.42981478929948, 39.97166693527704],
            [116.82806918383073, 39.95903650847623],
            [116.88849398851823, 40.20700637790917]]]);
// 加载地图中心点，此处可以用几何体代替经纬度
Map.centerObject(polygon1, 9);
Map.addLayer(polygon1, {color: "red"}, "polygon1");
Map.addLayer(polygon2, {color: "blue"}, "polygon2");


// 几何体的质心
print("polygon centroid is: ", polygon1.centroid());
// 几何体中心点坐标
print("polygon coordinates is: ", polygon1.coordinates());
// 两个相交的结果
print("polygon1 and polygon2 is intersects ?", polygon1.
intersects(polygon2));
var intersec = polygon1.intersection(polygon2);
Map.addLayer(intersec, {}, "intersec");


// 外拓 2000m
var bufferPolygon1 = polygon1.buffer(2000);
Map.addLayer(bufferPolygon1, {color:"ff00ff"}, "bufferPolygon1");


// 内延 2000m
var bufferPolygon2 = polygon1.buffer(-2000);
```

```
Map.addLayer(bufferPolygon2, {color:"00ffff"}, "bufferPolygon2");

// 两者之间的不同
var differ = bufferPolygon1.difference(bufferPolygon2);
Map.addLayer(differ, {color:"green"}, "differ");
```

图 4.2.6　两个矢量图层的加载

4.2.6　影像线性趋势分析

线性趋势分析是我们最常用的趋势性分析，在谷歌地球引擎中，线性趋势分析函数归结到统计分析中的 reducer 对象中，影像的趋势分析所使用的函数为 ee.Reducer.linearFit ()。本案例主要是利用统计函数中的线性统计 ee.Reducer. linearFit（）对全球夜间灯光数据的发展趋势进行趋势性分析，使用的是全球辐射度校准的夜间灯光第 4 版（NOAA/DMSP-OLS/CALIBRATED_LIGHTS_V4）数据，整个数据集的影像并不是每一年都有数据，只有 8 年影像，8 年夜间灯光数据趋势性分析的结果如图 4.2.7 所示。

代码链接：https://code.earthengine.google.com/f4d064a1851b126edd3d8ebd7f107 287?hideCode=true。

1. 函数：reduce（reducer, parallelScale）

在一个集合中的所有图像上应用一个还原器。如果 reduce 只有一个输入，它将被分别应用于集合中的每一个波段；否则，它必须有与集合中波段数量相同的输入。Reducer 的输出名称决定了输出波段的名称：有多个输入的还原器将直接使用输出名称，而只有一个输入的还原器将在输出名称前加上输入波段的名称

（例如：'10_mean'，'20_mean'，等等）。

2. 函数：ee.Reducer.linearFit ()

返回一个 Reducer，计算 2 个输入的（加权）线性回归的斜率和偏移。预计输入是 x 数据，然后是 y 数据。

代码：

```
// 计算 DMSP 的夜间灯光的趋势
// 添加一个包含图像日期的波段，作为真实年份
// 设定一个函数用于添加影像的时间节点
function createTimeBand(img) {
  var year = img.date().difference(ee.Date('1990-01-01'), 'year');
  return ee.Image(year).float().addBands(img);
}


// 影像波段选择和时间波段的添加
var collection = ee.ImageCollection('NOAA/DMSP-OLS/CALIBRATED_
LIGHTS_V4')
    .select('avg_vis')
    .map(createTimeBand);


// 将影像集合利用线性函数来分析
var fit = collection.reduce(ee.Reducer.linearFit());


// 加载第一景影像用于区分
Map.addLayer(ee.Image(collection.select('avg_vis').first()),
        {min: 0, max: 63},
        'stable lights first asset');


// 加载图层，这里使用的波段分别是 ee.Reducer.linearFit() 中产生
的 'scale', 'offset' 波段和 scale 分别率波段
Map.setCenter(30, 45, 4);
Map.addLayer(fit,
        {min: 0, max: [0.18, 20, -0.18], bands: ['scale', 'offset',
'scale']},
        'stable lights trend');
```

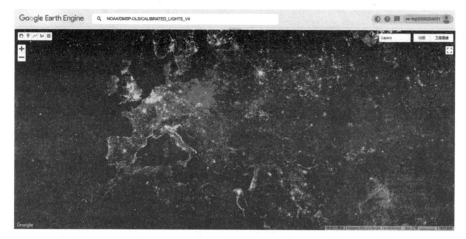

图 4.2.7　欧洲区域的夜间灯光的线性趋势

4.2.7　Landsat 地表反射率数据去云

在进行影像数据处理过程中，大部分情况下都需要进行云处理，而在谷歌地球引擎中常用的 Landsat、MODIS 和 Sentinel 系列影像数据有不同的去云方式。这里的主要目的是分别对 landsat 4/5/7 和 Landsat 8/9 中的地表反射率（Surface Reflectance，SR）和大气层顶放射率（Top-of-Atmosphere Reflectance，TOA）数据做去云。地表反射率数据所用到的去云的方式主要是用 Landsat 中的'QA_PIXEL'波段，但在 Landsat C01 数据集使用的是"pixel_qa"波段，地球引擎中 Landsat 8 C01 的大气层顶放射率数据主要用到的区域波段是"BQA"波段。同时，在谷歌地球引擎中还有一个自带的去云算法 ee.Algorithms.Landsat.simpleComposite ( )，用以对大气层顶反射率数据去云处理。注意，谷歌地球引擎中 Landsat C01 数据集在 2022 年底将会被弃用，所有数据都将升级成为 C02 数据。最终去云后的 Landsat 影像去云结果如图 4.2.8-4.2.11 所示。

代码链接：

代码 1：https://code.earthengine.google.com/3d4579d4d9d2fdaa854665128a9c0237?hideCode=true。

代码 2：https://code.earthengine.google.com/9af97391eaa8004ea0cfcf1e3762a05b?hideCode=true。

代码 3：https://code.earthengine.google.com/a5fe4b056eb10fdf5e8ba7148f26c761?hideCode=true。

代码 4：https://code.earthengine.google.com/a686148de30f1540808088484686317

0?hideCode=true。

1. 函数：bitwiseAnd（image2）

计算图像 1 和图像 2 中每一对匹配的波段输入值的比特和。如果图像 1 或图像 2 只有一个波段，那么它将与另一个图像中的所有波段进行对比。如果图像有相同数量的波段，但名字不一样，它们就按自然顺序成对使用。输出的波段以两个输入中较长的命名，如果它们的长度相等，则以图像 1 的顺序命名。输出像素的类型时即输入类型的联合。

参数：

① this: image1（Image）。左边操作数带的图像。

② image2（Image）。右边的操作带所取的图像。

2. 函数：addBands（srcImg, names, overwrite）

返回一张包含从第一张输入图片中复制的所有条带和从第二张输入图片中选择的条带的图片，可以选择覆盖第一张图片中相同名称的条带。新的图像具有第一个输入图像的元数据和足迹。

参数：

① this: dstImg（Image）。要复制波段的图像。

② srcImg（Image）。含有要复制波段的图像。

③ names（List, default: null）。可选的要复制的频段名称列表。如果省略名称，srcImg 中的所有条带将被复制过来。

④ overwrite（Boolean, default: false）。如果为真，srcImg 中的波段将覆盖 dstImg 中相同名称的波段。否则，新的频段将以数字后缀重新命名（foo 到 foo_1，除非 foo_1 存在，然后 foo_2，除非它存在）。

3. 函数：updateMask（mask）

在所有现有遮罩不为零的位置上更新图像的遮罩。输出的图像保留了输入图像的元数据和足迹。

参数：

① this: image（Image）。输入图像。

② mask（Image）。图像的新掩码，是［0, 1］范围内的浮点值（无效 =0，有效 =1）。如果该图像只有一个波段，它将用于输入图像的所有波段；否则，必须有与输入图像相同的波段数。

4. 函数：ee.Algorithms.Landsat.simpleComposite（collection, percentile, cloudScore-Range, maxDepth, asFloat）

从陆地卫星的原始场景集合中计算出一个陆地卫星 TOA 合成。它应用标准的 TOA 校准，然后使用 SimpleLandsatCloudScore 算法给每个像素分配一个云分。

它在每个点上选择可能的最低云分范围，然后从被接受的像素中计算出每个波段的百分位值。该算法还使用 LandsatPathRowLimit 算法，在有超过 maxDepth 输入场景的区域，只选择云量最少的场景。此函数目前适用于 Landsat T1 系列影像。

参数：

① collection（ImageCollection）。要合成的原始陆地卫星图像集。

② percentile（Integer, default: 50）。合成每个波段时要使用的百分位数。

③ cloudScoreRange（Integer, default: 10）。每个像素要接受的云分范围的大小。

④ maxDepth（Integer, default: 40）。对用于计算每个像素最大场景数的大致限制。

⑤ asFloat（Boolean, default: false）。如果是 true，输出的波段与 Landsat.TOA 算法的单位相同；如果是 false，TOA 值通过乘以 255（反射波段）或减去 100（热波段）并四舍五入到最近的整数来转换为 uint8。

代码 1：

```
// Landsat 4/5/7 SR 影像去云
// 设定 QA_PIXEL 波段去云函数
function maskL457sr(image) {
// 这里是 QA_PIXEL 波段中的 bit
  // Bit 0 - Fill
  // Bit 1 - Dilated Cloud
  // Bit 2 - Unused
  // Bit 3 - Cloud
  // Bit 4 - Cloud Shadow
// bitwiseAnd 中的参数需要去查看具体的 Landsat 的数据介绍
  var qaMask = image.select('QA_PIXEL').bitwiseAnd(parseInt
('11111', 2)).eq(0);
  var saturationMask = image.select('QA_RADSAT').eq(0);

  // 将波段系数缩放到适当的范围
  var opticalBands = image.select('SR_B.').multiply(0.0000275).
add(-0.2);
  var thermalBand = image.select('ST_B6').multiply(0.00341802).
add(149.0);

  // 用缩放后的波段替换原来的波段，并利用 updateMask 去掉云区域
  return image.addBands(opticalBands, null, true)
    .addBands(thermalBand, null, true)
    .updateMask(qaMask)
```

```
        .updateMask(saturationMask);
}

// 利用 Landsat 影像将已经设定好的去云函数进行映射, 从而达到每一景影像进行
去云
var landsat5 = ee.ImageCollection('LANDSAT/LT05/C02/T1_L2')
                    .filterDate('2010-01-01', '2011-01-01')
                    .map(maskL457sr);
// 利用中位数进行影像合成
var composite = landsat5.median();

// 可以选择加载 Landsat 4/7 影像
var landsat4 = ee.ImageCollection("LANDSAT/LT04/C02/T1_L2")
                    .filterDate('2010-01-01', '2011-01-01')
                    .map(maskL457sr).median();


var landsat7 = ee.ImageCollection("LANDSAT/LE07/C02/T1_L2")
                    .filterDate('2010-01-01', '2011-01-01')
                    .map(maskL457sr).median();


// 展示 RGB 影像结果
Map.setCenter(116, 40.29, 7);  // Iberian Peninsula
Map.addLayer(composite, {bands: ['SR_B3', 'SR_B2', 'SR_B1'], min:
0, max: 0.3});
```

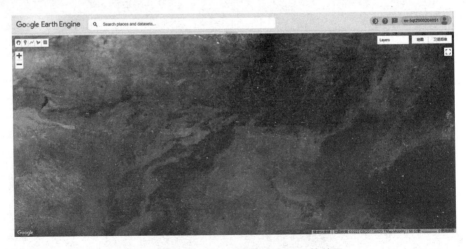

图 4.2.8　Landsat 5 SR 影像去云后的效果

代码 2：

```
// Landsat 8 和 Landsat 9 SR 去云函数
// 设定去云函数
function maskL8sr(image) {
  // Bit 0 - Fill
  // Bit 1 - Dilated Cloud
  // Bit 2 - Cirrus
  // Bit 3 - Cloud
  // Bit 4 - Cloud Shadow
  var qaMask = image.select('QA_PIXEL').bitwiseAnd(parseInt('11111',
2)).eq(0);
  var saturationMask = image.select('QA_RADSAT').eq(0);

  var opticalBands = image.select('SR_B.').multiply(0.0000275).
add(-0.2);
  var thermalBands = image.select('ST_B.*').multiply(0.00341802).
add(149.0);

  // 用缩放后的波段替换原来的波段，并应用 mask
  return image.addBands(opticalBands, null, true)
      .addBands(thermalBands, null, true)
      .updateMask(qaMask)
      .updateMask(saturationMask);
}


// 应用去云函数
var collection = ee.ImageCollection('LANDSAT/LC08/C02/T1_L2')
                    .filterDate('2020-01-01', '2021-01-01')
                    .map(maskL8sr);


var composite = collection.median();

// Landsat 9 去云
var landsat9 = ee.ImageCollection("LANDSAT/LC09/C02/T1_L2")
                    .filterDate('2022-01-01', '2022-10-01')
                    .map(maskL8sr).median();
```

```
// 图层加载
Map.setCenter(116.52, 40.29, 7);  // Iberian Peninsula
Map.addLayer(composite, {bands: ['SR_B4', 'SR_B3', 'SR_B2'],
min: 0, max: 0.3});
```

图 4.2.9   Landsat 8 影像去云后结果

代码3:

```
// Landsat 8 大气层顶反射率数据去云
 // 使用 Landsat 8 的质量带来掩盖云层的函数
var maskL8 = function(image) {
  var qa = image.select('BQA');
  // 检查云层位是否被关闭
// 有关更多的详细信息请前往一下链接查看:
//https://www.usgs.gov/land-resources/nli/landsat/landsat-
collection-1-level-1-quality-assessment-band

  var mask = qa.bitwiseAnd(1 << 4).eq(0);
  return image.updateMask(mask);
}

// 将该函数映射到一年的 Landsat 8 TOA 数据上，并按照中位数进行合成
var composite = ee.ImageCollection('LANDSAT/LC08/C01/T1_TOA')
    .filterDate('2016-01-01', '2016-12-31')
```

```
    .map(maskL8)
    .median();

// 将结果显示在一个多云的地方
Map.setCenter(116.1689, 40.2986, 12);
Map.addLayer(composite, {bands: ['B4', 'B3', 'B2'], max: 0.3});
```

结果如下：

图 4.2.10　Landsat C01 真彩色去云效果

代码 4：

```
// Landsat 8 T1 系列影像去云
var l8raw = ee.ImageCollection("LANDSAT/LC08/C01/T1");
// 谷歌地球引擎的去云算法
var simpleComposite = ee.Algorithms.Landsat.simpleComposite({
    collection: l8raw,
    asFloat: true
});

// 影像加图层加载
var visParams = {bands: ['B4', 'B3', 'B2'], min: 0, max: 0.3};
Map.addLayer(simpleComposite, visParams, 'simpleComposite');
```

结果如下：

图 4.2.11　Landsat 8 T1 数据去云结果

4.2.8　MODIS 影像去云

　　MODIS 系列影像是中大尺度范围内进行地表环境监测最重要的影像数据，据统计，在 MODIS 出现之前，人们所认定同一时期内的云覆盖大约占据了地球的 50%。但是在检查 MODIS 影像后，云层覆盖率接近 70%，因此，如何有效去除 MODIS 影像中的云是进行下一步数据处理的关键。本案例主要目的是使用 MODIS/006/MOD09GA 中的 'state_1km' 波段进行去云，本次实验过程有两个步骤。第一，是去掉空的影像值，所用波段是 "num_observations_1km"，这个波段是每 1 K 像素的观测值数量。第二，使用去云函数，然后分别对影像进行映射，从而得出影像的去云后的结果。

　　代码链接：https://code.earthengine.google.com/92f9a754a7c5bf279dddf570d9427b02?hideCode=true。

　　1. 函数：bitwiseAnd（image2）

　　计算图像 1 和图像 2 中每一对匹配波段的输入值的比特和。如果图像 1 或图像 2 只有一个波段，那么它将与另一个图像中的所有波段进行对比。如果图像有相同数量的波段，但名字不一样，它们就按自然顺序成对使用。输出的波段以两个输入中较长的命名，如果它们的长度相等，则以图像 1 的顺序命名。输出像素的类型时输入类型的联合。

参数：

① this: image1（Image）。左边操作数带的图像。

② image2（Image）。右边的操作带所取的图像。

代码：

```
// 一个函数来掩膜掉没有观察到的像素
var maskEmptyPixels = function(image) {
  // 找到有观测值的像素
  var withObs = image.select('num_observations_1km').gt(0)
  return image.updateMask(withObs)
}


// 去云函数
var maskClouds = function(image) {
  // 选择 QA 波段
  var QA = image.select('state_1km')
  // 做一个掩码，以获得第 10 位，即 internal_cloud_algorithm_flag 位
  var bitMask = 1 << 10;
  // 返回值为一个去云后域的图像
  return image.updateMask(QA.bitwiseAnd(bitMask).eq(0))
}


// 筛选一个月的影像
// 屏蔽掉没有观察到的区域
var collection = ee.ImageCollection('MODIS/006/MOD09GA')
          .filterDate('2010-04-01', '2010-05-01')
          .map(maskEmptyPixels)


// 在集合上映射去云功能
var collectionCloudMasked = collection.map(maskClouds)


// 图层加载，这里将可视化参数按照字典的形式传入
Map.addLayer(
   collectionCloudMasked.median(),
   {bands: ['sur_refl_b01', 'sur_refl_b04', 'sur_refl_b03'],
   gain: 0.07,
   gamma: 1.4
   },
   'median of masked collection'
 )
```

4.2.9　Sentinel-2 影像去云

Sentinel-2 影像是高时空分辨率影像数据，近些年利用 Sentinel-2 影像对小区域尺度的监测和分析越来越多。这里目的同样是进行影像去云分析，方法同Landsat 和 MODIS 影像的 QA 波段去云，同时也是利用 bitMask 的方法去云，在Sentinel-2 数据中，"哨兵" 2 号数据将云量波段命名为 "QA60" 波段，波段中的 Bit 10 和 Bit 11 为存储 bit 的位置。

代码链接：https://code.earthengine.google.com/8b0f0cd1be4ee6ef537d69afcc9131a1?hideCode=true。

代码：

```
// 建立函数，使用 Sentinel-2 QA 波段掩膜云层
function maskS2clouds(image) {
  var qa = image.select('QA60')

  // 获取第 10 和 11 位云和卷云
  var cloudBitMask = 1 << 10;
  var cirrusBitMask = 1 << 11;

  // 都设为零，明确条件
  var mask = qa.bitwiseAnd(cloudBitMask).eq(0).and(
             qa.bitwiseAnd(cirrusBitMask).eq(0))

  // 返回掩膜后的影像，然后将原有属性附上
  return image.updateMask(mask).divide(10000)
      .select("B.*")
      .copyProperties(image, ["system:time_start"])
}

// 在一年的数据上映射函数并取中值
// 加载 Sentinel-2 TOA 反射率数据
var collection = ee.ImageCollection('COPERNICUS/S2')
    .filterDate('2020-01-01', '2020-12-31')
    // 预先过滤，筛选出云量低于 20% 的影像
    .filter(ee.Filter.lt('CLOUDY_PIXEL_PERCENTAGE', 20))
    .map(maskS2clouds)
```

```
// 按照中位数进行合成
var composite = collection.median()

// 加载影像结果
Map.addLayer(composite, {bands: ['B4', 'B3', 'B2'], min: 0, max:
0.3}, 'RGB')
```

4.2.10　建立经纬格网

谷歌地球引擎的地图中没有经纬格网的显示，本案例主要目的是如何在地图上画出一个经纬格网，原理是：我们要先进行影像经纬度的获取，然后按照一定的间隔（度数）划分，再将所获取的经度和纬度作为两个波段加载到一起，最后通过淹没掉空值部分来完成经纬格网的加载。本例中我们按照每 1 度经纬网格划分 60 个部分来进行分析，最终划分的经纬格网如图 4.2.12 所示。

代码连接：https://code.earthengine.google.com/5d315de356cf7554ec74d6ed9fcede55?hideCode=true。

1. 函数：ee.Image.pixelLonLat ()

创建一个有两个波段的图像，影像波段名称分别为名为 'longitude' 和 'latitude'，包含每个像素的经度和纬度，单位是度。

2. 函数：floor ()

计算小于或等于输入值的最大整数，其中一个用于取整的函数。

参数：

this: value（Image）。应用该操作的图像。

3. 函数：or（image2）

如果图像 1 和图像 2 中的每一对波段的输入值都不为零，则返回 1。如果图像 1 或图像 2 只有一个波段，那么它将被用来匹配另一个图像中的所有波段。如果图像有相同数量的波段，但名字不一样，就按自然顺序成对使用。输出的波段以两个输入中较长的命名，如果它们的长度相等，则以 image1 的顺序命名。输出像素的类型是布尔值。

参数：

① this：image1（Image）。左边操作数带的图像。

② this：image2（Image）。右边的操作带所来自的图像。

4. 函数：updateMask（mask）

在所有现有遮罩不为零的位置上更新图像的遮罩。输出的图像保留了输入图像的元数据和足迹。只保留有数据的部分。

参数：

① this：image（Image）。输入图像。

② mask（Image）。图像的新掩码，是［0，1］范围内的一个浮点值（无效 = 0，有效 =1）。如果这个图像只有一个波段，它将用于输入图像的所有波段；否则，必须有与输入图像相同的波段数。

代码：

```
//首先，我们创建一个影像使其具有经度和纬度两个波段
//这里放大 60 倍，也就是按照 1 分来进行划分网格
var img = ee.Image.pixelLonLat().multiply(60.0);
//获取小数点后的部分
img = img.subtract(img.floor()).lt(0.05);

// 用或 "or" 的关系来连接两个波段
var grid = img.select('latitude').or(img.select('longitude'));

//将经纬网加载
Map.setCenter(116.09228, 40.42330, 12);
//加载没有进行去掉空值的影像，结果是纯色影像
Map.addLayer(grid, {palette: '0000FF'}, 'Graticule');
//加载掩膜去掉空值的部分
Map.addLayer(grid.updateMask(grid), {palette: '008000'},
'Graticule');
```

结果如下：

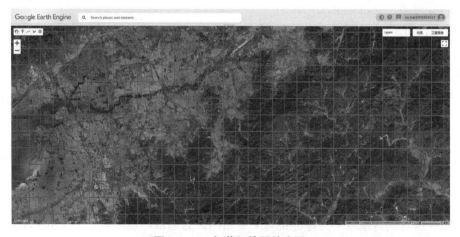

图 4.2.12　加载经纬网的底图

4.2.11　等值线的绘制

在地球引擎中，我们可以通过 Inspector 来获取影像的基本信息，但却无法显示等值线范围来直观观察。本案例目的是通过高斯核函数来建立一个等值线函数，并利用 zeroCrossing（）函数来获取不同高程的等值线。本案例使用的高程数据为 NASA DEM 数据，通过设定指定的高差来绘制全球区域的等高线。这里使用了卷积函数（convolve（））对影像的波段进行运算。一个高斯内核函数用于生成高斯核，同时还用到了常量影像生成工具 ee.Image.constant（）来构建一个图层存放不同等值线。

代码链接：https://code.earthengine.google.com/8834c41485a4e66262782affe4bb6cbe?hideCode=true。

1. 函数：convolve（kernel）

用给定的核对图像的每个波段进行卷积。

参数：

① this：image（Image）。要卷积的图像。

② kernel（Kernel）。用来卷积的内核。

2. 函数：ee.Kernel.gaussian（radius，sigma，units，normalize，magnitude）

从采样的连续高斯生成一个高斯核。

参数：

① radius（Float）。要生成核的半径。

② sigma（Float，default：1）。高斯函数的标准偏差（与半径的单位相同）。

③ units（String，default："pixels"）。核心的测量系统（"像素"或"米"）。如果内核是以米为单位的，那么当缩放级别改变时，它将会调整大小。

④ normalize（Boolean，default：true）。将内核值归一化，使其总和为 1。

⑤ magnitude（Float，default：1）。将每个值按这个量进行缩放。

3. 函数：ee.Image.constant（value）

生成一个处处包含常量值的图像。

参数：

value（Object）。恒定图像中的像素值。必须是一个数字，一个数组，一个数字或数组的列表。

4. 函数：zeroCrossing（）

在图像的每个波段上寻找零交叉点。

参数：

this：image（Image）。要计算零交叉点的图像。

5. 函数：mask（mask）

获取或设置一个图像的遮罩。输出的图像保留了输入图像的元数据和足迹。遮罩从零变成另一个值的像素将被填充为零，在像素类型的范围内最接近零的值。注意：设置遮罩的版本将被废弃。要从图像中对以前未被屏蔽的像素设置一个屏蔽，请使用 Image.updateMask。解除以前被遮蔽像素的遮蔽，请使用 Image.unmask。

参数：

① this：image（Image）。输入的图像。

② mask（Image，default：null）。遮罩图像。如果指定，输入的图像将被复制到输出，但通过这个图像的值给予掩码。如果这是一个单一的波段，它将用于输入图像所有波段。如果没有指定，则返回一个由输入图像掩码创建的图像，缩放范围为［0：1］（无效 =0，有效 =1.0）。

代码：

```
// 加载 DEM 影像
var srtm = ee.Image("USGS/SRTMGL1_003");
// 加载一个中心点
var geometry =
    /* color: #d63000 */
    /* shown: false */
    ee.Geometry.Point([86.70767538989662, 32.41712070090316]);

// 进行 DEM 的序列生成间隔 100m 的一个序列
var lines = ee.List.sequence(0, 8000, 100);
// 利用高斯函数进行提取
var contourlines = lines.map(function(line) {
// 对影像进行卷积运算，卷积云散的和函数为高斯核
  var mycontour = srtm
// 这里构建核函数，参数对应分别为半径为 5，标准差为 3 的核
    .convolve(ee.Kernel.gaussian(5, 3))
    // 将影像的每一个根等高线相减并去除 0 点位置，也就是高差一致的位置
    .subtract(ee.Image.constant(line)).zeroCrossing()
    // 最后将其乘以常量影像值（lines 序列中的每一条等高线的值）转化为浮点型
    .multiply(ee.Image.constant(line)).toFloat();

  return mycontour.mask(mycontour);
})

// 将所有的 dem 影像形成的等高线镶嵌在一起
```

```
var contourlines = ee.ImageCollection(contourlines).mosaic()
```

```
// 加载等高线到地图上
Map.addLayer(contourlines, {min: 0, max: 5000,
palette:['00ff00', 'ff0000']}, 'contours')
Map.centerObject(geometry,5)
```

4.2.12　缨帽变换分析

缨帽变换（K–T 变换）是一种坐标空间发生旋转的线性变换，但旋转后的坐标轴不是指向主成分的方向，而是指向另外的方向，这些方向与地面景物有密切的关系，特别是与植物生长过程和土壤有关，其转换系数对同一传感器是固定的。缨帽变换可应用于图像压缩、图像去噪、图像增强、判读解译等方面。这里主要目的是实现对 Landsat 5 影像的缨帽变换。本次的实验数据为 Landsat 5 TOA 影像，这里定义系数的矩阵作为一个输入参数。在进行矩阵运算的时候需要先建立矩阵，这里用到了 toArray () 函数来进行影像 1 维和 2 维矩阵的转化，在谷歌地球引擎中，矩阵的乘法函数为 matrixMultiply () 将矩阵转化为普通的影像所用到的函数为 arrayFlatten () 函数：

代码链接：https://code.earthengine.google.com/86b636852c8fbc5e668aeae17d1a4ebc?hideCode=true。

1. 函数：toArray（axis）
将每个波段的像素串联成每个像素的一个数组。如果有任何输入波段被屏蔽，结果将被屏蔽。

参数：
① this：image（Image）。要转换为每像素数组的带状图像。频段必须是标量像素，或是具有相同维度的数组像素。
② axis（Integer, default：0）。要连接的轴；必须至少是 0，最多是输入的尺寸。如果轴等于输入的维度，结果将比输入的维度多 1。

2. 函数：matrixMultiply（image2）
返回图像 1 和图像 2 中每一对匹配频段的矩阵乘法 A * B。如果图像 1 或图像 2 只有一个波段，那么它将被用来与另一个图像中的所有波段相比较。如果图像有相同数量的条带，但名字不一样，它们就按自然顺序成对使用。输出的波段以两个输入中较长的命名，如果它们的长度相等，则以图像 1 的顺序命名。输出像素的类型时输入类型的联合。

参数：

① this：image1（Image）。从中获取左操作数带的图像。

② image2（Image）。从中获取右操作数带的图像。

3. 函数：arrayProject（axes）

通过，指定要保留的轴，要将每个像素中的数组投影到一个较低维度的空间。丢弃的轴必须最多长度为1。这里实际上就是一个降维的过程，比如从二维数组降到一维数组。

参数：

① this：input（Image）。输入的图像。

② axes（List）。要保留的坐标轴。其他轴将被丢弃，并且必须最多长度为1。

4. 函数：arrayFlatten（coordinateLabels，separator）

将等形多维像素的单带图像转换为标量像素的图像，数组中的每个元素都有一个带。

参数：

① this：image（Image）。要平坦化的多维像素图像。

② coordinateLabels（List）。沿着每个轴的每个位置的名称。例如，2x2的数组，轴的意思是"日"和"色"，可以有 [['周一'，'周二']，['红'，'绿']] 这样的标签，从而产生带状名称 'monday_red'，'monday_green'，'tuesday_red'，和 'tuesday_green'。

separator（String，default："_"）

每个乐队名称中数组标签之间的分隔符。

代码：

```
// 先加载独立青海湖研究区
var lake_champlain =
    /* color: #d63000 */
    /* displayProperties: [
      {
        "type": "rectangle"
      }
    ] */
    ee.Geometry.Polygon(
        [[[99.40188309242728, 37.38315380593362],
          [99.40188309242728, 36.4344416841254],
          [100.97292801430228, 36.4344416841254],
          [100.97292801430228, 37.38315380593362]]], null, false);
```

```
// 解释 RGB 可视化的亮度、绿度和湿度
// 具体变换所要查看的网站
//https://desktop.arcgis.com/en/arcmap/10.3/manage-data/raster-
and-images/tasseled-cap-transformation.htm

function tasseled_cap_15(image) {
  // 定义系数的阵列
  var coefficients = ee.Array([
    [  0.3037,  0.2793,  0.4743,  0.5585,  0.5082,  0.1863 ],
    [ -0.2848, -0.2435, -0.5436,  0.7243,  0.0840, -0.1800 ],
    [  0.1509,  0.1973,  0.3279,  0.3406, -0.7112, -0.4572 ],
    [ -0.8242,  0.0849,  0.4392, -0.0580,  0.2012, -0.2768 ],
    [ -0.3280,  0.0549,  0.1075,  0.1855, -0.4357,  0.8085 ],
    [  0.1084, -0.9022,  0.4120,  0.0573, -0.0251,  0.0238 ]
  ]);


  // 选择用于变换的波段
  var image_bands_tc = image.select(['B1', 'B2', 'B3', 'B4', 'B5',
'B7']);

  // 创建一维阵列图像（每个像素所有波段的长度为 6 的向量）
  var array_image_1d = image_bands_tc.toArray();
  // 从一维阵列创建二维阵列图像（每个像素的所有波段为 6x1 矩阵）。
  var array_image_2d = array_image_1d.toArray(1);
    // 得到一个带有 TC 命名的多波段图像
  // 矩阵乘法。6x6 乘以 6x1

  var components_image = ee.Image(coefficients)
    .matrixMultiply(array_image_2d)
    // 删除多余的尺寸
    .arrayProject([0])
    // 转换为普通图像
    .arrayFlatten([['brightness', 'greenness', 'wetness', 'fourth',
'fifth', 'sixth']]);
  return components_image;
}


// ================================
```

```
// 数据获取和预处理
// ================================

// 加载 Landsat 5 影像结果
var landsat5_t1_toa = ee.ImageCollection("LANDSAT/LT05/C01/T1_
TOA");

// 获取佛蒙特州尚普兰湖地区的中位数图像
var lake_champlain_august = landsat5_t1_toa
  .filterBounds(lake_champlain)
  .filter(ee.Filter.calendarRange(1984, 2012, 'year'))
  .filter(ee.Filter.calendarRange(8, 8, 'month'))
  .filterMetadata('CLOUD_COVER', 'less_than', 0.25)
  .mean()
  .clip(lake_champlain);

print('Lake Champlain August Mean:', lake_champlain_august);

// ===============
// 数据处理
// ===============

var lake_champlain_august_tc = tasseled_cap_15(lake_champlain_
august);
print('Lake Champlain August Tasseled Cap:', lake_champlain_
august_tc);

// ==================
// 数据可视化
// ==================

// 中心点加载
Map.setCenter(100.013, 36.973, 7);

// 加载可视化参数
var vis_params_rgb = {
  min: 0,
  max: 0.2,
  bands: ['B3', 'B2', 'B1']
};
```

```
var vis_params_tc = {
  min: -0.1,
  max: [0.5, 0.1, 0.1],
  bands: ['brightness', 'greenness', 'wetness']
};

var vis_params_tc_brightness = {
  min: -0.1,
  max: 0.5,
  bands: ['brightness'],
  palette: [ 'ffffcc', 'ffeda0', 'fed976','feb24c', 'fd8d3c','fc4e2a',
'e31a1c', 'bd0026','800026']
};

var vis_params_tc_greenness = {
  min: -0.1,
  max: 0.25,
  bands: ['greenness'],
  palette: [ 'ffffe5','f7fcb9','d9f0a3','addd8e','78c679', '41ab
5d','238443','006837','004529']
};

var vis_params_tc_wetness = {
  min: -0.1,
  max: 0.1,
  bands: ['wetness'],
  palette: ['fff7fb', 'ece7f2','d0d1e6','a6bddb','74a9cf', '3690c0',
'0570b0','045a8d','023858']
};

//RGB
Map.addLayer(lake_champlain_august, vis_params_rgb, 'August Mean
- RGB');

// 添加影像
Map.addLayer(lake_champlain_august_tc, vis_params_tc, 'August -
Tasseled Cap - All');

// 每个波段单独加载
```

```
Map.addLayer(lake_champlain_august_tc, vis_params_tc_brightness,
'August - Tasseled Cap - Brightness');
Map.addLayer(lake_champlain_august_tc, vis_params_tc_greenness,
'August - Tasseled Cap - Greenness');
Map.addLayer(lake_champlain_august_tc, vis_params_tc_wetness,
'August - Tasseled Cap - Wetness');
```

4.2.13　地类波段反射率分析

一般情况下，影像会有多个波段，不同地物类型会有不同的反射率，那么如何将不同地物类型的反射率进行可视化呢？本次选取森林、农田、建成区和水域四种不同地表类型，分别对反射率和波长进行分析，这里首先选用四个不同地类的点作为研究区，选择指定的波段，然后利用 ui.Chart.image.regions（）对不同波段和地物类型的反射率和波长进行加载，不同地物的波段值信息如图 4.2.13~ 图 4.2.14 所示。

代码链接：https://code.earthengine.google.com/4c6db4a0157c736b3a5e3fff5ead9208?hideCode=true。

函数：ui.Chart.image.regions（image，regions，reducer，scale，seriesProperty，xLabels）

从图像生成图表。提取并绘制一个或多个区域中每个波段的值。

X 轴（X-axis）：由 xProperty 标记的波段（默认值：波段名称）。

Y 轴（Y-axis）：reducer 输出。

系列（Series）：由 seriesProperty 标记的区域（默认值：'system：index'）。

返回一个图表。

参数：

① image（Image）。要从中提取波段值的图像。

② regions（Feature|FeatureCollection|Geometry|List<Feature>|List<Geometry>，optional）。要统计的地区。默认为图像的足迹。

③ reducer（Reducer，optional）。为 y 轴生成值的 Reducer。每个波段必须返回一个值。

scale（Number，optional）

以米为单位的像素比例。

seriesProperty（String，optional）

要用作图例中每个区域的标签的属性。默认为"系统：索引"。

xLabels（List<Object>，optional）

用于 X 轴上的波段的标签列表。必须具有与图像波段相同数量的元素。如果省略，乐队将标有他们的名字。如果标签是数字（例如波长），*X* 轴将是连续的。
　代码：

```
// 加载 LANDSAT8 影像
var landsat8Toa = ee.ImageCollection('LANDSAT/LC08/C01/T1_TOA');
// 设定指定的颜色
var COLOR = {
  FOREST: 'ff0000',
  FARM: '0000ff',
  URBAN: '00ff00',
  WATER: 'blue'
};


// 加载指定点
var forest = ee.Feature(
     ee.Geometry.Point(116.2215, 40.0086), {'label': 'forest'});
var farm = ee.Feature(
     ee.Geometry.Point(116.14974, 39.96891), {'label': 'farm'});
var urban = ee.Feature(
     ee.Geometry.Point(116.38931, 39.99172), {'label': 'urban'});
var water = ee.Feature(
     ee.Geometry.Point(116.2709, 39.9913), {'label': 'water'});


// 建立矢量集合
var Points = ee.FeatureCollection([forest, farm, urban, water]);
landsat8Toa = landsat8Toa.filterBounds(Points);


// 选取影像集合中的第一景影像
var Image = ee.Image(landsat8Toa.first());


// 选择指定波段
Image = Image.select(['B[1-7]']);
// 建立图表
var bandChart = ui.Chart.image.regions({
  image: Image,
  regions: Points,
  scale: 30,
  seriesProperty: 'label'
```

```
});
bandChart.setChartType('LineChart');
bandChart.setOptions({
  title: '北京市 Landsat 8 TOA 各波段不同地类 DN 值',
  hAxis: {
    title: '波段'
  },
  vAxis: {
    title: '反射率'
  },
  lineWidth: 1,
  pointSize: 4,
  series: {
    0: {color: COLOR.FOREST},
    1: {color: COLOR.FARM},
    2: {color: COLOR.URBAN},
    3: {color: COLOR.WATER}
  }
});


// From: https://landsat.usgs.gov/what-are-best-spectral-bands-
use-my-study
var wavelengths = [.44, .48, .56, .65, .86, 1.61, 2.2];
  // 图表 2
var spectraChart = ui.Chart.image.regions({
  image: Image,
  regions: Points,
  scale: 30,
  seriesProperty: 'label',
  xLabels: wavelengths
});
spectraChart.setChartType('LineChart');
spectraChart.setOptions({
  title: '北京市 Landsat 8 TOA 各波段不同地类 DN 值',
  hAxis: {
    title: '波长 (micrometers)'
  },
```

```
  vAxis: {
    title: '反射率'
  },
  lineWidth: 1,
  pointSize: 4,
  series: {
    0: {color: COLOR.FOREST},
    1: {color: COLOR.FARM},
    2: {color: COLOR.URBAN},
    3: {color: COLOR.WATER},
  }
});
// 将图表打印到控制台
print(bandChart);
print(spectraChart);

// 不同地物类型图层加载
Map.addLayer(forest, {color: COLOR.FOREST});
Map.addLayer(farm, {color: COLOR.FARM});
Map.addLayer(urban, {color: COLOR.URBAN});
Map.addLayer(water, {color: COLOR.WATER});
Map.setCenter(116.38931, 39.99172);
```

结果如下：

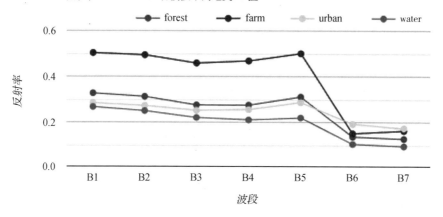

图 4.2.13　不同地物的波段信息（1）

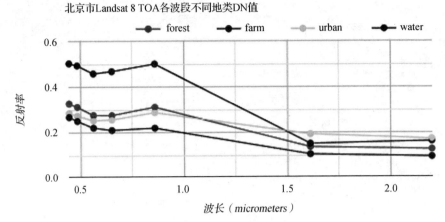

图 4.2.14　不同地物的波段信息图（2）

4.2.14　绘制不同地类点影像时序图

除了常规展示一组点数据波段值展示的结果图，在地球引擎中还有计算影像时间序列的折线图，即 ui.Chart.image.seriesByRegion（）函数，我们可以加载指定点求取影像对应的值来获取。这里不同于 ui.Chart.image.seriesByRegion（）函数，seriesByRegion（）函数作用对象是单景影像，而 seriesByRegion 函数的作用对象则是影像集合，这次我们将 Landsat 影像 B10 波段转为摄氏度，分别统计森林、农田、建成区和水域面积的 10 年间的变化，最终结果如图 4.2.15 所示。

代码链接：https://code.earthengine.google.com/f859d438480b4853ed2032c55fb1c60a?accept_repo=users%2Fgena%2Fpackages&hideCode=true。

函数：ui.Chart.image.seriesByRegion（imageCollection, regions, reducer, band, scale, xProperty, seriesProperty）

从一个图像集合生成一个图表。提取并绘制集合中每张图片在每个区域的指定波段的值。通常是一个时间序列。

X 轴（X-axis）：由 xProperty 标记的图像（默认：'system：time_start'）。

Y 轴（Y-axis）：reducer 空间统计聚合输出。

系列（Series）：图例是由 seriesProperty 标记的区域（默认：'system：index'）。

参数：

① imageCollection（ImageCollection）。一个包含数据的 ImageCollection，将被包含在图表中。

② regions（Feature|FeatureCollection|Geometry|List<Feature>|List<Geometry>）。要减少的区域。

③ reducer（Reducer）。为 Y 轴生成数值的还原器。必须返回一个单一的值。

④ band（Number|String, optional）。要用还原器还原的波段名称。默认为第一个波段。

⑤ scale（Number, optional）。使用还原器的比例，以米为单位。

⑥ xProperty（String, optional）。作为 X 轴上每个图像的标签的属性。默认为"system：time_start"。

⑦ seriesProperty（String, optional）。opt_regions 中的特征属性，用于下列标签。默认为'system：index'。

代码：

```
// 加载 LANDSAT8 影像
var landsat8Toa = ee.ImageCollection('LANDSAT/LC08/C01/T1_TOA');

// 设定指定的颜色
var COLOR = {
  FOREST: 'ff0000',
  FARM: 'yellow',
  URBAN: '00ff00',
  WATER: 'blue'
};

// 加载指定点
var forest = ee.Feature(
    ee.Geometry.Point(116.2215, 40.0086), {'label': 'forest'});
var farm = ee.Feature(
    ee.Geometry.Point(116.14974, 39.96891), {'label': 'farm'});
var urban = ee.Feature(
    ee.Geometry.Point(116.38931, 39.99172), {'label': 'urban'});
var water = ee.Feature(
    ee.Geometry.Point(116.2709, 39.9913), {'label': 'water'});

// 研究区矢量集合
var Regions = ee.FeatureCollection([forest, farm, urban,
water]);

// 获得 10 年的温度数据
var landsat8Toa = ee.ImageCollection('LANDSAT/LC08/C01/T1_TOA');
var temps2013 = landsat8Toa.filterBounds(Regions)
    .filterDate('2013-1-1', '2022-1-1')
```

```
      .select('B10');

// 将温度转换为摄氏度
temps2013 = temps2013.map(function(image) {
  return image.addBands(image.subtract(273.15).select([0],
['Temp']));
});

var tempTimeSeries = ui.Chart.image.seriesByRegion({
  imageCollection: temps2013,
  regions: Regions,
  reducer: ee.Reducer.mean(),
  band: 'Temp',
  scale: 30,
  xProperty: 'system:time_start',
  seriesProperty: 'label'
});
tempTimeSeries.setChartType('ScatterChart');
tempTimeSeries.setOptions({
  title: '不同地类点温度随时间变化',
  vAxis: {
    title: '温度 (Celsius)'
  },
  lineWidth: 1,
  pointSize: 4,
  series: {
    0: {color: COLOR.FOREST},
    1: {color: COLOR.FARM},
    2: {color: COLOR.URBAN},
    3: {color: COLOR.WATER}
  }
});
/ 将图表打印到控制台
print(tempTimeSeries);

// 加载不同地物类型图层
Map.addLayer(forest, {color: COLOR.FOREST});
Map.addLayer(farm, {color: COLOR.FARM});
Map.addLayer(urban, {color: COLOR.URBAN});
```

```
Map.addLayer(water, {color: COLOR.WATER});
Map.setCenter(116.38931, 39.99172);
```

结果：

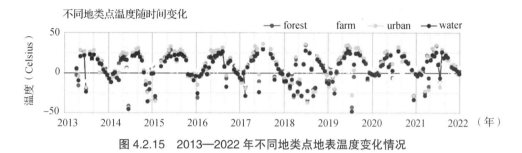

图 4.2.15　2013—2022 年不同地类点地表温度变化情况

4.2.15　年份、波段和地类为图例的时序图表

在谷歌地球引擎中，很多时候我们会制作时序影像，但 ui.Chart.image.
seriesByRegion () 函数仅仅只能将指定的研究区作为研究对象，我们无法加载类
似于时间、波段名称和地类的时序影像，对于谷歌地球引擎中的 ui.Chart.image.
doySeries ()、ui.Chart.image.doySeriesByYear () 和 ui.Chart.image.doySeriesByRegion
() 函数，可以将设定不同的研究对象作为时序分析和加载时序图表，最终图表的
结果如图 4.2.16 所示。

代码链接：https://code.earthengine.google.com/448e1072de605b42f441b285842a
719c?hideCode=true

1. 函数：ui.Chart.image.doySeries（imageCollection，region，regionReducer，scale，
yearReducer，startDay，endDay）

从一个 ImageCollection 生成一个图表。绘制一年中每一天在一个区域内的每
个波段的衍生值。

X 轴（X-axis）：年的日期（startDay 到 endDay，默认为 1~366）。

Y 轴（Y-axis）：推导出的波段值（在区域内和跨年度内减少）。

系列（Series）：图例为波段名称。

最终结果返回一个图表。

参数：

① imageCollection（ImageCollection）。要绘制图表的 ImageCollection。

② region（Feature|FeatureCollection|Geometry，optional）。要减少的区域。默认
为图像集合中所有几何体的联合。

③ regionReducer（Reducer, optional）。用于聚合区域内波段值的还原器。必须返回一个单一的值。默认为 ee.Reducer.mean（）。

④ scale（Number, optional）。与区域还原器一起使用的比例，以米为单位。

⑤ yearReducer（Reducer, optional）。用于汇总 regionReducer 的跨年输出的 Reducer（对于给定的一天）。必须返回一个单一的值。默认为 ee.Reducer.mean（）。

⑥ startDay（Number, optional）。开始该系列的年份的日期。必须在 1~366 之间。

⑦ endDay（Number, optional）。结束该系列的年月日。必须在 startDay 和 366 之间。

2. 函数：ui.Chart.image.doySeriesByYear（imageCollection, bandName, region, regionReducer, scale, sameDayReducer, startDay, endDay）

从一个 ImageCollection 生成一个图表。绘制出不同年份的每一天在一个区域内的给定波段的衍生值。

X 轴（X-axis）：年的日期（startDay 到 endDay，默认为 1~366）。

Y 轴（Y-axis）：衍生的波段值（在区域内减少）。

系列（Series）：图例为年份。

最终结果返回一个图表。

参数：

① imageCollection（ImageCollection）。要绘制图表的 ImageCollection。

② bandName（Number|String）。要绘制图表的波段的名称。

③ region（Feature|FeatureCollection|Geometry, optional）。要缩小的区域。默认为图像集合中所有几何体的联合。

④ regionReducer（Reducer, optional）。用于聚合区域内波段值的还原器。必须返回一个单一的值。默认为 ee.Reducer.mean（）。

⑤ scale（Number, optional）。与区域还原器一起使用的比例，以米为单位。

⑥ sameDayReducer（Reducer, optional）。用于聚合具有相同（年、月）对图像的带值的还原器。必须返回一个单一的值。默认为 ee.Reducer.mean（）。

⑦ startDay（Number, optional）。开始该系列的年份。必须在 1~366 之间。

⑧ endDay（Number, optional）。结束该系列的年月日。必须在 startDay 和 366 之间。

3. 函数：ui.Chart.image.doySeriesByRegion（imageCollection, bandName, regions, regionReducer, scale, yearReducer, seriesProperty, startDay, endDay）

从一个 ImageCollection 生成一个图表。在每年的每一天，在不同的区域绘制出给定波段的衍生值。

X 轴（X-axis）：年的日期（startDay 到 endDay，默认为 1~366）。

Y 轴（Y-axis）：衍生波段值（在区域内和跨年度内减少）。

系列（Series）：图例为研究区域。

返回一个图表。

参数：

① imageCollection（ImageCollection）。要绘制图表的 ImageCollection。

② bandName（Number|String）。要绘制图表波段的名称。

③ regions（Feature|FeatureCollection|Geometry|List<Feature>|List<Geometry>）。要缩小的区域。

④ regionReducer（Reducer, optional）。用于聚合区域内频段值的缩减器。必须返回一个单一的值。默认为 ee.Reducer.mean（）。

⑤ scale（Number, optional）。与区域还原器一起使用的比例，以 m 为单位。

⑥ yearReducer（Reducer, optional）。用于汇总各年的频带值的缩减器（对于一年中的某一天）。必须返回一个单一的值。默认为 ee.Reducer.mean（）。

⑦ seriesProperty（String, optional）。opt_regions 中的特征属性，用于系列标签。默认为 "system：index"。

startDay（Number, optional）

开始该系列的年份。必须在 1~366 之间。

⑧ endDay（Number, optional）。结束该系列的年月日。必须在 startDay 和 366 之间。

代码：

```
// 加载指定点
var forest = ee.Feature(
    ee.Geometry.Point(116.2215, 40.0086), {'label': 'forest'});
var farm = ee.Feature(
    ee.Geometry.Point(116.14974, 39.96891), {'label': 'farm'});
var urban = ee.Feature(
    ee.Geometry.Point(116.38931, 39.99172), {'label': 'urban'});
var water = ee.Feature(
    ee.Geometry.Point(116.2709, 39.9913), {'label': 'water'});

//研究区矢量集合
var Regions = ee.FeatureCollection([forest, farm, urban,
water]);
```

```
// 加载 Landsat 8 影像结合、筛选指定区域和选择指定波段
var landsat8Toa = ee.ImageCollection('LANDSAT/LC08/C01/T1_TOA')
    .filterBounds(Regions);
landsat8Toa = landsat8Toa.select('B[1,3,5,7]');

// 使用一连串的参数创建一个图表
var bands = ui.Chart.image.doySeries(landsat8Toa, forest, null,
200);
print(bands);

// 使用一个命名参数的字典创建一个图表
var years = ui.Chart.image.doySeriesByYear({
  imageCollection: landsat8Toa,
  bandName: 'B1',
  region: forest,
  scale: 200
});
print(years);

// 加载不同地类的
var regions = ui.Chart.image.doySeriesByRegion({
  imageCollection: landsat8Toa,
  bandName: 'B1',
  regions: Regions,
  scale: 500,
  seriesProperty: 'label'
});
print(regions);

// 加载研究区和指定中心点
Map.addLayer(Regions);
Map.setCenter(116.38931, 39.99172);
```

结果:

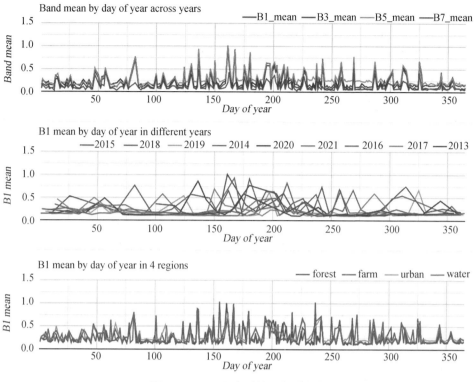

图 4.2.16　不同类型的影像时序图

4.3　GEE 高级教程

4.3.1　影像面积计算

本节主要目的是通过加载 Landsat 8 32 DAY 的 NDVI 影像，使用 NDVI 的阈值选择 ndvi 大于 0 的区域作为被掩膜的对象，然后将剩下的区域作为水体，从而计算区域内水域的面积。在谷歌地球引擎中，使用影像面积函数 ee.Image.pixelArea () 计算栅格影像的面积。同时我们需要一个用于区域统计的重要函数 reduceRegion ()，这个函数不仅可以用于统计最大值、最小值、平均值和中位数，还可以统计像素数量和总和。用于区域面积的统计时，这个函数的功能类似于 ArcGIS 软件中的地统计分析部分，例如最终青海湖区域影像面积的统计结果如图 4.3.1 所示。

代码链接：https://code.earthengine.google.com/f6c5eb5cafe58cb8657ceca7143d4b

73?hideCode=true。

1. 函数：mask（mask）

获取或设置一个图像的掩膜值。输出的图像保留了输入图像的元数据和足迹。将影像中各像素从零变成另一个值的像素会被填充为零，其在像素类型的范围内最接近零的值。注意：设置掩膜区域部分被丢弃。要从图像中为以前未被掩膜掉的栅格设置一个掩膜，可以使用 Image.updateMask 函数。要解除以前被掩膜的栅格，请使用 Image.unmask 函数。

参数：

① this：image（Image）。输入的图像。

② mask（Image，default：null）。掩膜图像。如果指定，输入的图像将被复制到输出，但是可通过这个图像的值给与掩码。如果这是一个单一的波段，它将用于输入图像的所有波段。如果没有指定，则返回一个由输入图像的掩码创建的图像，缩放范围为 [0：1]（无效 =0，有效 =1.0）。

2. 函数：ee.Image.pixelArea ()

生成一个图像，其中每个像素的值是该像素的面积，单位是 m^2。返回的图像有一个称为"area"的面积波段。

3. 函数：format（format，timeZone）

将一个日期转换为字符串。

参数：

this：date（Date）

format（String，default：null）

关于具体的时间格式请查看：

http://joda-time.sourceforge.net/apidocs/org/joda/time/format/DateTimeFormat.html

timeZone（String，default：null）

时区（例如：'America/Los_Angeles'）；默认为 UTC。

4. 函数：reduceRegion（reducer，geometry，scale，crs，crsTransform，bestEffort，maxPixels，tileScale）

一个特定区域的所有像素只可应用一个还原器。统计工具 Reducer 的输入数必须与输入图像的波段数相同，或者它必须有一个输入，并对每个波段进行重复。返回还原器的形式可按照字典的形式输出。

参数：

① this：image（Image）。要还原的图像。

② reducer（Reducer）。要应用的还原器。

③ geometry（Geometry，default：null）。要减少数据的区域。默认为图像的第

一个波段的范围。

④ scale（Float, default：null）。以米为单位的投影名义比例。

⑤ crs（Projection, default：null）。工作中的投影。如果没有指定，则使用图像的第一个波段的投影。如果除了比例之外还指定了比例，则按指定的比例重新调整。

⑥ crsTransform（List, default：null）。CRS 变换值的列表。这是一个 3×2 变换矩阵的行主排序。这个选项与 "scale" 相互排斥，并取代已经设置在投影上的任何变换。

⑦ bestEffort（Boolean, default：false）。如果多边形在给定的比例下包含太多的像素，计算并使用一个更大的比例，这样可以使操作成功。

⑧ maxPixels（Long, default：10000000）。要减少的最大像素数。

⑨ tileScale（Float, default：1）。一个介于 0.1~16 之间的比例因子，用于调整聚合瓦片的大小；设置一个较大的瓦片比例（例如 2 或 4），使用较小的瓦片，并可能使计算在默认情况下耗尽内存。

5. 函数：ee.Reducer.sum（）

返回一个计算器输入（加权）之和的 Reducer。

6. 函数：ui.Chart.feature.byFeature（features, xProperty, yProperties）

从一组特征中生成一个图表。绘制每个特征的一个或多个属性的值。

X 轴 = 由 x 属性标记的特征（默认：'system：index'）。

Y 轴 = y 的属性值（默认：所有属性）。

Series = y 轴的属性名称。

x 轴的顺序与输入矢量特征的顺序相同。

参数：

① features（Feature|FeatureCollection|List<Feature>）。要包含在图表中的特征。

② xProperty（String, optional）。用作 X 轴上每个特征值的属性。默认为 'system：index'。

③ yProperties（List<String>|String, optional）。在 Y 轴上使用的一个或多个属性。如果省略，所有特征的所有属性都将在 Y 轴上显示（除了 xProperty）。

代码：

```
// 加载指定区域的研究区范围，这里是青海湖矩形框矢量边界
var geometry =
    /* color: #d63000 */
    /* shown: false */
    /* displayProperties: [
```

```
          {
            "type": "rectangle"
          }
      ] */
    ee.Geometry.Polygon(
        [[[99.51614229594502, 37.282623857021434],
           [99.51614229594502, 36.46529925731133],
           [100.85647432719502, 36.46529925731133],
           [100.85647432719502, 37.282623857021434]]], null, false);
```

// 加载 Landsat 8 影像集合，这里用的直接是 32 天合成的 NDVI 影像

```
var collection = ee.ImageCollection('LANDSAT/LC08/C01/T1_32DAY_
NDVI')
  .filterDate('2013-07-20','2020-07-01')
print(collection)
```

// 展示第一景影像，这一部分可以略过

```
var first = collection.first()
var visParams = {bands: ['NDVI'],min:0.0, max: 1.0, palette: [
    'FFFFFF', 'CE7E45', 'DF923D', 'F1B555', 'FCD163', '99B718',
'74A901',
    '66A000', '529400', '3E8601', '207401', '056201', '004C00',
'023B01',
    '012E01', '011D01', '011301'
 ]};
Map.addLayer(first.clip(geometry), visParams, 'map');
```

//计算影像区域的面积，这里用到 NDVI 去除非水体面积

```
var Agri_area = function(image){
    var image1 = ee.Image(1).mask(image.select('NDVI').lt(0.0));
    var date = ee.Date(image.get('system:time_start')).format
('YYYY-MM-DD');
    var area_pxa = image1.multiply(ee.Image.pixelArea())
                    .reduceRegion(ee.Reducer.sum(),geometry,
30,null,null,false,1e13)
                    .get('constant');
    var area = ee.Number(area_pxa).divide(1e6);
    return image.set({'area': area, 'date':date
    });
};
```

```
// 遍历计算面积
var total = collection.map(Agri_area);
// 数组的日期和时间
var dates = total.aggregate_array('date');
var areas = total.aggregate_array('area');
// 添加一个字典来完成
var dateAreaDict = ee.Dictionary.fromLists(dates,areas);

print(dateAreaDict)

var Agri_area = function(image){
    var image1 = ee.Image(1).mask(image.select('NDVI').lt(0.0));
    var date = ee.Date(image.get('system:time_start')).format
('YYYY-MM-DD');
    var area_pxa = image1.multiply(ee.Image.pixelArea())
                         .reduceRegion(ee.Reducer.sum(),geometry,
30,null,null,false,1e13);
    return
ee.Feature(null,{area:ee.Number(area_pxa.get('constant')).
divide(1e4)}).set(image.toDictionary(image.propertyNames()));
};

var total = ee.FeatureCollection(collection.map(Agri_area));

print(total);

// 按照字典的形式定义一个图表标题的格式
// 分别定义标题、横坐标、纵坐标标题
var title = {
  title: 'change of NDWI Area in Wadi_Bish LANDSAT 8',
  hAxis: {title: 'Date'},
  vAxis: {title: 'Area (km2)'},
};
print(ui.Chart.feature.byFeature(total, 'system:time_start',
'area').setOptions(title));
```

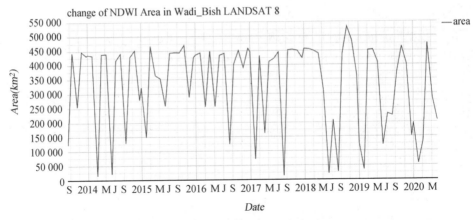

图 4.3.1　青海湖区域逐年水域影像面积时序图

4.3.2　矢量集合中不同矢量类型区分

一个矢量集合中分别包含了点、线和面几类不同类型的矢量几何数据，为了区分不同的矢量类型并输出，这里通过建立一个 function 函数，区分不同类型的矢量数据，这个函数的主要过程是设定一个属性，然后给这个属性分别添加一个矢量的类型，最后按照不同类型的矢量类型进行输出。第二种方案是我们利用谷歌地球引擎的 ee.Algorithms.If（condition，trueCase，falseCase）算法，设定筛选条件来筛选出不同矢量类型的几何体，最终结果如图 4.3.2 所示。

代码链接：https://code.earthengine.google.com/50fec39292e3ed1a31427bb0b0c92f20?hideCode=true

1. 函数：type（）

返回几何图形的 GeoJSON 类型。

2. 函数：ee.Geometry.Point（coords，proj）

构建一个描述一个点的 ee.Geometry。为了方便，当所有参数都是数字时，可以使用变量参数 var args。这允许创建 EPSG：4326 点，例如：ee.Geometry.Point（lng，lat）。

参数：

① coords（List<Number>）。给定投影中的两个［x，y］坐标的列表。

② proj（Projection，optional）。这个几何体的投影，如果没有指定，则为 EPSG：4326。

3. 函数：ee.Geometry.Polygon（coords，proj，geodesic，maxError，evenOdd）

构建一个描述多边形的 ee.Geometry。为了方便，当所有参数都是数字时，可以使用变量参数 var args。这允许在给定偶数参数的情况下，用一个 LinearRing 创建测地线的 EPSG：4326 多边形，例如：ee.Geometry.Polygon（aLng，aLat，bLng，bLat，…，aLng，aLat）。

参数：

① coords（List<Geometry>|List<List<Number>>|List<Number>）。定义多边形边界的环的列表。可以是 GeoJSON 'Polygon' 格式的坐标列表，也可以是描述 LinearRing 的 ee.Geometry 对象的列表，或是定义单个多边形边界的数字列表。

② proj（Projection，optional）。这是几何体的投影。默认是输入的投影，其中数字被假定为 EPSG：4326。

③ geodesic（Boolean，optional）。如果是假的，边缘在投影中是直的。如果为真，边缘是弯曲的，遵循地球表面的最短路径。默认是输入的测地线状态，如果输入的是数字，则为真。

④ maxError（ErrorMargin，optional）。当输入的几何体必须重新投影到明确要求的结果投影或测地线状态时的最大误差。

⑤ evenOdd（Boolean，optional）。如果为真，多边形内部将由偶数/奇数规则决定，如果一个点穿过奇数条边到达无限大的一个点，那么它就是内部。否则，多边形使用左—内规则，当以给定的顺序行走顶点时，内部在壳的边缘的左侧。如果没有指定，默认为真。

4. 函数：ee.Geometry.MultiPolygon（coords，proj，geodesic，maxError，evenOdd）

构建一个 ee.Geometry 描述一个 MultiPolygon。为了方便，当所有参数都是数字时，可以使用变量参数 var args。这允许在给定偶数参数的情况下，用单个 Polygon 与单个 LinearRing 创建大地测量的 MultiPolygons，例如：ee.Geometry.MultiPolygon（aLng，aLat，bLng，bLat，…，aLng，aLat）。

参数：

① coords（List<Geometry>|List<List<Number>>>>|List<Number>）。一个多边形的列表。可以是一个 GeoJSON 格式的坐标列表。'MultiPolygon' 格式的坐标列表，描述多边形的 ee.Geometry 对象的列表，或者定义单个多边形边界的数字列表。

② proj（Projection，optional）。这是几何体的投影。默认是输入的投影，其中数字被假定为 EPSG：4326。

③ geodesic（Boolean，optional）。如果是假的，边缘在投影中是直的。如果为真，边缘是弯曲的，遵循地球表面的最短路径。默认是输入的测地线状态，如果输入的是数字，则为真。

④ maxError（ErrorMargin，optional）。当输入的几何体必须重新投影到明确要

求的结果投影或测地线状态时的最大误差。

⑤ evenOdd（Boolean，optional）。如果为真，多边形内部将由偶数 / 奇数规则决定，如果一个点穿过奇数条边到达无限大的一个点，那么它就是内部。否则，多边形使用左—内规则，当以给定的顺序行走顶点时，内部在壳的边缘的左侧。如果没有指定，默认为真。

5. 函数：ee.Algorithms.If（condition，trueCase，falseCase）

根据一个条件选择其输入之一，类似于 if–then–else 结构。

参数：

① condition（Object，default：null）。决定返回哪个结果的条件。如果这不是一个布尔值，根据以下规则，它被解释为布尔值。

等于 0 或 NaN 的数字为假，空字符串、列表和字典为假，空为假，其他都是真。

② trueCase（Object，default：null）。如果条件为真，返回的结果。

③ falseCase（Object，缺省：null）。如果条件是假的，返回的结果。

④ compareTo（string2）。对两个字符串进行按字母顺序排列比较。返回：如果字典中两个字符串相等，则返回 0；如果字符串 1 小于字符串 2，则返回小于 0 的值；如果字符串 1 上大于字符串 2，则返回大于 0 的值。

参数：

① this：string1（String）。要比较的字符串。

② string2（String）。要比较的字符串。

代码：

```
// 加载一个不同几何类型的矢量集合
var featurecollection = ee.FeatureCollection([
  ee.Feature(ee.Geometry.Point([118.5, 40.1])),
  ee.Feature(ee.Geometry.Polygon([[[109.4, 41.0],[114.3, 38.5],
[109.5, 36.5]]])),
  ee.Feature(
    ee.Geometry.MultiPolygon(
      [[[[-89.41473984997266, 43.072218913857796],
         [-89.41473984997266, 43.066826583364204],
         [-89.40787339489454, 43.066826583364204],
         [-89.40787339489454, 43.072218913857796]]]]))

])
```

```
// 方案 1
// 给所有的矢量设定一个属性
featurecollection = featurecollection.map(function(f) {
  return f.set('geo_type', f.geometry().type())
})


// 打印结果
print(featurecollection)
print(featurecollection.filter(ee.Filter.eq('geo_type',
'Point')))
print(featurecollection.filter(ee.Filter.eq('geo_type',
'Polygon')))
print(featurecollection.filter(ee.Filter.eq('geo_type',
'MultiPolygon')))


// 方案 2
// 对矢量集合中的每一个矢量都进行遍历
var featurecollection = featurecollection.map(function
(feature) {
// 将其中的每个矢量分别和我们所设定的几何类型 'Polygon' 对比
  var filter = feature.geometry().geometries().map(function
(geometry) {
    geometry = ee.Geometry(geometry);
    return ee.Algorithms.If({
      condition: geometry.type().compareTo('Polygon'),// 设定对比条
件，可以设定 "point" 等
      trueCase: null,
      falseCase: geometry});
  }, true);
  return feature.setGeometry(ee.Geometry.MultiPolygon(filter));
});
// 输出结果
print(featurecollection)
```

结果：

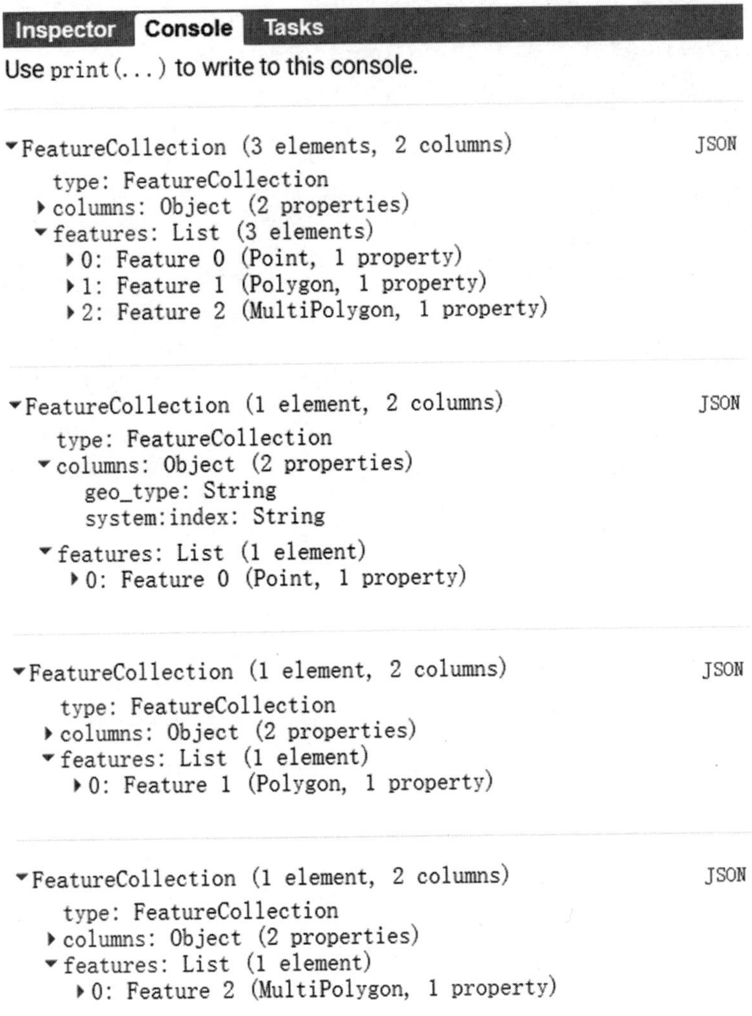

```
Inspector  Console  Tasks
Use print(...) to write to this console.

▼FeatureCollection (3 elements, 2 columns)                    JSON
    type: FeatureCollection
  ▶columns: Object (2 properties)
  ▼features: List (3 elements)
    ▶0: Feature 0 (Point, 1 property)
    ▶1: Feature 1 (Polygon, 1 property)
    ▶2: Feature 2 (MultiPolygon, 1 property)


▼FeatureCollection (1 element, 2 columns)                     JSON
    type: FeatureCollection
  ▼columns: Object (2 properties)
      geo_type: String
      system:index: String
  ▼features: List (1 element)
    ▶0: Feature 0 (Point, 1 property)


▼FeatureCollection (1 element, 2 columns)                     JSON
    type: FeatureCollection
  ▶columns: Object (2 properties)
  ▼features: List (1 element)
    ▶0: Feature 1 (Polygon, 1 property)


▼FeatureCollection (1 element, 2 columns)                     JSON
    type: FeatureCollection
  ▶columns: Object (2 properties)
  ▼features: List (1 element)
    ▶0: Feature 2 (MultiPolygon, 1 property)
```

图 4.3.2　不同几何体矢量类型区分结果

4.3.3　影像数据转化为矢量数据

在栅格影像分析中，我们常常会将栅格属性的影像转化为矢量而获取指定的矢量边界范围来作进一步分析。本节主要目的是将指定的研究区的 JRC 全球地表水数据（JRC Monthly Water History，V1.3）转化为矢量数据，最终将栅格转化为矢量。注意，本数据集空间数据集是 30 m，所以当我们的研究区较大的时候可能会引发超限。当我们进行较大区域转化时，要将栅格转矢量 reduceToVectors

( ) 函数中的 scale 参数进行调整或者将参数 bestEffort 设定为 true，从而避免超。

代码链接：https://code.earthengine.google.com/d877d8363be8484342daf3055067f71d?hideCode=true

函数：reduceToVectors（reducer，geometry，scale，geometryType，eightConnected，labelProperty，crs，crsTransform，bestEffort，maxPixels，tileScale，geometryInNativeProjection）

通过统计同质区域将图像转换为特征集合。给定一个图像，包含一个带标记的零个或更多的附加波段，在每个片段的像素上运行一个还原器，每个片段产生一个特征。Reducer 的输入必须比图像的段数少一个，或者它必须有一个输入，并对每个段数进行重复。

参数：

① this：image（Image）。输入的图像。第一个波段预计是一个整数类型；如果相邻的像素在这个波段有相同的值，它们将在同一个区段。

② reducer（Reducer，default：null）。要应用的还原器。它的输入将从图像的波段中取出，然后去掉第一个波段。默认为 Reducer.countEvery（ ）。

③ geometry（Geometry，default：null）。用于转化数据的区域。默认为图像的第一个波段的面积。

④ scale（Float，default：null）。以 m 为单位投影的名义比例。

⑤ geometryType（String，default："polygon"）。如何选择每个生成特征的几何形状；"多边形"（包围该段像素的多边形）、"bb"（限定像素的矩形）或"中心点"（像素的中心点）中的一个。

⑥ eightConnected（Boolean，default：true）。如果为真，对角线连接的像素被认为是相邻的；否则只有共享一条边的像素是相邻的。

⑦ labelProperty（String，default："label"）。如果非空，第一个波段的值将被保存为每个特征的指定属性。

⑧ crs（Projection，default：null）。要工作的投影。如果没有指定，将使用图像的第一个波段的投影。如果除了指定比例外，还将重新调整到指定的比例。

⑨ crsTransform（List，default：null）。CRS 变换值的列表。这是一个 3×2 变换矩阵的行主排序。这个选项与"scale"相互排斥，并取代已经设置在投影上的任何变换。

⑩ bestEffort（Boolean，default：false）。如果多边形在给定的比例下包含太多的像素，计算并使用一个更大的比例，这样可以使操作成功。

⑪ maxPixels（Long，default：10 000 000）。要减少的最大像素数。

⑫ tileScale（Float，default：1）。用于减少聚合瓦片大小的比例系数，使用较

大的瓦片比例（例如2或4）可能会使计算在默认情况下耗尽内存。

geometryInNativeProjection（Boolean，default：false）。

在像素投影中创建几何体，而不是WGS84。

代码：

```
// 加载指定的研究区
var roi =
    /* color: #d63000 */
    /* shown: false */
    /* displayProperties: [
        {
            "type": "rectangle"
        }
    ] */
    ee.Geometry.Polygon(
        [[[112.67432500924082, 23.062050155830352],
          [112.67432500924082, 22.796446114314378],
          [113.06708623970957, 22.796446114314378],
          [113.06708623970957, 23.062050155830352]]], null, false);

// 加载JRC水体影像并筛选指定的时间边界和选择水体波段
var S1 = ee.ImageCollection('JRC/GSW1_3/MonthlyHistory')
  .filterBounds(roi)
  .filterDate('2019-01-01','2021-12-31').select('water')
// 可视化参数设定
var visualization = {
  bands: ['water'],
  min: 0.0,
  max: 2.0,
  palette: ['ffffff', 'fffcb8', 'blue']
};
// 分别加载研究区和地表水影像
Map.centerObject(roi);
Map.addLayer(S1, visualization, 'Water');
Map.addLayer(roi, {}, 'ROI')

// 提取水
// water Bitmask
// Bits 0-1: Water detection
// 0: No data
```

```
// 1: Not water
// 2: Water
var classifyWater = function(img) {
  var vv = img.select('water')
  var pix= vv.eq(2);// 选择等于 2 就是只选择包含水体的部分
  var water = pix.rename('Water')
// 识别所有低于阈值的像素，并将其设置为 1。所有其他像素设置为 0
  water = water.updateMask(water)
  // 删除所有等于 0 的像素
  return img.addBands(water)   // 添加了分类水带的返回图像
}


// 绘制整个采集的分类图并打印到控制台进行检查
S1 = S1.map(classifyWater)
print(S1)


// 裁减指定的研究区范围
// 这一步可以在影像筛选的过程中进行
var table_bounds = function(image) {
  return image.clip(roi);
};


var S1 = S1.map(table_bounds);


// 将影像转化为矢量
var vectors = function(img){return img.reduceToVectors({
  geometry: roi,
  scale: 30,
  geometryType: 'polygon',
  eightConnected: false,
  labelProperty: 'zone',
  reducer: ee.Reducer.sum()
}
)};
// 遍历影像水体部分的每一个矢量
S1 = S1.map(vectors)
print(S1)
```

4.3.4 矢量转化未栅格数据

一般情况下，我们很少会将矢量转化为栅格数据，但是当我们只有点数据而想转化为可视化数据的时候，就可以按照点的数据进行栅格转换。本节主要目的是将矢量数据按照指定大小格网转化为特定的栅格。所用到的数据为全球大尺度国家边界地图。实验过程中首先按照点来筛选指定区域的国家矢量，然后利用coveringGrid（）函数将其转化为特定的格网，最后利用reduceToImage（）函数完成影像的矢量向栅格的转化过程，转化后的结果如图4.3.3所示。

代码链接：https://code.earthengine.google.com/eae5a0d7073b531e12006e71695e
eab0?hideCode=true

1. 函数：ee.Projection（crs，transform，transformWkt）

返回一个具有给定基础坐标系和给定投影坐标与基础之间转换的投影。如果没有指定变换，则假定是同一变换。

参数：

① crs（Object）。此投影的基础坐标参考系统，以同一的像（例如'EPSG：4326'）或WKT字符串形式给出。

transform（List，default：null）。投影坐标与基础坐标系之间的转换，以 2×3 仿射转换矩阵的形式，按行主序指定。[xScale，xShearing，xTranslation，yShearing，yScale，yTranslation]。不能同时指定这个和"transformWkt"。

② transformWkt（String，default：null）。投影坐标与基准坐标系之间的转换，以WKT字符串形式指定。不能同时指定这个参数和"transform"。

2. 函数：scale（x，y）

返回在每个轴上按给定数量缩放的投影。

参数：

① this：projection（Projection）。

x（Float）；

y（Float）。

3. 函数：coveringGrid（proj，scale）

返回一个覆盖该几何体的特征集合，其中每个特征都是由给定投影定义的网格中的一个矩形。

参数：

① this：geometry（Geometry）。结果是与这个区域相交的网格单元。

② Proj（Projection）。用来构建网格的投影。每个与"geometry"相交的网格

单元都会生成一个特征，其中单元格网角点位置在投影中的位置是整数值。如果投影是以 m 为单位的，那么在真正的比例点上，这些点将在该尺寸的网格上。

③ scale（Float，default：null）。如果提供，覆盖投影的比例。如果投影还没有被缩放，可能需要这样做。

4. 函数：ee.Number.parse（input，radix）

将一个字符串转换成一个数字。

参数：

① input（String）。要转换为数字的字符串。

② radix（Integer，default：10）。一个代表要转换基数系统的整数。如果输入的不是整数，radix 必须等于 10 或者不指定。

5. 函数：reduceToImage（properties，reducer）

通过对于每个像素相交所有特征的选定属性应用还原器，从一个特征集合中创建一个图像。

参数：

① this：collection（FeatureCollection）。要与每个输出像素相交的特征集合。

② Properties（List）。要从每个特征中选择的属性，并传递给还原器。

③ reducer（Reducer）。一个还原器，将每个相似的特征的属性组合成一个最终的结果，储存在像素中。

代码：

```
// 加载全球各国矢量边界和加载感兴趣的点用以筛选
var countries = ee.FeatureCollection("USDOS/LSIB_SIMPLE/2017"),
    poi =
    /* color: #d63000 */
    /* shown: false */
    ee.Geometry.Point([23.92506243992405, -28.092254929447883]);


// 如何将有规则间距的点数据转换为栅格
// 提供的点的间距为 15 弧分（0.25 度）

var aoi = countries.filterBounds(poi)//South Africa
// 创建一个有指定距离的网格
// 这里，点的间距（0.25 度）
var proj = ee.Projection('EPSG:4326').scale(0.25,0.25);
var grid = aoi.geometry().coveringGrid(proj);


// 加入字段
```

```
// 它的属性是 'Nfer_kgha'，目前是一个字符串，但需要是浮点类型
// 因此，我们将其解析为 为一个 ee.Number，并将其转换为 float
var nInput = ee.FeatureCollection("projects/ee-geethensingh/
assets/Nfur_15arcmins")
.filterBounds(aoi)
.map(function(x){
    return x.set("Nfer_kgha_",ee.Number.parse(x.get("Nfer_
kgha_")).toFloat())
});
```

```
// 接下来，网格（FeatureCollection）被过滤到那些有一个点的单元格，然后复
制到感兴趣的属性上
// 并将其转换为栅格
// 这里利用了 map 进行重复每一个栅格点的转化，首先是将其中的矢量获取第一个，
并设定相应的属性
// 然后将其转化为栅格影像并设定了两个属性
var nInputRast = grid.filterBounds(nInput).map(function(ft){
    var first = nInput.filterBounds(ft.geometry()).aggregate_first
('Nfer_kgha_');
    return ft.set('Nfer_kgha_', first);
}).reduceToImage({
    'properties': ee.List(["Nfer_kgha_"]),
    'reducer': ee.Reducer.first()}).rename('Nfer_kgha');
```

```
//加载地图中心点
Map.centerObject(aoi, 6)
//获取颜色调板包
var palettes = require('users/gena/packages:palettes');
var palette = palettes.matplotlib.viridis[7];
//加载到地图上
Map.addLayer(nInputRast, {min: 0, max: 5, palette:palette}, 'N_
Raster');
Map.addLayer(nInput,{color:'red'}, 'N_points');
```

结果：

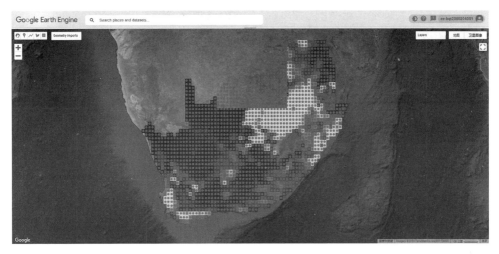

图 4.3.3　矢量转栅格结果

4.3.5　散点图的制作

散点图是指在回归分析中，数据点在直角坐标系平面上的分布图，散点图表示因变量随自变量而变化的大致趋势，据此可以选择合适的函数对数据点进行拟合，散点图常用于判断两变量之间是否存在某种关联或总结坐标点的分布模式。本案例主要是利用函数 ui.Chart.array.values（）制作一个散点图。使用的数据来自于 SRTM Digital Elevation Data Version 4 数据和 MODIS/006/MOD09A1 数据，最后分别求出用不同波段在指定森林区域内相关分布，如图 4.3.4 所示。

代码链接：https://code.earthengine.google.com/9ab7cf9af711f699e9e3ff21478b7370?hideCode=true。

1. 函数：ee.Reducer.toList（tupleSize，numOptional）

创建一个 reducer 还原器，将其输入的数据收集成一个列表，也可选择分组为图元。

参数：

① tupleSize（Integer，default：null）。每个输出元组的大小，如果没有分组则为空。也决定了输入的数量（null tupleSize 有 1 个输入）。

② numOptional（Integer，default：0）。最后的 numOptional 输入将被认为是可选的；其他输入必须是非空的，否则输入元组将被放弃。

2. 函数：toArray（axis）

波段转化为数的函数，将各波段的像素串联成每个像素的一个数组。如果有任何输入波段被屏蔽，结果也将被屏蔽。

参数：

① this：image（Image）。要转换为每像素数组的带状图像。频段必须是标量像素，或是具有相同维度的数组像素。

② axis（Integer，default：0）。要连接的轴；必须至少是 0，最多是输入的尺寸。如果轴等于输入的维度，结果将比输入的维度多 1。

3. 函数：ui.Chart.array.values（array，axis，xLabels）

通过指定的数组生成图表，沿着给定的轴为每个一维矢量绘制单独的系列图。

X 轴 = 沿轴的阵列索引，可选择用 xLabels 标记。

Y 轴 = 数值。

Series= 向量，由非轴阵列轴的索引描述。

参数：

① array（Array|List<Object>）。将数组转为列表。

② axis（Number）。产生一维矢量序列的轴。

③ xLabels（Array|List<Object>，optional）。沿着图表的 X 轴的刻度线的标签。

代码：

```
// 加载高程影像
var SRTM = ee.Image("CGIAR/SRTM90_V4");
// Chart
// 导入一个样点数据作为我们的研究区
var forest = ee.FeatureCollection('projects/google/charts_
feature_example')
                        .filter(ee.Filter.eq('label', 'Forest'));

// 将 modis 地表反射率数据进行预先攻击，并计算去均值
var modisSr = ee.ImageCollection('MODIS/006/MOD09A1')
                .filter(ee.Filter.date('2018-06-01', '2018-
09-01'))
                .select('sur_refl_b0[0-7]')
                .mean();
```

```
// 按森林区域减少 MODIS 反射率波段；得到一个以波段名称为键、像素值为列表的
字典
var pixelVals = modisSr.reduceRegion(
    {reducer: ee.Reducer.toList(), geometry: forest.geometry(),
scale: 2000});

// 将近红外 NIR 和 SWIR 值列表转换为一个阵列，沿 Y 轴绘制
var yValues = pixelVals.toArray(['sur_refl_b02', 'sur_refl_b06']);

// 获取红带值列表；沿 X 轴绘制
var xValues = ee.List(pixelVals.get('sur_refl_b01'));

//
var chart = ui.Chart.array.values({array: yValues, axis: 1, xLabels:
xValues})
                    .setSeriesNames(['NIR', 'SWIR'])
                    .setOptions({
                        title: 'Relationship Among Spectral Bands for
Forest Pixels',
                        colors: ['1d6b99', 'cf513e'],
                        pointSize: 4,
                        dataOpacity: 0.4,
                        hAxis: {
                          'title': 'Red reflectance (x1e4)',
                          titleTextStyle: {italic: false, bold: true}
                        },
                        vAxis: {
                          'title': 'Reflectance (x1e4)',
                          titleTextStyle: {italic: false, bold: true}
                        }
                    });
print(chart)

// Chart 2
// 获得红光和 SWIR 值列表；分别沿 x 轴和 y 轴绘制
// 注意 pixelVals 对象是在前面的代码块中定义的
var x = ee.List(pixelVals.get('sur_refl_b01'));
var y = ee.List(pixelVals.get('sur_refl_b06'));

// 定义图表并将其打印到控制台
var chart2 = ui.Chart.array.values({array: y, axis: 0, xLabels:
```

```
x}).setOptions({
  title: 'Relationship Among Spectral Bands for Forest Pixels',
  colors: ['cf513e'],
  hAxis: {
    title: 'Red reflectance (x1e4)',
    titleTextStyle: {italic: false, bold: true}
  },
  vAxis: {
    title: 'SWIR reflectance (x1e4)',
    titleTextStyle: {italic: false, bold: true}
  },
  pointSize: 4,
  dataOpacity: 0.4,
  legend: {position: 'none'},
});

print(chart2)
```

结果如下：

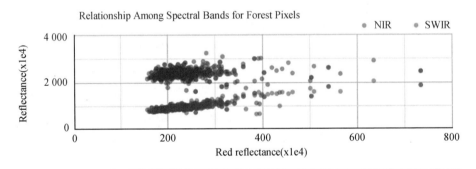

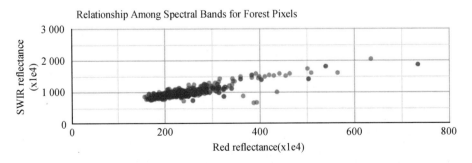

图 4.3.4　森林区域内各波段散点图

4.3.6　加载动态 ui 并添加图例

除了正常加载一个动态图外，我们还可以在动态图的基础上进行图例的设定。本节主要是应用全球大尺度边界矢量数据和 MODIS/006/MOD13A2 影像数据中的 NDVI 波段，例如利用 ui.Thumbnail () 缩略图函数加载动态图，另外，利用 getVideoThumbURL () 函数进行视频链接的获取，可以单击直接在浏览器中加载。这里需要注意的是，加载到控制台中的动态缩略图会随着控制台 Console 大小的变动而变动，最终打印出的结果如图 4.3.5 所示。

代码链接：https://code.earthengine.google.com/dfc71ca89ad227f1d1271346622eed99?hideCode=true。

动态图链接：https://earthengine.googleapis.com/v1alpha/projects/ee-bqt2000204051/videoThumbnails/82404fe824f753271ab5d203977911d9-7f6adb5b68423186cd10b3c7c28fa34e:getPixels

1. 函数：require (path)

检索在给定路径下找到的脚本作为一个模块。该模块被用来访问所需脚本的模块。返回一个对象，表示从所需模块导出的成员。

参数：

① path (String)。要作为模块包含的脚本的路径。必须是绝对路径，例如："users/homeFolder/repo: path/to/file"。

2. 函数：ee.Join.saveAll (matchKey, ordering, ascending, measureKey, outer)

返回一个连接，将第一个集合中的每个元素与第二个集合中的一组匹配元素配对。匹配的列表作为一个额外的属性被添加到每个结果中。如果指定了 measureKey，每个匹配的元素都有它的连接度量的值。当 withinDistance 或 maxDifference 过滤器被用作连接条件时，会产生连接措施。

参数：

① matchesKey (String)。用来保存匹配列表的属性名称。

② ordering (String, default: null) 用于对匹配列表进行排序的属性。

③ ascending (Boolean, default: true)。排序是否为升序。

④ measureKey (String, default: null)。一个可选的属性名称，用于保存每个匹配的连接条件的措施。

⑤ outer (Boolean, default: false)。如果为真，没有匹配的主行将被包含在结果中。

3. 函数：getRelative (unit, inUnit, timeZone)

返回这个日期是相对于一个较大单位的指定（基于 0 的）单位，例如，get

Relative（'day'，'year'）返回 0~365 之间的值。

参数：

① this：date（Date）。unit（String）。

月、周、日、小时、分钟、秒（'month''week'，'day'，'hour'，'minute'，or 'second'）中的一个。

inUnit（String）；

年、月、周、日、小时或者分钟（'year'，'month''week'，'day'，'hour'，or 'minute'）中的一个。

② timeZone（String，default：null）。时区（例如 "America/Los_Angeles"）；默认为 UTC。

4. 函数：ee.Filter.equals（leftField，rightValue，rightField，leftValue）

创建一个单数或双数过滤器，如果两个操作数相等，则通过。

参数：

① leftField（String，default：null）。左边操作数的选择器。如果指定了 leftValue，就不应该指定。

② rightValue（Object，default：null）。右边操作数的值。如果指定了 rightField，则不应该指定。

③ rightField（String，default：null）。右边操作数的选择器。如果指定了 right Value，则不应该指定。

④ leftValue（Object，default：null）左边操作数的值。如果指定了 leftField，就不应该指定。

5. 函数：blend（top）

将一个图像叠加在另一个图像上。图像被混合在一起，使用掩码作为不透明度。如果其中一个图像只有一个波段，它将被复制以匹配另一个图像中的波段数量。

参数：

① this：bottom（Image）。底部图像。

② top（Image）。顶部的图像。

6. 函数：getVideoThumbURL（params，callback）

为这个 ImageCollection 获取一个动画缩略图的 URL。返回一个缩略图的 URL。

参数：

① this：imagecollection（ImageCollection）。

ImageCollection 实例。

② params（Object）。与 ee.data.getMapId 相同的参数，另外，可以选择。

③ dimensions（a number or pair of numbers in format WIDTHxHEIGHT）。要渲染的缩略图的最大尺寸，单位是像素。如果只传递了一个数字，它将被用作最大尺寸，而另一个尺寸是通过比例缩放计算的。

④ region（E, S, W, N or GeoJSON）。要渲染图像的地理空间区域。默认是整个图像。这里可以选择加载东南西北坐标来进行指定区域的分析。

⑤ format（string）编码格式。最终输出的格式只能是 ".gif"。

⑥ framesPerSecond（number）。动画速度。

⑦ callback（Function, optional）。一个可选的回调，处理产生的 URL 字符串。如果不提供，将同步进行调用。

代码：

```
// 获取一个 MODIS NDVI 集合，并选择 NDVI
var col = ee.ImageCollection('MODIS/006/MOD13A2').
select('NDVI');

// 按照指定属性名称来筛选矢量边界
var mask = ee.FeatureCollection('USDOS/LSIB_SIMPLE/2017')
  .filter(ee.Filter.eq('wld_rgn', 'Africa'));

// 定义动画帧的区域界线
var region = ee.Geometry.Polygon(
  [[[-18.698368046353494, 38.14463956115524],
    [-18.698368046353494, -36.16300755581617],
    [52.229366328646506, -36.16300755581617],
    [52.229366328646506, 38.14463956115524]]],
  null, false
);

// 为每张图片添加年月日（DOY）属性
col = col.map(function(img) {
  var doy = ee.Date(img.get('system:time_start')).getRelative
('day', 'year');
  return img.set('doy', doy);
});

// 获得由 'doy' 提供的明显的图像集合
var distinctDOY = col.filterDate('2013-01-01', '2014-01-01');

// 定义一个过滤器，以确定哪些图片来与不同的 DOY 集合中的 DOY 相匹配
```

```
var filter = ee.Filter.equals({leftField: 'doy', rightField:
'doy'});

// 定义一个连接
var join = ee.Join.saveAll('doy_matches');

// 应用连接并将得到的 FeatureCollection 转换为 ImageCollection。
var joinCol = ee.ImageCollection(join.apply(distinctDOY, col,
filter));

// 在匹配的 DOY 集合中应用中位数合成影像
var comp = joinCol.map(function(img) {
  var doyCol = ee.ImageCollection.fromImages(
    img.get('doy_matches')
  );
  return doyCol.reduce(ee.Reducer.median());
});

// 定义 RGB 可视化参数
var visParams = {
  min: 0.0,
  max: 9000.0,
  palette: [
    'FFFFFF', 'CE7E45', 'DF923D', 'F1B555', 'FCD163', '99B718',
'74A901',
    '66A000', '529400', '3E8601', '207401', '056201', '004C00',
'023B01',
    '012E01', '011D01', '011301'
  ],
};

// 添加一个带有标签的颜色渐变条
// 这里是从 gena 这个包中获取的，具体请查看：
// https://github.com/gee-community/ee-palettes
var style = require('users/gena/packages:style');
var utils = require('users/gena/packages:utils');
var text = require('users/gena/packages:text');
// 需要选定要进行动画加载的区域
var geometryGradientBar = ee.Geometry.Polygon(
        [[[-12.907508407699103, -26.822938080181096],
```

```
                [-12.907508407699103, -29.915752084430412],
                [10.207725967300876, -29.915752084430412],
                [10.207725967300876, -26.822938080181096]]], null, false);
var min = 0;
var max = 1;
// 字体的设定
var textProperties = {
  fontSize: 32,
  textColor: 'ffffff',
  outlineColor: '000000',
  outlineWidth: 0,
  outlineOpacity: 0.6
};
// 这里加载最大及最小的序列
var labels = ee.List.sequence(min, max);
var gradientBar = style.GradientBar.draw(geometryGradientBar, {
  min: min, max: max, palette: visParams.palette, labels: labels,
  format: '%.0f', text: textProperties
});
// 创建 RGB 可视化图像，作为动画帧使用
// 将梯度条和标签图像与 NDVI 图像混合
var label = 'NDVI';
var scale = 19567;
var geometryLabel = ee.Geometry.Point([-6.052039657699084,
-20.837091553700866]);
var text = text.draw(label, geometryLabel, scale, {fontSize:
32});

// 可视化参数设定
var rgbVis = comp.map(function(img) {
  return img.visualize(visParams).clip(mask).blend(gradientBar).
blend(text);
});

// 定义 GIF 的可视化参数
var gifParams = {
  'region': region,
  'dimensions': 600,
  'crs': 'EPSG:3857',
  'framesPerSecond': 10,
```

```
   'format': 'gif'
};

// 打印 GIF 的 URL 到控制台
print(rgbVis.getVideoThumbURL(gifParams));

// 在控制台中渲染 GIF 动画
print(ui.Thumbnail(rgbVis, gifParams));
```

结果如下：

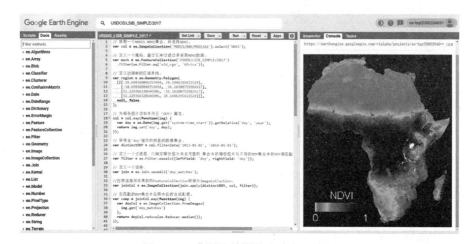

图 4.3.5　非洲植被覆盖度动态图结果

4.3.7　分类图像图例的加载

谷歌地球引擎除了可以正常进行常规的影像运算和图层加载外，我们可以使用 UI 工具实现地图图例的添加功能。本节任务是将土地分类后的结果展示到地图上，并进行图例的加载，这里会用到简单的 UI 界面的组件，这一部分会在后面的 APP 专题介绍中有详细的介绍。此部分仅介绍单景影像，包含 4 个影像分类（不透水层、裸地、水域和植被），然后分别利用 4 个标签加载到面板上，标签中所用不同的图例和相应的颜色封装在字典当中以方便调用，最终添加图例的土地利用结果如图 4.3.6 所示。

代码链接：https://code.earthengine.google.com/c19cd798fbdd06b0bde9da75176ab08b?hideCode=true。

1. 函数：ui.Panel（widgets，layout，style）

一个可以容纳其他小组件的小组件。使用面板来构建嵌套部件的复杂组合。面板组件可以被添加到 ui.root 中，也就是 web 端的地图加载区域，但不能用 print ( ) 打印到控制台。

参数：

① widgets (List<ui.Widget>|ui.Widget, optional)。要添加到面板上部件的列表或单个部件。默认为一个空数组。

② layout (String|ui.Panel.Layout, optional)。这个面板要使用的布局。如果传入一个字符串，它将被当作该名称的布局构造函数的快捷方式。默认为 'flow'。

③ style (Object, optional)。一个允许的 CSS 样式的对象，其值要为这个小组件设置。参见 style ( ) 文档。

2. 函数：add (widget)

在面板上添加一个部件。

参数：

① this：ui.panel (ui.Panel)。

ui.Panel 实例。

② widget (ui.Widget)。要添加的部件。

代码：

```
// 选择已经分类好的单景影像
var classified = ee.Image("users/ujavalgandhi/e2e/bangalore_classified")
Map.centerObject(classified)
Map.addLayer(classified,
  {min: 0, max: 3, palette: ['red', 'brown', 'blue', 'green']},
'2019');

// 设置面板的大小和位置
var legend = ui.Panel({style: {position: 'middle-right',
padding: '8px 15px'}});
// 设定一个函数用于加载每一个不同的图例标签
var makeRow = function(color, name) {
  var colorBox = ui.Label({
    style: {color: '#ffffff',
      backgroundColor: color,
      padding: '10px',
      margin: '0 0 4px 0',
    }
  });
  var description = ui.Label({
```

```
    value: name,
    style: {
      margin: '0px 0 4px 6px',
    }
  });
  return ui.Panel({
    widgets: [colorBox, description],
    layout: ui.Panel.Layout.Flow('horizontal')}
)};

// 加载一个单独标签, 用于显示图例
var title = ui.Label({
  value: '图例',
  style: {fontWeight: 'bold',
    fontSize: '16px',
    margin: '0px 0 4px 0px'}});
// 加载 5 个标签
legend.add(title);
legend.add(makeRow('red','不透水层'))
legend.add(makeRow('brown','裸地'))
legend.add(makeRow('blue','水域'))
legend.add(makeRow('green','植被'))

// 将加载了标签的面板, 加载到地图上
Map.add(legend);
```

结果如下:

图 4.3.6　添加图例的土地分类结果

4.3.8　不同影像间的波段融合

在遥感大数据时代背景下，基于多源遥感分析的应用在不断增多，无论是地面监测还是土地分类都会使用不同类型的数据更准确地对地物进行评估，因此如何将不同类型的影像几何合并为同一个影像集合就成为研究的重点。在本案例中，通过选取 Sentinel-1 和 Sentinel-2 影像，并且按照一定的要求筛选出所需要的影像时间、位置以及波段属性，完成影像集合的波段的融合。在影像的波段融合过程中，本质是对影像波段的添加，即将已经处理好的一个影像集添加到另外一个影像集合之上，使用到的函数是 addBands ( )。这样做的目的是让合成的影像集合能同时拥有可见光波段和雷达波段，从而更方便将合成的影像进行后续的数据分析。图 4.3.7 为 Sentinel-1 和 Sentinel-2 影像波段融合后的结果。

代码链接：https://code.earthengine.google.com/735c33e5de16c62eb1d34437b5449ca6?hideCode=true。

1. 函数：ee.Filter.listContains (leftField, rightValue, rightField, leftValue)

创建一个一元或二元过滤器，如果左边的操作数（一个列表）包含右边的操作数，则通过。

参数：

① leftField (String, default：null)。左边操作数的选择器。如果指定了 leftValue，就不应该指定。

② rightValue (Object, default：null)。右边操作数的值。如果指定了 rightField，则不应该指定。

③ rightField (String, default：null)。右边操作数的选择器。如果指定了 rightValue，则不应该指定。

④ leftValue (Object, default：null)。左边操作数的值。如果指定了 leftField，就不应该指定。

2. 函数：addBands (srcImg, names, overwrite)

返回一张包含从第一张输入图片中复制的所有波段和从第二张输入图片中选择的波段，可以选择覆盖第一张图片中相同名称的波段。新的图像具有第一个输入图像的元数据和足迹。

参数：

① this：dstImg (Image)。要复制波段的图像。

② srcImg (Image)。含有要复制波段的图像。

③ names (List, default：null)。可选的要复制的频段名称列表。如果省略名称，srcImg 中的所有波段将被复制过来。

④ overwrite（Boolean，default：false）。如果为真，srcImg 中的波段将覆盖 dstImg 中相同名称的波段。否则，新的频段将以数字后缀重新命名（foo 到 foo_1，除非 foo_1 存在，然后 foo_2，除非它存在）。

代码：

```javascript
// 融合 Sentinel-2 和 Sentinel-1 波段用于监督分类
// 加载矢量区域并筛选转化为几何体
var basin = ee.FeatureCollection("WWF/HydroSHEDS/v1/Basins/
hybas_7")
var arkavathy = basin.filter(ee.Filter.eq('HYBAS_ID',
4071139640))
var boundary = arkavathy.geometry()


// 在合并前分别对 Sentinel-2 和 Sentinel-1 影像进行处理
// 筛选影像过程中要选择相同的时间和研究区
// 加载 Sentinel-2 影像
var s2 = ee.ImageCollection('COPERNICUS/S2_SR_HARMONIZED')

// 从 Sentinel-2 SR 影像中去除云和雪像素的功能和波段的选择
function maskCloudAndShadowsSR(image) {
  var cloudProb = image.select('MSK_CLDPRB');
  var snowProb = image.select('MSK_SNWPRB');
  var cloud = cloudProb.lt(10);
  var scl = image.select('SCL');
  var shadow = scl.eq(3); // 3 = cloud shadow
  var cirrus = scl.eq(10); // 10 = cirrus
  // 云覆盖面积小于10% 或云影分类
  var mask = cloud.and(cirrus.neq(1)).and(shadow.neq(1));
  return image.updateMask(mask).divide(10000);
}

// 影像的时间筛选和边界筛选以及去云后的波段选择
var filtered = s2
  .filter(ee.Filter.date('2019-01-01', '2020-01-01'))
  .filter(ee.Filter.bounds(boundary))
  .map(maskCloudAndShadowsSR)
  .select('B.*')

// 裁剪影像
var composite = filtered.median().clip(boundary)
```

```
// 加载 Sentinel-1 影像
var s1 = ee.ImageCollection("COPERNICUS/S1_GRD")
// 对 sentinel1 进行筛选
var filtered = s1
  // 过滤具有 VV 和 VH 双偏振的影像波段
  .filter(ee.Filter.listContains('transmitterReceiverPolarisation',
'VV'))
  .filter(ee.Filter.listContains('transmitterReceiverPolarisation',
'VH'))
  .filter(ee.Filter.eq('instrumentMode', 'IW'))
  // 根据你的位置，将轨迹属性通行证改为 ASCENDING
  .filter(ee.Filter.eq('orbitProperties_pass', 'DESCENDING'))
  .filterDate('2019-01-01', '2020-01-01')
  .filterBounds(boundary)
  .select('V.')

// 平均值合成 sar 数据
var sarComposite = filtered.mean()
// 让 S2 影像加载 S1 的波段
// 可以将上面的 S1 和 S2 影像合成为一个影像集合进行分别分类
var composite = composite.addBands(sarComposite)
print(composite);
```

结果如下：

```
▼Image (14 bands)                                              JSON
    type: Image
  ▼bands: List (14 elements)
    ▶0: "B1", float ∈ [0, 6.553500175476074], EPSG:4326, 3x3 px
    ▶1: "B2", float ∈ [0, 6.553500175476074], EPSG:4326, 3x3 px
    ▶2: "B3", float ∈ [0, 6.553500175476074], EPSG:4326, 3x3 px
    ▶3: "B4", float ∈ [0, 6.553500175476074], EPSG:4326, 3x3 px
    ▶4: "B5", float ∈ [0, 6.553500175476074], EPSG:4326, 3x3 px
    ▶5: "B6", float ∈ [0, 6.553500175476074], EPSG:4326, 3x3 px
    ▶6: "B7", float ∈ [0, 6.553500175476074], EPSG:4326, 3x3 px
    ▶7: "B8", float ∈ [0, 6.553500175476074], EPSG:4326, 3x3 px
    ▶8: "B8A", float ∈ [0, 6.553500175476074], EPSG:4326, 3x3 px
    ▶9: "B9", float ∈ [0, 6.553500175476074], EPSG:4326, 3x3 px
    ▶10: "B11", float ∈ [0, 6.553500175476074], EPSG:4326, 3x3 px
    ▶11: "B12", float ∈ [0, 6.553500175476074], EPSG:4326, 3x3 px
    ▶12: "VV", double, EPSG:4326
    ▶13: "VH", double, EPSG:4326
  ▶properties: Object (1 property)
```

图 4.3.7　Sentinel-1 和 Sentinel-2 影像波段融合

4.3.9 逐年、逐月指数合并下载

随着几十年的卫星影像的累积，长时间序列的影像分析已经成为现在遥感和生态领域的常态，如何快速通过谷歌地球引擎平台获取指定研究区范围内的逐年或逐月影像范围成为重点。本案例通过 expression 公式计算多个指数、先后进行 Landsat 去云、图层影像加载以及 Export 导出等过程，期间利用 for 双循环完成对逐年月影像的筛选，筛选时间的过程中使用了可按照年、月指定的时间单位筛选函数 ee.Filter.calendarRange ( )。此处，各指数的波段拼接使用的是 qualityMosaic ( ) 高质量镶嵌函数。

代码链接：https://code.earthengine.google.com/b99bbae6dd7af9959c08a5960ec2a 518?hideCode=true。

1. 函数：ee.Filter.calendarRange (start, end, field)

如果对象的时间戳落在日历字段的给定范围内，则返回一个通过的过滤器。月、年中的日、月中的日和周中的日是以 1 为基础的。时间被假设为 UTC。周被假定为从星期一开始，即第 1 d。如果 end < start，则测试值 >= start 或值 <= end，以允许包装。本任务中包含了归一化植被指数、比值植被指数、差值植被指数、土壤调节植被指数、增强型植被指数和绿度植被指数。

参数：

① start (Integer)。所需日历字段的起点等。

② end (Integer, default：null)。所需日历字段的结束等。默认为与 start 相同的值。

③ field (String, default："day_of_year")。要过滤的日历字段。选项有：年 "year"、月 "month"、小时 "hour"、分钟 "minute"、年中之日 "day_of_year"、月中之日 "day_of_month" 和周中之日 "ay_of_week"。

代码：

```
// 加载指定研究区
var roi =
    /* color: #d63000 */
    /* displayProperties: [
      {
        "type": "rectangle"
      }
    ] */
    ee.Geometry.Polygon(
        [[[115.58297089511154, 40.8630822504715],
```

```
            [115.58297089511154, 39.55427399591598],
            [117.25289277011154, 39.55427399591598],
            [117.25289277011154, 40.8630822504715]]], null, false);


// Landsat5/7/8 SR 数据去云
function rmCloud(image) {
  var cloudShadowBitMask = (1 << 3);
  var cloudsBitMask = (1 << 5);
  var qa = image.select("pixel_qa");
  var mask = qa.bitwiseAnd(cloudShadowBitMask).eq(0)
                .and(qa.bitwiseAnd(cloudsBitMask).eq(0));
  return image.updateMask(mask);
}


//1. 归一化植被指数 NDVI=(NIR-R)/ (NIR+R)
function NDVI_LANDSAT_8(image) {
                var ndvi = image.normalizedDifference(['B5',
'B4']);
  return image.addBands(ndvi.rename('NDVI'));
}


//2. 比值植被指数 RVI=NIR/R
function RVI(image) {
var rvi = image.expression(
    'NIR / RED ', {
      'NIR': image.select('B5'),
      'RED': image.select('B4')
});
return image.addBands(rvi.rename('RVI'));
}


//3. 差值植被指数 DVI=NIR-R
function DVI(image) {
var dvi = image.expression(
    'NIR - RED ', {
      'NIR': image.select('B5'),
      'RED': image.select('B4')
});
return image.addBands(dvi.rename('DVI'));
}
```

```
//4. 土壤调节植被指数 SAVI=(NIR-R)*(1+0.5)/(NIR+R+0.5)
function SAVI(image) {
var savi = image.expression(
    '((NIR - RED) *(1 + 0.5)) / (NIR + RED + 0.5)', {
      'NIR': image.select('B5'),
      'RED': image.select('B4')
});
return image.addBands(savi.rename('SAVI'));
}

//5. 增强型植被指数 EVI = 2.5* (NIR - Red) / (NIR + 6*Red - 7.5*Blue + 1)
function EVI(image) {
var evi = image.expression(
    '2.5 * ((NIR - RED) / (NIR + 6 * RED - 7.5 * BLUE + 1))', {
      'NIR': image.select('B5'),
      'RED': image.select('B4'),
      'BLUE': image.select('B2')
});
return image.addBands(evi.rename('EVI'));
}

//6. 绿度植被指数 GNDVI = (NIR - Green)/(NIR + Green)
function GNDVI(image) {
              var ndvi = image.normalizedDifference(['B5', 'B3']);
  return image.addBands(ndvi.rename('GNDVI'));
}


// 2014—2020 年影像下载
// Landsat 8 影像
var imageCollection = ee.ImageCollection("LANDSAT/LC08/C01/T1_
SR");
//定义一个变量数字作为循环的次数时间范围的界定
for(var i=2014;i<=2020;i++){
  for(var j=4;j<=10;j++){
    var data_collection = imageCollection.filter(ee.Filter.calen
darRange(j,  j,'month'))
  .filter(ee.Filter.calendarRange(i, i, 'year')).filterBounds(roi)
  .map(function(img) {
    return img.set('day_of_year', img.date().get('year'));
```

```
    })
    .map(rmCloud)
    .map(NDVI_LANDSAT_8)
    .map(RVI)
    .map(DVI)
    .map(SAVI)
    .map(EVI)
    .map(GNDVI)

    print(data_collection,i+"_year_"+j+"_month");

var HY_collection = data_collection.qualityMosaic('NDVI').clip(roi);
        Export.image.toDrive({
      image: HY_collection.select('NDVI').clip(roi),
      description: i+'-'+j+'NDVI',
      scale: 30,
      region: roi,
      maxPixels: 1e13,
      folder: 'wulumuqi'

    })
        //Map.addLayer(HY_collection,{min:0,max:1,palette:palett
e},i+'-'+j+'NDVI');
    var HY_collection = data_collection.qualityMosaic('RVI').
clip(roi);
          Export.image.toDrive({
      image: HY_collection.select('RVI').clip(roi),
      description: i+'-'+j+'RVI',
      scale: 30,
      region: roi,
      maxPixels: 1e13,
      folder: 'wulumuqi'

    })
        Map.addLayer(HY_collection,{},i+'-'+j+'RVI');
    var HY_collection = data_collection.qualityMosaic('DVI').
clip(roi);
          Export.image.toDrive({
      image: HY_collection.select('DVI').clip(roi),
      description: i+'-'+j+'DVI',
```

```
      scale: 30,
      region: roi,
      maxPixels: 1e13,
      folder: 'wulumuqi'

  })
      Map.addLayer(HY_collection,{},i+'-'+j+'DVI');
    var HY_collection = data_collection.qualityMosaic('SAVI').
clip(roi);
        Export.image.toDrive({
      image: HY_collection.select('SAVI').clip(roi),
      description: i+'-'+j+'SAVI',
      scale: 30,
      region: roi,
      maxPixels: 1e13,
      folder: 'wulumuqi'

  })
      Map.addLayer(HY_collection,{},i+'-'+j+'SAVI');
    var HY_collection = data_collection.qualityMosaic('EVI').
clip(roi);
        Export.image.toDrive({
      image: HY_collection.select('EVI').clip(roi),
      description: i+'-'+j+'EVI',
      scale: 30,
      region: roi,
      maxPixels: 1e13,
      folder: 'wulumuqi'

  })
      Map.addLayer(HY_collection,{},i+'-'+j+'EVI');
    var HY_collection = data_collection.qualityMosaic('GNDVI').
clip(roi);
        Export.image.toDrive({
      image: HY_collection.select('GNDVI').clip(roi),
      description: i+'-'+j+'GNDVI',
      scale: 30,
      region: roi,
      maxPixels: 1e13,
      folder: 'wulumuqi'
```

```
    })
    // 影像加载慎用，毕竟影像数量太多了
        //Map.addLayer(HY_collection,{},i+'-'+j+'GNDVI');
    }
}
```

4.3.10　土地分类影像面积统计和精度评定

本节主要目的是对区域影像分类结果的面积统计和经度评定。提前准备好已经筛选出的样本数据，将样本数据进行划分，并分别用于训练和验证两部分，加载 Landsat 8 影像，结合样本点数据构建分类器，最后进行土地分类和经度评价。这个过程中用到两个分类器函数，分别是 Cart（ee.Classifier.smileCart ( )）和随机森林（ee.Classifier.smileRandomForest ( )）。两个分类方法中一个用于构建分类器，另外一个用于样本的分类，分类后不同土地利用类型面积统计结果如图 4.3.8 所示。

代码链接：https://code.earthengine.google.com/67ed30ace4816aa840e9f6ca8d4f151b?hideCode=true。

1. 函数：sampleRegions（collection，properties，scale，projection，tileScale，geometries）

将图像中与一个或多个区域相交的每个像素（在给定的比例下）转换为一个特征，并将它们作为一个特征集合返回。每个输出的特征将在输入图像的每个波段都有一个属性，可以从输入特征中复制任何指定属性。

参数：

① this：image（Image）。要采样的图像。

② collection（FeatureCollection）。要采样的区域。

③ properties（List，default：null）。要从每个输入特征中复制的属性列表。默认为所有非系统属性。

④ scale（Float，default：null）。以 m 为单位的投影取样的名义比例。如果没有指定，则使用图像的第一个波段的比例。

⑤ projection（Projection，default：null）。要采样的投影。如果没有指定，则使用图像的第一个波段的投影。如果与 scale 同时指定，则按指定的比例重新调整。

⑥ tileScale（Float，default：1）。用于减小聚合瓦片尺寸的缩放系数；使用较大的 tileScale（例如 2 或 4）可能会使计算在默认情况下耗尽内存。

⑦ geometries（Boolean，default：false）。如果为真，结果将包括每个采样像素

的一个点的几何图形。否则，geometries 将被省略（节省内存）。

2. 函数：classify（classifier，outputName）

对一个图像进行分类。

参数：

① this：image（Image）。要分类的图像。频段是按名称从该图像中提取的，它必须包含分类器模式中命名的所有频段。

② classifier（Classifier）。要使用的分类器。

③ outputName（String，default："classification"）。要添加的波段的名称。如果分类器产生 1 个以上的输出，这个名字会被忽略。

3. 函数：ee.Classifier.smileCart（maxNodes，minLeafPopulation）

创建一个空的 CART 分类器。

参数：

① maxNodes（Integer，default：null）。每个树中叶子节点的最大数量。如果没有指定，则默认为没有限制。

② minLeafPopulation（Integer，default：1）。只创建训练集至少包含这个点数的节点。

4. 函数：ee.Classifier.smileRandomForest（numberOfTrees，variablesPerSplit，min LeafPopulation，bagFraction，maxNodes，seed）

创建一个空的随机森林分类器。

参数：

① numberOfTrees（Integer）。要创建的决策树的数量。

② variablesPerSplit（Integer，default：null）。每个分叉的变量数量。如果没有指定，则使用变量数量的平方根。

③ minLeafPopulation（Integer，default：1）。只创建训练集至少包含这个点数的节点。

④ bagFraction（Float，default：0.5）。每棵树输入袋的分数。

⑤ maxNodes（Integer，default：null）。每棵树中叶子节点的最大数量。如果没有指定，默认为没有限制。

⑥ seed（Integer，default：0）。随机化的种子。

5. 函数：ui.Chart.image.byClass（image，classBand，region，reducer，scale，class Labels，xLabels）

从图像中生成一个图表。绘制图像中分类区域的衍生波段值。

X 轴 = 波段名称（除分类波段外的所有波段都被绘制成图）。

Y 轴 = 波段值。

Series = 类别标签。

参数：

① image（Image）。从分类图像中得出波段值。

② classBand（Number|String）。这张图片中的类标签带。

③ region（Feature|FeatureCollection|Geometry，optional）。要减少的区域。如果省略，则使用整个图像。

④ reducer（Reducer，optional）。为 Y 轴生成数值的还原器。必须为每个波段返回一个单一的值。默认为 ee.Reducer.mean（）。

⑤ scale（Number，optional）：与 reducer 一起使用的刻度，单位为 m。

⑥ classLabels（List.<String>|List<String>|Object，optional）。用于识别系列图例中类的标签字典。如果省略，类将用 classBand 的值来标示。

⑦ xLabels（List<Object>，optional）。用于标记 xAxis 上的波段的标签的列表。必须比图像带的数量少一个元素。如果省略，条带将被标记为它们的名字。如果标签是数字的（例如波长），X 轴将是连续的。

6. 函数：randomColumn（columnName，seed，distribution）

在一个集合中添加一列确定性的伪随机数。输出是双精度的浮点数字。当使用"均匀"分布（默认）时，输出在［0，1］的范围内。使用"正态"分布，输出有 $\mu=0$，$\sigma=1$，但没有明确的限制。

参数：

① this：collection（FeatureCollection）。要添加随机列的输入集合。

② columnName（String，default："random"）。要添加的列的名称。

③ seed（Long，default：0）。生成随机数时使用的种子。

④ distribution（String，default："uniform"）。要产生的随机数的分布类型；"均匀"或"正常"中的一种。

代码：

```
// 加载 Landsat 8 影像
var l8raw = ee.ImageCollection("LANDSAT/LC08/C01/T1"),
    region =
    /* color: #d63000 */
    /* shown: false */
    ee.Geometry.Polygon(
        [[[116.05268478746702, 40.130337763429054],
          [116.05268478746702, 40.00422206451026],
          [116.21747970934202, 40.00422206451026],
```

```
            [116.21747970934202, 40.130337763429054]]], null, false),
        training = ee.FeatureCollection("users/ujaval/ee101-india/
training");
```

```
// 用上传的矢量进行分类的简单演示
// 训练是一个包含 GCP 的 shapefile
// 形状文件有一个名为 " 土地覆盖 " 的属性
// 用于训练分类器
```

```
Map.centerObject(region);
```

```
// 使用 Landsat SimpleComposite 作为输入图像
var image = ee.Algorithms.Landsat.simpleComposite({
    collection: l8raw.filterDate('2017-01-01', '2017-12-31'),
    asFloat: true
});
```

```
// 展示影像 RGB
Map.addLayer(image, {bands: ['B4', 'B3', 'B2'], min: 0, max:
0.3}, 'image');
// 展示训练点的数据
Map.addLayer(training);
// 用一下波段进行预测
var bands = ['B2', 'B3', 'B4', 'B5', 'B6', 'B7', 'B10'];
```

```
// 将该点叠加在图像上以获得训练数据
var training = image.select(bands).sampleRegions({
    collection: training,
    properties: ['landcover'],
    scale: 30
});
```

```
// 训练一个分类器
var classifier = ee.Classifier.smileCart().train({
    features: training,
    classProperty: 'landcover',
    inputProperties: bands // 不同波段作为输入数据进行训练
```

```
});
print(classifier.explain());

// 进行分类
var classified = image.select(bands).classify(classifier);
Map.addLayer(classified.clip(region), {min: 0, max: 3, palette:
['gray', 'brown', 'blue', 'green']}, 'cart');

// 在感兴趣的区域内绘制每个分类的面积图
var areaChart = ui.Chart.image.byClass({
  image: ee.Image.pixelArea().addBands(classified),
  classBand: 'classification',
  region: region,
  scale: 30,
  reducer: ee.Reducer.sum(),
  classLabels: ['urban', 'bare', 'water', 'vegetation']
}).setOptions({
  hAxis: {title: 'Classes'},
  vAxis: {title: 'Area m^2'},
  title: 'Area by class',
  series: {
    0: { color: 'gray' },
    1: { color: 'brown' },
    2: { color: 'blue' },
    3: { color: 'green' }
  }
});
print(areaChart);

// 精度评定
// 在训练数据中添加一列随机数
var withRandom = training.randomColumn();

// 大约 70% 的训练样本
var trainingPartition = withRandom.filter(ee.Filter.lt('random',
0.7));
// 大约 30% 的验证样本
```

```
var testingPartition = withRandom.filter(ee.Filter.gte('random',
0.7));

// 用70%的数据进行训练，用随机森林进行分类
var trainedClassifier = ee.Classifier.smileRandomForest(50).
train({
    features: trainingPartition,
    classProperty: 'landcover',
    inputProperties: bands
});

// 按照训练后的结果对验证样本进行分类。
var test = testingPartition.classify(trainedClassifier);

// 混淆举证进行精度评定
var confusionMatrix = test.errorMatrix('landcover', 'classification');
print(confusionMatrix);
```

结果：

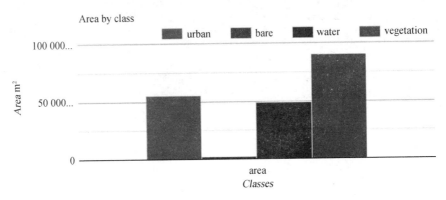

图4.3.8 土地分类直方图

4.3.11 单景影像批量下载

在长时间序列或气象数据的研究中，大多数情况下要获取打算研究区内的所有单景影像，本节主要目的是通过指定一个研究区，将研究区所在影像利用逐个影像的 ID 值来进行影像集合遍历，并且利用 for 循环进行逐景影像的下载。最终 Task 任务中心的结果如图 4.3.9 所示。

代码链接：https://code.earthengine.google.com/a43abb13a6e20f21602c719dc66b3 f08?hideCode=true。

1. 函数：reduceColumns（reducer，selectors，weightSelectors）

对一个集合的每个元素应用一个还原器，使用给定选择器来确定输入。返回一个结果的字典，以输出名称为键。

参数：

① this：collection（FeatureCollection）。要聚合的集合。

② reducer（Reducer）。要应用的还原器。

③ selectors（List）。一个选择器，用于还原器的每个输入。

④ weightSelectors（List，default：null）。为还原器的每个加权输入的选择器。

代码：

```
//Landsat5/7/8 SR数据去云
function rmCloud(image) {
  var cloudShadowBitMask = (1 << 3);
  var cloudsBitMask = (1 << 5);
  var qa = image.select("pixel_qa");
  var mask = qa.bitwiseAnd(cloudShadowBitMask).eq(0)
                    .and(qa.bitwiseAnd(cloudsBitMask).eq(0));
  return image.updateMask(mask);
}


// 如果选择框选研究区（点、线和面），也是这样的
var geometry = /* color: #d63000 */ee.Geometry.Point([112.4416430
886912, 37.81105358006789]);


// 影像集合
var image = ee.ImageCollection("LANDSAT/LT05/C01/T1_SR").filterBounds
(geometry)
                .filterDate("2010-1-1", "2011-1-1")
                .map(rmCloud);

print("image", image);


// 加载图层
Map.centerObject(geometry, 8);
Map.addLayer(image, {min:0, max:3000, bands:["B4","B3","B2"]},
```

```
"image");
Map.addLayer(geometry, {color: "blue"}, "geometry");
```

```
// 影像集合导出方法
function exportimage(imageCollection) {
```
```
// 获取影像集合中每一个影像的名称
  var indexList = imageCollection.reduceColumns(ee.Reducer.toList(),
["system:index"])
                                  .get("list");
```
```
// 枚举列表中的每一张影像信息
  indexList.evaluate(function(indexs) {
    for (var i=0; i<indexs.length; i++) {
```
```
// 遍历每一张影像，循环影像即可
      var image = imageCollection.filter(ee.Filter.eq("system:
index", indexs[i])).first();
```
// 这里的类型有时候会报错，所以加一个 `toInt()`，有时候错误类型会提示，根据要求改就行了
```
      image = image.toInt16();
```
// 导出影像至硬盘
```
      Export.image.toDrive({
        image: image.clip(geometry),
        description: 'Landsat5'+indexs[i],
        fileNamePrefix: 'Landsat5 collecetion'+indexs[i],
        region: geometry,
        scale: 30,
        crs: "EPSG:4326",
        maxPixels: 1e13
      });
    }
  });
}
```

```
// 最后就是应用函数：
exportimage(image);
```

结果：

图 4.3.9　单景影像批量下载

4.3.12　人口预测分析

本节主要任务是通过世界各国人口数据来估算未来人口数量。这里用到了线性回归计算来估计和预测。本例中，我们将使用日本东京区域的人口作为研究对象分别估算 1980 和 2100 年区间人口的变化趋势，最终的人口预测分析结果如图 4.3.10 所示。

代码链接：https://code.earthengine.google.com/6ec9d1cb4c7055810e9c1ea772510d0a?hideCode=true。

1. 函数：metadata（property，name）

从一个元数据属性生成一个双倍类型的常量图像。

参数：

① this：image（Image）。要获取元数据的图像。

② property（String）。要取值的属性。

③ name（String，default：null）。输出带的名称。如果没有指定，它将与属性名称相同。

2. 函数：ee.Filter.inList（leftField，rightValue，rightField，leftValue）

对一个列表中包含的元数据进行过滤。过滤后的数据返回构建的过滤器。常用于对应属性列表中特定属性值的选取。

① leftField（String，optional）。左操作数的选择器。如果指定了 leftValue，则不应指定。

② rightValue（List<Object>|Object，optional）。右操作数的值。如果指定了 rightField，则不应指定。

③ rightField（String，optional）。右操作数的选择器。如果指定了 rightValue，则不应指定。

④ leftValue（List<Object>|Object，optional）。左操作数的值。如果指定了 leftField，则不应指定。

3. 函数：ee.Filter.equals（leftField，rightValue，rightField，leftValue）

创建一个单数或双数过滤器，如果两个操作数相等，则通过。

参数：

① leftField（String，default：null）。左边操作数的选择器。如果指定了 leftValue，就不应该指定。

② rightValue（Object，default：null）。右边操作数的值。如果指定了 rightField，则不应该指定。

③ rightField（String，default：null）。右边操作数的选择器。如果指定了 rightValue，则不应该指定。

④ leftValue（Object，default：null）。左边操作数的值。如果指定了 leftField，就不应该指定。

代码：

```
// 加载研究区
var geometry =
    /* color: #0b4a8b */
    /* displayProperties: [
      {
        "type": "rectangle"
      }
    ] */
```

```
ee.Geometry.Polygon(
    [[[139.07075290346427, 36.545426179379135],
      [139.07075290346427, 35.94291617978264],
      [140.08149509096427, 35.94291617978264],
      [140.08149509096427, 36.545426179379135]]], null, false);
```

```
// 加载全球人口数据集
var worldPop = ee.ImageCollection("WorldPop/POP")
```

```
// 将函数添加时间作为一个波段
var addTime = function(image) {
  // 用一个大的常数来衡量毫秒，以避免线性回归输出中出现非常小的斜率
    return image.addBands(image.metadata('system:time_start').
divide(1e18));
};
```

```
// 选择国家并添加时间波段
var wp =  worldPop
  .filter(ee.Filter.inList('country', ['JPN']))
  .filter(ee.Filter.equals('UNadj', 'yes')).map(addTime)
  .select(['system:time_start', 'population']);
```

```
// 设定图层参数
var display = {
  title: "worldpop data",
  fontSize: 12,
  hAxis: {title: 'Year'},
  vAxis: {title: "population density"}};
```

```
// 曲线图
print(ui.Chart.image.series({imageCollection:wp,
                                region:geometry,
                                reducer:ee.Reducer.mean(),
                                scale:100}).setOptions(display));
```

```
// 线性计算
var wp =  worldPop
```

```
    .filter(ee.Filter.inList('country', ['JPN']))
    .filter(ee.Filter.equals('UNadj', 'yes')).map(addTime)
    .select(['system:time_start', 'population'])
    .reduce(ee.Reducer.linearFit());


// 创建时间序列
var years = ee.List.sequence(1980,2100,1);


// 遍历函数
var collection = ee.ImageCollection(years.map(function(y){
// 将时间转化为毫秒
  var t = ee.Date.fromYMD(y,1,1).millis();
// 利用截距和斜率来构建预测模型
  var img = wp.select("offset").add(wp.select("scale").multiply
(t.divide(1e18)));
  return img.set("system:time_start",t);
  }));


// 对指定的研究区人口数据进行预测
print(ui.Chart.image.series({imageCollection:collection,
                              region:geometry,
                              reducer:ee.Reducer.mean(),
                              scale:100}).setOptions(display));


// 设置影像色彩
var viz = {min:0.0, max:50, palette:"F3FEEE,00ff04,075e09,0000FF
,FDFF92,FF2700,FF00E7"};


// 估计两 1980~2100 年的人口
var img1980 = collection.filterDate(ee.Date.fromYMD(1980,1,1),
ee.Date.fromYMD(1980,12,31));
var img2100 = collection.filterDate(ee.Date.fromYMD(2100,1,1),
ee.Date.fromYMD(2100,12,31));

// 加载两个时期的人口影像
Map.addLayer(ee.Image(img1980.first()),viz,"1980");
Map.addLayer(ee.Image(img2100.first()),viz,"2100");
```

结果：

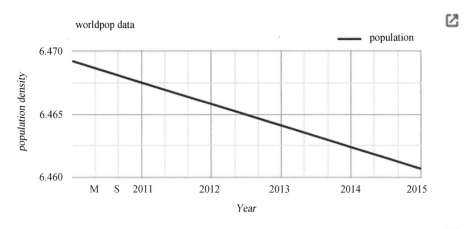

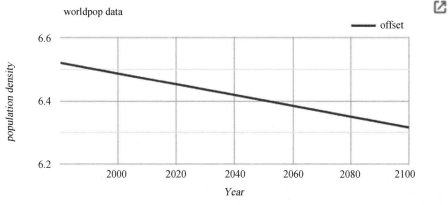

图 4.3.10 两个时间段的预测结果

4.3.13 监督分类

在遥感领域，影像分类是将影像中的所有像素归入有限数量标记的土地覆盖或土地利用类别。由此产生的分类图像是由原始图像衍生出简化专题图。土地覆盖和土地利用信息对许多环境和社会经济应用至关重要，包括自然资源管理、城市规划、生物多样性保护和农业监测。本节主要任务是通过在线画图工具进行不同土地类型区域特征点的选取，并作为训练样本，将训练样本中的每一个样本点都赋予特定的属性，这里一般指不同地类的属性和每个地类所划分的系统排序。将样本点进行训练，获取样本数据，按照不同的分类器进行分类，这里可以选择Cart、随机森林、支持向量机和贝叶斯等分类方法。以上方法都可以用到分类回归树的建立和土地分类中。最终的监督分类结果如图 4.3.11 所示。

代码链接：https://code.earthengine.google.com/c31fc29bbd979437b7c3ddf1e4d9e c2d?hideCode=true。

1. 函数：merge（collection2）

将两个集合合并成一个。其结果是拥有两个集合中的所有元素。第一个集合的元素的 ID 前缀为"1_"，第二个集合的元素的 ID 前缀为"2_"。注意：如果有很多集合需要合并，可以考虑把它们都放在一个集合中，然后用 Feature Collection.flatten（）代替。反复使用 FeatureCollection.merge（）会导致元素 ID 越来越长，性能下降。

参数：

① this：collection1（FeatureCollection）。第一个要合并的集合。

② collection2（FeatureCollection）。第二个要合并的集合。

2. 函数：explain（）

描述一个训练要素分类器的结果。

参数：

this：classifier（Classifier）。要描述的分类器。

3. 函数：classify（classifier，outputName）

对一个图像进行分类。

参数：

① this：image（Image）。要分类的图像。频段是按名称从该图像中提取的，它必须包含分类器模式中命名的所有频段。

② classifier（Classifier）。要使用的分类器。

③ outputName（String，default："classification"）。要添加的波段的名称。如果分类器产生 1 个以上的输出，这个名字会被忽略。

4. 函数：ee.Classifier.smileCart（maxNodes，minLeafPopulation）

创建一个空的 CART 分类器。

参数：

① maxNodes（Integer，default: null）。每个树中叶子节点的最大数量。如果没有指定，默认为没有限制。

② minLeafPopulation（Integer，default: 1）。只创建训练集至少包含这个点数的节点。

5. 函数：ee.Classifier.smileRandomForest（numberOfTrees，variablesPerSplit，min LeafPopulation，bagFraction，maxNodes，seed）

创建一个空的随机森林分类器。

参数：

① numberOfTrees（Integer）。要创建的决策树的数量。

② variablesPerSplit（Integer, default: null）。每个分叉的变量数量。如果没有指定，则使用变量数量的平方根。

③ minLeafPopulation（Integer, default: 1）。只创建训练集至少包含这个点数的节点。

④ bagFraction（Float, default: 0.5）。每棵"树"的输入袋的分数。

⑤ maxNodes（Integer, default: null）。每棵树中叶子节点的最大数量。如果没有指定，默认为没有限制。

⑥ seed（Integer, default: 0）。随机化的种子。

6. 函数：ee.Classifier.libsvm（decisionProcedure, svmType, kernelType, shrinking, degree, gamma, coef0, cost, nu, terminationEpsilon, lossEpsilon, oneClass）

创建一个空的支持向量机分类器。

参数：

① decisionProcedure（String, default: "Voting"）。用于分类的决策程序。要么是"投票"，要么是"差值"。不用于回归。

② svmType（String, default: "C_SVC"）。SVM 的 类 型。C_SVC、NU_SVC、ONE_CLASS、EPSILON_SVR 或 NU_SVR。

③ kernelType（String, default: "LINEAR"）。内核类型。LINEAR（$u' \times v$）、POLY（$(\gamma \times u' \times v + coef_0)^{degre}$）、RBF（$\exp(-\gamma \times |u-v|^2)$）或 SIGMOID（$\tanh(\gamma \times u' \times v + coef_0)$）中的一种。

④ shrinking（Boolean, default: true）。是否使用缩减启发式方法。

⑤ degree（Integer, default: null）。多项式的阶数。对 POLY 内核有效。

⑥ gamma（Float, default: null）。核函数中的 gamma 值。默认为特征数的倒数。对 POLY、RBF 和 SIGMOID 内核有效。

⑦ coef0（Float, default: null）。核函数中的 $coef_0$ 值。默认为 0，对 POLY 和 SIGMOID 内核有效。

⑧ cost（Float, default: null）。成本（C）参数。默认值为 1。只对 C-SVC、epsilon-SVR 和 nu-SVR 有效。

⑨ nu（Float, default: null）。nu 参数。默认值为 0.5。只对 nu-SVC、单类 SVM 和 nu-SVR 有效。

⑩ terminationEpsilon（Float, default: null）。终止准则的公差（e）。默认为 0.001。只对 epsilon-SVR 有效。

⑪ lossEpsilon（Float, default: null）。损失函数中的 epsilon（p）。默认为 0.1。只对 epsilon-SVR 有效。

⑫ oneClass（Integer, default: null）。训练数据的类别，在单类 SVM 中对其进

行训练。默认为 0。只对单类 SVM 有效。分类器的输出是二进制的（0/1），对于确定属于该类的数据，将与该类值相匹配。

7. 函数：ee.Classifier.minimumDistance（metric, kNearest）

为给定的距离指标创建一个最小距离分类器。在 CLASSIFICATION（分类）模式下，会返回最近的类。在 REGRESSION 模式下，返回到最近的类中心的距离。在 RAW 模式下，返回到每个类中心的距离。

参数：

① metric（String, default: "euclidean"）。要使用的距离度量。选项包括：

'euclidean'—与未归一化的类平均值的 euclidean 距离。

'cosine'—与未归一化的类平均值的光谱角度。

'mahalanobis'—与类平均值的 Mahalanobis 距离。

② kNearest（Integer, default: 1）。如果大于 1，结果将包含一个基于输出模式设置的 k 个最近的邻居或距离的数组。如果 kNearest 大于班级总数，它将被设置为等于分类的数量。

8. 函数：errorMatrix（actual, predicted, order）

通过比较一个集合的两列来计算一个二维误差矩阵：一列包含实际值，一列包含预测值。这些值应该是连续的小整数，从 0 开始。

参数：

① this：collection（FeatureCollection）。输入的集合。

② actual（String）。包含实际值的属性名称。

③ predicted（String）。包含预测值的属性名称。

④ order（List, default: null）。一个预期值的列表。如果没有指定这个参数，则假定这些值是连续的，并且跨越了 0 到 maxValue 的范围。如果指定，则只使用与该列表相匹配的值，并且矩阵将具有与该列表相匹配的尺寸和顺序。

代码：

```
// 这里只展示核心代码，训练样本的代码请通过链接查看，这里只展示部分
// 城区
var urban = ee.FeatureCollection(
        [ee.Feature(
            ee.Geometry.Point([-122.40898132324219, 37.782473
86188714]),
            {
                "landcover": 0, // 设定两个属性，其中一个是分类代码
                "system:index": "0" // 另一个是所在分类的序列号
            }),
```

```
    ee.Feature(
        ee.Geometry.Point([-122.40623474121094, 37.771076596
27034]),
        {
            "landcover": 0,
            "system:index": "1"
        })])
// 植被
Var vegetation = /* color: #3b8b00 */ee.FeatureCollection(
    [ee.Feature(
        ee.Geometry.Point([-122.15835571289062, 37.8199096
4729775]),
            {
            "landcover": 1,
            "system:index": "0"
            }),
    ee.Feature(
        ee.Geometry.Point([-122.14462280273438, 37.806890656
610484]),
            {
            "landcover": 1,
            "system:index": "1"
            })])
// 水域
var  water = /* color: #0300ff */ee.FeatureCollection(
    [ee.Feature(
        ee.Geometry.Point([-122.61085510253906, 37.83509556
8009415]),
            {
            "landcover": 2,
            "system:index": "0"
            }),
    ee.Feature(
        ee.Geometry.Point([-122.60673522949219, 37.816655114
8543]),
            {
            "landcover": 2,
            "system:index": "1"
            }),
```

```
// 筛选指定时间范围内的 Landsat8 影像
var landsatCollection = ee.ImageCollection('LANDSAT/LC08/C01/T1')
    .filterDate('2020-01-01', '2020-12-31');

// 利用在线的去云算法进行影像合成
var composite = ee.Algorithms.Landsat.simpleComposite({
  collection: landsatCollection,
  asFloat: true
});

// 将已经选好的三个样本合并在一起，成为一个新的集合
var newfc = urban.merge(vegetation).merge(water);

// 选取分类所需的影像波段
var bands = ['B2', 'B3', 'B4', 'B5', 'B6', 'B7'];
// 选择分类的属性，这个属性是我们在进行样本点选取的过程中给单个矢量添加的
属性
var classProperty = 'landcover';
// 生成训练数据，每个训练数据属性包含已选取影像波段和类别
var training = composite.select(bands).sampleRegions({
  collection: newfc,
  properties: [classProperty],
  scale: 30
});

// 创建一个分类回归树，此处用的是 cart 分类回归
var classifier = ee.Classifier.smileCart().train({
  features: training,
  classProperty: classProperty,
});

// 可以使用以下方法来进行回归树的创建
// 使用随机森林方法的分类
// var classifier = ee.Classifier.smileRandomForest(100).train({
//    features: training,
//    classProperty: classProperty,
// });
// print('RandomForest, explained', classifier.explain());
```

```
// 使用支持向量机的分类
// var classifier = ee.Classifier.libsvm().train({
//    features: training,
//    classProperty: classProperty,
// });
// print('svm, explained', classifier.explain());

// 使用贝叶斯分类
// var classifier = ee.Classifier.smileNaiveBayes().train({
//    features: training,
//    classProperty: classProperty,
// });
// print('NaiveBayes, explained', classifier.explain());

// 使用零近距离分类
// var classifier = ee.Classifier.minimumDistance().train({
//    features: training,
//    classProperty: classProperty,
// });
// print('decisionTree, explained', classifier.explain());

// 显示分类树一些信息
print('CART, explained', classifier.explain());
// 进行分类
var classified = composite.classify(classifier);
Map.centerObject(newfc);
// 显示分类结果
Map.addLayer(classified, {min: 0, max: 2, palette: ['red',
'green', 'blue']});
// 从训练样本中随机选取作为验证数据集
var withRandom = training.randomColumn('random');
// 训练样本数据的划分，70% 训练，30% 测试
var split = 0.7;
var trainingPartition = withRandom.filter(ee.Filter.lt('random',
split));
var testingPartition = withRandom.filter(ee.Filter.gte('random',
split));

// 可以将上面的方法用到此处来确定不同分类模型的差异
// 创建随机森林训练数据
```

```
var trainedClassifier = ee.Classifier.smileRandomForest(5).
train({
    features: trainingPartition,
    classProperty: classProperty,
    inputProperties: bands
});

// 分类测试数据集
var test = testingPartition.classify(trainedClassifier);

// 计算混淆矩阵
var confusionMatrix = test.errorMatrix(classProperty, 'classific
ation');
print('Confusion Matrix', confusionMatrix);
```

结果如下：

图 4.3.11　随机森林土地分类结果

4.3.14　非监督分类

在无监督分类中，我们有一个与有监督分类相反的过程。首先确定划分类别和数量，然后被归类，然后再进行聚类分析和分类。因此，在地球引擎中，这些分类器是 ee.Clusterer 对象。它们是自主学习的算法，不使用一组标记的训练数据（即它们是"无监督的"）。你可以把它想象成执行一项你以前没有经历过的任务，即从收集尽可能多的信息开始。与监督分类类似，地球引擎中的无监督分类也有这样的工作流程。

分析具有相同数字属性的特征，在其中寻找聚类（训练数据）；

选择并实例化一个聚类器；

用训练数据训练聚类器；

将聚类器应用于场景（分类）；

对聚类进行标记。

本节主要目的是利用谷歌地球引擎中的 Kmeans 聚类函数 ee.Clusterer.wekaKMeans 来完成指定区域的非监督分类结果，结果如图 4.3.12 所示。

代码链接：https://code.earthengine.google.com/375ffd1ba5f259d92bf1b2a70e7542c2?hideCode=true。

1. 函数：ee.Clusterer.wekaKMeans（nClusters, init, canopies, maxCandidates, periodicPruning, minDensity, T1, T2, distanceFunction, maxIterations, preserveOrder, fast, seed）

使用 k means 算法对数据进行聚类。可以使用欧氏距离（默认）或曼哈顿距离。如果使用曼哈顿距离，那么中心点将被计算为分量上的中位数而不是平均值。

参数：

① nClusters（Integer）。集群的数量。

② init（Integer, default: 0）。使用的初始化方法。0= 随机，1=k-means++，2=canopy，3=farthest first。

canopies（Boolean, default: false）。使用 canopies 来减少距离计算的次数。

③ maxCandidates（Integer, default: 100）。使用树冠聚类时，任何时候在内存中保留的候选树冠的最大数量。T2 距离加上数据特性，将决定在进行定期和最终修剪之前形成多少个候选树冠，这可能导致内存消耗过大。这个设置可以避免大量的候选树冠消耗内存。

④ periodicPruning（Integer, default: 10000）。当使用树冠聚类时，多久修剪一次低密度树冠。

⑤ minDensity（Integer, default: 2）。使用树冠聚类时的最小树冠密度，低于该密度的树冠将在定期修剪中被修剪。

⑥ T1（Float, default: −1.5。使用树冠聚类时要使用的 T1 距离。一个 <0 的值被当作 T2 的正数倍。

⑦ T2（Float, default: −1。使用冠层聚类时要使用的 T2 距离。值 <0 会导致使用基于属性标准差的启发式方法。

⑧ distanceFunction（String, default: "Euclidean"）。要使用的距离函数

⑨ maxIterations（Integer, default: null）。迭代的最大次数。

⑩ preserveOrder（Boolean, default: false）。保留实例的顺序。

⑪ fast（Boolean, default: false）。启用更快的距离计算，使用切分值。禁用平方误差 / 距离的计算 / 输出。

⑫ seed（Integer, default: 10）。随机化种子。

2. 函数：cluster（clusterer, outputName）

将聚类器应用于一幅图像。返回一个新的图像，其中包含一个从 0 到 N 的单带，表示每个像素被分配到哪个群组。

参数：

① this：image（Image）。要聚类的图像。必须包含聚类器模式中的所有条带。

② clusterer（Clusterer）。要使用的聚类器。

③ outputName（String, default: "cluster"）。输出带的名称。

代码：

```
// 加载预先计算的 Landsat 复合影像以供输入
var input = ee.Image('LANDSAT/LE7_TOA_1YEAR/2001');

// 定义一个区域，在其中生成输入样本
var region = ee.Geometry.Rectangle(111, 40, 111.5, 40.5);

// 显示样本区域
Map.setCenter(111, 40.5, 8);
Map.addLayer(ee.Image().paint(region, 0, 2), {}, 'region');

// 制作训练数据集
var training = input.sample({
  region: region,
  scale: 30,
  numPixels: 5000
});

// 实例化聚类器并训练它
// 这里我们设定分类数量为 15 个
var clusterer = ee.Clusterer.wekaKMeans(15).train(training);

// 使用经过训练的聚类器对输入进行聚类
var result = input.cluster(clusterer);
```

```
// 用随机颜色显示集群
Map.addLayer(result.randomVisualizer(), {}, 'clusters');
```

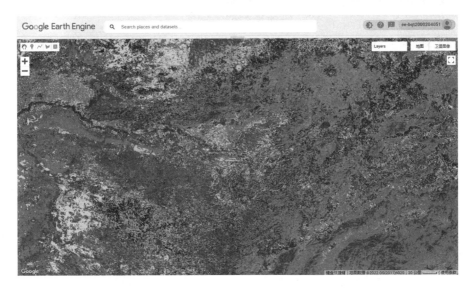

图 4.3.12　非监督分类结果

4.3.15　不同季节气温和海拔分析

气温和海拔一直都是研究的重点，同时不同季节随着海拔的变化也较多，在谷歌地球引擎中，我们同样可以沿着直线获取最多 2 000 公里之内的气温沿海拔的变化情况。这里使用的高程数据为 USGS/GMTED2010 中的 be75 波段作为高程分析，使用的 Landsat 8 TOA 数据中的 B10 波段，并将开尔文值转化为摄氏度，分别将冬季和夏季的气温与高程以及沿线的距离加载到一张图表上，这里使用数据图表 ui.Chart.array.values () 数组值函数来进行分析，最终分析结果如 4.3.13 图所示。

代码链接：https://code.earthengine.google.com/db7a70df55e74fe8b627d613d764933c?hideCode=true。

1. 函数：ui.Chart.array.values (array, axis, xLabels)
从数组生成图表。沿给定轴为每个一维向量绘制单独的序列。

X 轴（X-axis）：沿轴的数组索引，可选地由 xLabels 标记。

Y 轴（Y-axis）：值。

系列（Series）：由非轴阵列轴的索引描述，也就是图例。

返回一个图表。

参数：

① array（Array|List<Object>）。数组到图表。

② axis（Number）。生成一维向量序列的轴。

③ xLabels（Array|List<Object>，optional）。图表 x 轴上的刻度标签。

2. 函数：distance（right，maxError，proj）

返回两个特征的几何图形之间的最小距离。在 GEE 中的这里最大的距离限制为 2 000 公里。

参数：

① this：left（Element）。包含几何体的特征，可作为操作的左边操作数。

② right（Element）。包含几何体的特征，可作为操作的右边操作数。

③ maxError（ErrorMargin，default: null）。在执行必要的重新投影时可以容忍的最大误差量。

④ proj（Projection，default: null）。执行该操作的投影。如果没有指定，操作将在球面坐标系中进行，线性距离将以球面上的米为单位。

3. 函数：slice（axis，start，end，step）

创建一个子数组，沿着给定的轴从"开始"（包括）到"结束"（不包括）的每个位置按"步长"的增量进行切分。结果将有和输入一样多的维度，并且在所有方向上都有相同的长度，除了切片轴，长度将是沿着'轴'的输入数组长度范围内的从'开始'到'结束'的'步长'的位置数。这意味着，如果 start=end，或者 start 或 end 值完全超出范围，结果可能是：沿给定轴的长度为 0。

参数：

① this：array（Array）。要切分的数组。

② axis（Integer，default: 0）。要切分的轴。

③ start（Integer，default: 0）。沿着"轴"的第一个切片的坐标（包括）。负数用于定位相对于数组末端的切片开始，其中 –1 开始于轴上的最后一个位置，–2 开始于倒数第二个位置。

④ end（Integer，default: null）。停止切片的坐标（独占）。默认情况下，这将是给定轴的长度。负数用于定位相对于阵列末端的切片结束，其中 –1 将排除最后一个位置，–2 将排除最后两个位置。

⑤ step（Integer，default: 1）。沿着"轴"的切片之间的间隔；从"开始"（包括）到'结束'（不包括），每一个整数倍的"步长"都会有一个切片。必须是正数。

4. 函数：project（axes）

通过指定要保留的轴，将一个数组投影到一个较低维的空间。丢弃的轴必须最多长度为 1。

参数：

① this：array（Array）。要投影的数组。

② axes（List）。要投射到的坐标轴。其他轴将被丢弃，并且最多长度为 1。

代码：

```
// 加载两个点
var xi = [88.6407136972926, 29.810729116109364];
var dong = [103.5821199472926, 30.115303975531013];
// 设定研究区是两个点构建的直线
var geometry = ee.Geometry.LineString([xi, dong]);


// 获得 1 年的温度数据
var landsat8Toa = ee.ImageCollection('LANDSAT/LC08/C01/T1_TOA');
var temperature = landsat8Toa.filterBounds(geometry)
    .select(['B10'], ['temp']) // 修改温度波段名称 'B10' 改为 'temp'
    .map(function(image) {
        // 开尔文值转换为摄氏度
      return image.subtract(273.15)
        .set('system:time_start', image.get('system:time_start'));
    });


// 计算季节性温度和海拔的波段；合成为一张图像
// 计算夏季的气温
var summer = temperature.filterDate('2014-06-21', '2014-09-23')
    .reduce(ee.Reducer.mean())
    .select([0], ['summer']);
// 计算冬季的气温
var winter = temperature.filterDate('2013-12-21', '2014-03-20')
    .reduce(ee.Reducer.mean())
    .select([0], ['winter']);


// 提取高程剖面图
var elevation = ee.Image("USGS/GMTED2010")

// 设定起始点
var startingPoint = ee.FeatureCollection(ee.Geometry.Point
(dong));
```

```
// 设定起始点延直线距离的间隔
var distance = startingPoint.distance(15000000);
// 将高程与冬季与夏季波段合成
var image = distance.addBands(elevation).addBands(winter).
addBands(summer);

// 沿几何线提取带值b波段
// 将高程、距离、冬季和夏季气温列表进行数组化
var array = image.reduceRegion(ee.Reducer.toList(), geometry, 1000)
                .toArray(image.bandNames());
print(array)

// 按照与起点的距离对线性进行分割和排序
var distances = array.slice(0, 0, 1);
array = array.sort(distances);

// 创建用于制作图表的数组
// 对于Y轴的获取（第一个参数默认就是0轴），第二个参数就是切片的步长
var elevationAndTemp = array.slice(0, 1);

// 投影距离切片，为X轴数值创建一个一维阵列
var distance = array.slice(0, 0, 1).project([1]);

// 生成和设计图表
var chart = ui.Chart.array.values(elevationAndTemp, 1, distance)
    .setChartType('LineChart')
    .setSeriesNames(['Elevation', 'Winter 2014', 'Summer 2014'])
    .setOptions({
        title: '自东向西的海拔和温度',
        vAxes: {
            0: {
                title: '季节性平均温度（摄氏度）'
            },
            1: {
                title: '高程 (m)',
                baselineColor: 'transparent'
            }
        },
        hAxis: {
            title: '距离 (m)'
```

```
    },
    interpolateNulls: true,
    pointSize: 0,
    lineWidth: 1,
    // 我们的图表有两个 Y 轴：一个代表温度，一个代表海拔
    // Visualization API 允许我们将每个系列分配给一个特定的 Y 轴，我们
在这里就是这么做的
    series: {
      0: {targetAxisIndex: 1},
      1: {targetAxisIndex: 0},
      2: {targetAxisIndex: 0}
    }
  });

print(chart);
Map.setCenter(103.5821199472926, 30.115303975531013, 7);
Map.addLayer(elevation, {min: 7000, max: 0});
Map.addLayer(geometry, {color: 'FF0000'});
```

结果：

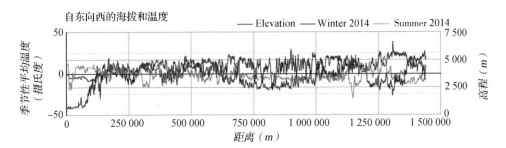

图 4.3.13　1 500 公里内夏季和冬季随沿内高程的温度变化

第 5 章　Python API 安装和语法

5.1　Earth Engine Python api 介绍

5.1.1　背景介绍

earthengine-api 是官方的谷歌地球引擎 Python API。通过以下代码进行安装：

```
pip install earthengine-api –upgrade
conda update -c conda-forge earthengine-api
```

吴秋生研究员开发了一个 geemap 包，他将 ee 包与其他 Python 包集成，使用方便快捷、功能强大；除此之外，还有 eemont 等众多优秀开源项目，geemap 受众较广且风格与 JavaScript 编辑器类似，故本书以该包为范例着重介绍一下。

geemap 是一个 Python 包，可用于与 Google Earth Engine（GEE）进行交互式地图绘制。GEE 提供 JavaScript 和 Python API 用于向 Earth Engine 服务器发出计算请求。与 GEE JavaScript API（即 GEE JavaScript 代码编辑器）的全面的文档和交互式 IDE 相比，GEE Python API 的文档相对较少，并且用于交互式可视化结果的功能有限。吴秋生教授创建了 geemap Python 包来填补这一空白。它基于 ipyleaflet 和 ipywidgets 构建，使用户能够在基于 Jupyter 的环境中交互式地分析和可视化 Earth Engine 数据集。

geemap 适用于希望利用 Python 生态系统的各种库和工具来探索 Google 地球引擎的学生和研究人员，其还专为从 GEE JavaScript API 过渡到 Python API 的现有 GEE 用户而设计。geemap 包的自动化 JavaScript 到 Python 转换模块可以大大减少将现有 GEE JavaScript 转换为 Python 脚本和 Jupyter 笔记本所需的时间。

5.1.2　安装说明

安装方法类似于其他 Python 包的安装。本书着重推荐在 conda 中进行环境配置。Conda 是一个在 Windows、macOS 和 Linux 上运行的开源软件包管理系统和环境管理系统。Conda 可以快速安装、运行和更新软件包及其依赖项。Conda 可以轻松地在本地计算机上的环境中创建保存、加载和切换。它是为 Python 程序创建的，但可以打包和分发适用于任何语言的软件。

Conda 作为软件包管理器，可以帮助查找和安装软件包。如果需要一个能够使用不同版本 Python 的软件包，无须切换到其他环境管理器，因为 conda 也是环境管理器。仅需几个命令就可以设置一个完全独立的环境来运行不同版本的 Python，同时继续在正常环境中运行特定的 Python 版本。

要安装 geemap 及其依赖项，建议您使用 conda 包管理器，可以通过安装 Anaconda Distribution（用于数据科学的免费 Python 发行版）或通过 Miniconda（仅包含 Python 和 conda 包管理器的最小发行版）来获得。有关如何在本地安装 Anaconda 或 Miniconda 的更多信息，请参阅官方安装文档。本书以 miniconda 为例进行介绍一下。

geemap 在 conda - forge channel 上可用，它是一个为各种软件提供 conda 包的社区工作。创建一个新的 conda 环境来安装 geemap 并不是绝对必要的，但是考虑某些 geemap 依赖项可能与现有 conda 环境中的其他地理空间包存在版本冲突，所以最好在一个干净的环境中安装 geemap 及其依赖项。

以 Windows 系统的 miniconda 为例。在菜单中打开 Anaconda Prompt（miniconda3）（图 5.1.1），依次输入以下命令，每行键入 Enter 以执行当前命令：

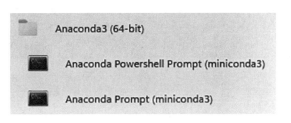

图 5.1.1　Anaconda Prompt

```
conda create -n gee python    # 创建环境
conda activate gee    # 激活环境
conda install -c conda-forge geemap    # 安装 geemap 包
```

通过上述命令创建一个名为 gee 并在其中安装 geemap 的新 conda 环境。除此之外，要想配置全部的环境依赖项也不是一件难事。吴秋生已经将所需依赖项集合在 pygis Python 包中。

由于依赖关系存在的原因，这里建议安装与 conda 类似的、快速强大的 Mamba 跨平台包管理器，它能在 Windows、macOS 和 Linux 上运行，并且与 conda 包完全兼容，并支持 conda 的大部分命令。在以后的安装包过程中也可以使用 mamba 进行安装。可以下命令安装 Mamba 和 pygis：

```
conda install -c conda-forge mamba
mamba install -c conda-forge geemap pygis
```

　　注：由于不可抗因素，conda 安装时常网络超时，若网络代理无法解决，需要替换镜像源。关于 conda 替换镜像源，另请参阅清华、中国科学院院等镜像网站官方文档。

　　至此，已成功安装 geemap 及其依赖项。我们将在下一章讲述 geemap 的使用方法。

5.1.3　创建 Notebook

　　依靠上一节创建的 conda 环境，我们可以在该环境下运行 Jupyter notebook 或 Jupyter-lab。由于 geemap 已集成 jupyter，故可以不另行安装。我们可先在 Anaconda Prompt（miniconda3）中键入 conda activate gee，激活刚刚创建的 gee 环境（若命令行前缀括号中是 gee，则说明已处于该环境下，无需激活）。如图 5.1.2 所示，利用键入命令 jupyter lab 或 jupyter notebook，浏览器会自动弹出 Notebook 启动界面，如图 5.1.3 所示（两者功能类似，在此不作区分，区别请查阅官方文档）。

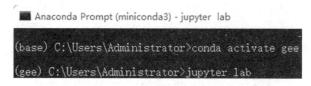

图 5.1.2　Jupyter-lab 安装过程

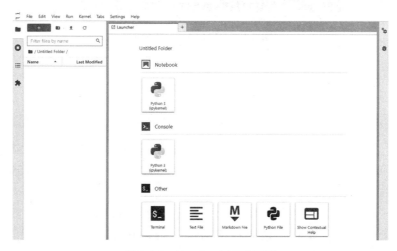

图 5.1.3　Notebook 启动界面

　　如图 5.1.4 所示，单击 notebook 中的 Python3，创建一个新的笔记本。在使用之前需要对 Earth Engine 进行验证（注意，强烈建议在 Chrome 上已经登录并成功运行 google earth engine 的 JavaScript 代码，否则后续验证会出现不可抗问题）。

　　Earth Engine Python API 的包称为 earthengine-api，它已由 geemap 包自动安装。在 Jupyter notebook 的代码单元中分别输入以下脚本，然后在代码块中输入下列代码按（Shift + Enter）。由于网络问题需要设置代理，端口号请在所使用的 VPN 或代理软件中查询。

```
import ee
import geemap
geemap.set_proxy(port='#your_port_number#')
Map = geemap.Map()
Map
```

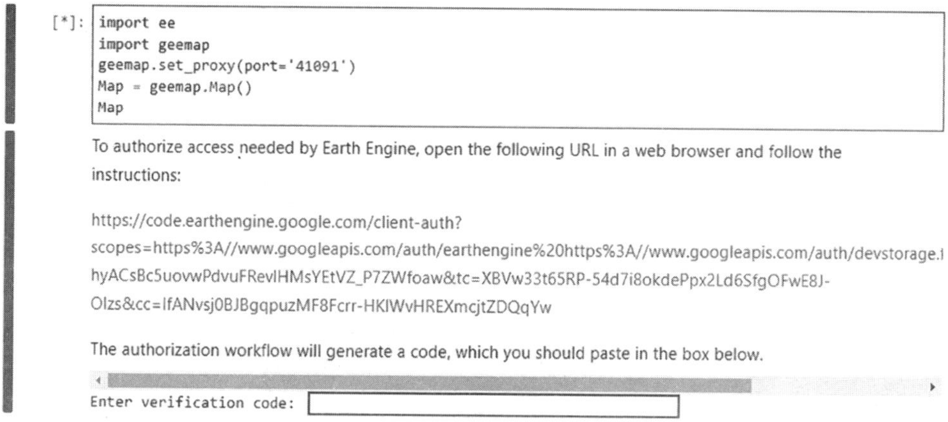

图 5.1.4　Earth Engine 账户认证

　　运行上述脚本后，将会自动在浏览器中打开一个新选项卡，要求您登录 Earth Engine 账户。登录后，系统会要求您授权 Google Earth Engine Authenticator，操作流程如图 5.1.5~ 图 5.1.11。如果这是您第一次对 Earth Engine 进行身份验证，请单击选择项目以选择要用于 Earth Engine 的云项目：

　　至此，如果交互式地图在 notebook 中显示成功，则证明完成所有的安装步骤。除此之外还可以使用 git 克隆 github 的存储库并使用 pip 安装最新版本。在以后运行过程中提示需要更新，则要升级至最新版本。在 Anaconda Prompt（miniconda3）中的 gee 环境中运行以下命令：

```
pip install -U geemap  或  conda update -c conda-forge geemap
```

Choose a Cloud Project for your notebook

The selected project will control the web application used for authentication.

⦿ Create a new Cloud Project

○ Select an existing Cloud Project

Select a parent organization or folder.

No organization ▾

Choose a publicly visible ID for your personal Earth Engine Cloud Project. This value must be unique and it cannot be changed later.

ee-xxx

Optional: Choose a name to help you identify the Cloud Project.

Earth Engine default project

CANCEL   SELECT

图 5.1.5　首次认证

Google Earth Engine

Notebook Authenticator

Active account:　▓▓▓▓▓▓▓▓▓▓　SWITCH ACCOUNT

Cloud Project:　▓▓▓▓　CHOOSE PROJECT

Data access:　☐ Use **read-only scopes**

WARNING: ONLY PROCEED IF YOU NEED TO ACCESS EARTH ENGINE FROM A NOTEBOOK

The token that you generate here will allow access to your Google account. Ensure that you understand the notebook that you are running.

Any code that you include in the notebook (and anyone with access to the notebook kernel) will be able to copy or change your data. Enable read-only scopes above to prevent data changes.

If you are not running a notebook, or you don't understand these warnings, then the link that sent you here may be trying to trick you. Do not proceed!

GENERATE TOKEN

Granting permission. This creates a web application definition controlled by your project provided above. After you click Generate Token, Google will ask for your permission to grant the application access to your data. See details in the step-by-step guide.

Expiry period. The granted permissions will expire in a week, after which you'll need to call ee.Authenticate() again.

Revoking permissions. You can view all applications connected to your account, and revoke permissions if needed, on https://myaccount.google.com/permissions. Search for "Earth Engine Notebook Client" to find the application defined by this page.

Technical details. The web application is defined by a development-mode "OAuth2 Client" on your specified project, which you can manage on the Google Cloud Console.

图 5.1.6　账户和项目选择

图 5.1.7　登录账号选择

图 5.1.8　应用授权

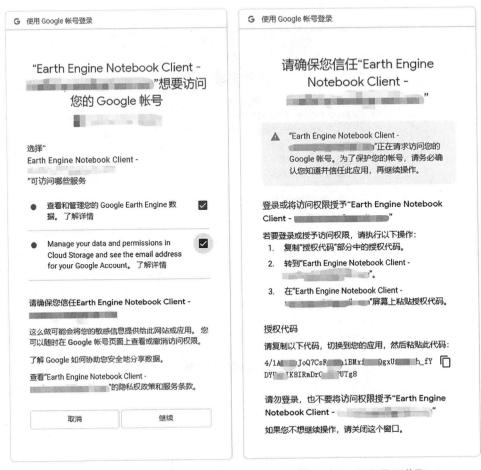

图 5.1.9　授权过程　　　　　　　　图 5.1.10　授权代码获取

```
Enter verification code:  4/1ARtbsJoQwqMbWN4K7Psk8fonTKH6CQ4QHsCPn-yV5dFL0g5EkVXMKxFwBIM

Successfully saved authorization token.
```

图 5.1.11　授权后程序运行成功

　　该交互式地图 ipyleaflet 是一个基于 ipywidgets 的交互式部件库，geemap 默认使用 Ipyleaflet 作为交互式地图的显示工具。

```
import geemap
Map = geemap.Map(center=[40, -100], zoom=4, height=600)
Map
```

　　还可以使用 google earth engine 内置的 basamap：

```
Map = geemap.Map(basemap='HYBRID')
Map.add_basemap('OpenTopoMap')
```

在这里还可以加载在线的栅格影像瓦片数据，可以在相关网站找到类似的瓦片连接。加载 XYZ tiles 的方式：

```
Map.add_tile_layer(
    url="https://mt1.google.com/vt/lyrs=p&x={x}&y={y}&z={z}",
    name="Google Terrain",
    attribution="Google",
)
```

加载 WMS tiles 的方式：

```
url = 'https://www.mrlc.gov/geoserver/mrlc_display/NLCD_2019_
Land_Cover_L48/wms?'
Map.add_wms_layer(
    url=url,
    layers='NLCD_2019_Land_Cover_L48',
    name='NLCD 2019',
    format='image/png',
    attribution='MRLC',
    transparent=True,
)
```

以上就是进行底图替代的方式，接下来将使用 Python 探索 GEE 上使用方法及遥感数据。

5.1.4　在 Google Colab 上使用 geemap

如果在电脑上安装 geemap 有困难，可以用 Google Colab 使用 geemap。使用该云平台将无需在电脑上安装任何东西。GoogleColab 是一个完全在云中运行的免费 Jupyter 笔记本环境。它不需要配置任何依赖项，同时创建的笔记本可以由其他团队成员同时编辑，类似于在腾讯文档中编辑文档一样，如图 5.1.12 所示。

单击下面的"在 Colab 中打开"按钮，在 Google Colab 中开启此笔记本：（https：//colab.research.google.com/）。输入 pip install geemap 安装所需要包，由于是云端环境，所以无需配置网络，只需安装包即可。

图 5.1.12　使用 geemap 安装

　　成功安装 geemap 后，单击安装日志最后出现的 RESTART RUNTIME 按钮，或单击菜单 RUNTIME>RESTART RUNTIME。然后在新单元格中键入以下代码，如图 5.1.13 所示：

　　重新启动代码程序，如图 5.1.14 所示

　　之后报错任何安装包缺失直接使用 pip install + 库名即可。

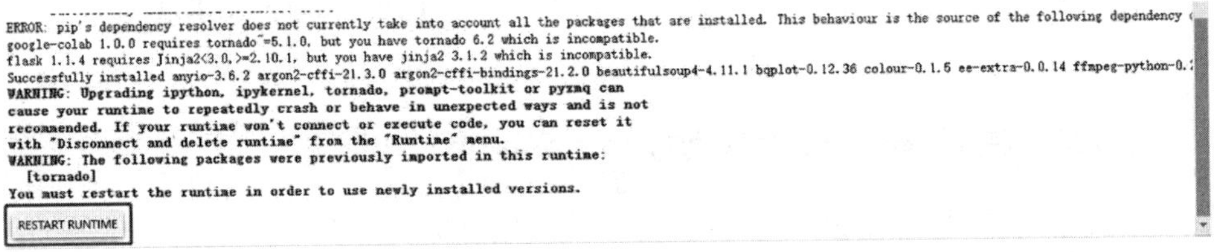

```
ERROR: pip's dependency resolver does not currently take into account all the packages that are installed. This behaviour is the source of the following dependency
google-colab 1.0.0 requires tornado~=5.1.0, but you have tornado 6.2 which is incompatible.
flask 1.1.4 requires Jinja2<3.0,>=2.10.1, but you have jinja2 3.1.2 which is incompatible.
Successfully installed anyio-3.6.2 argon2-cffi-21.3.0 argon2-cffi-bindings-21.2.0 beautifulsoup4-4.11.1 bqplot-0.12.36 colour-0.1.5 ee-extra-0.0.14 ffmpeg-python-0.
WARNING: Upgrading ipython, ipykernel, tornado, prompt-toolkit or pyzmq can
cause your runtime to repeatedly crash or behave in unexpected ways and is not
recommended. If your runtime won't connect or execute code, you can reset it
with "Disconnect and delete runtime" from the "Runtime" menu.
WARNING: The following packages were previously imported in this runtime:
  [tornado]
You must restart the runtime in order to use newly installed versions.
```

RESTART RUNTIME

图 5.1.13　键入代码

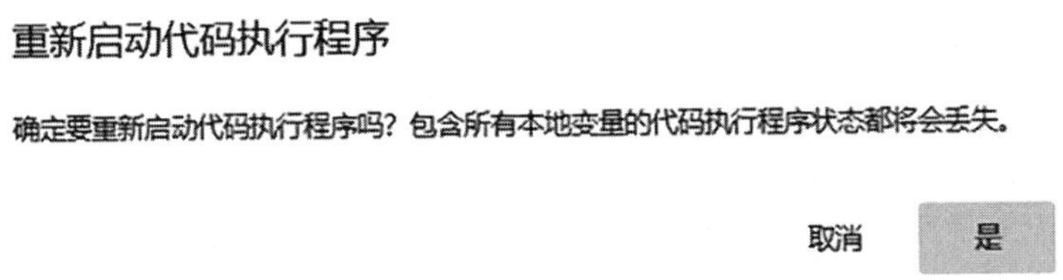

重新启动代码执行程序

确定要重新启动代码执行程序吗? 包含所有本地变量的代码执行程序状态都将会丢失。

取消　　是

图 5.1.14　重新启动代码执行程序

输入：

```
import geemap
Map = geemap.Map()
Map
```

同样需要上述本地环境配置中的验证，如图 5.1.15 所示。

图 5.1.15 本地环境配置中验证

输入验证码后，出现地图则说明验证成功。

注意：colab 需要每次启动时安装 geemap，并需要生成验证码进行验证。在保证内存充足的基础上，可以使用 colab 进行练习和实验。

5.2 JavaScript 和 Python 语法的异同

由于其强大的功能和多功能性，Python 已经成为世界上几乎每一个科学应用程序中必不可少的工具，它是一种支持不同编程范式的通用编程语言，广泛用于科学和专业方面，包括数据科学、人工智能、机器学习、计算机科学教育、计算机视觉和图像处理、医学、生物学甚至天文学。除此之外，它还可用于 Web 开发，可以开始将其应用程序与 JavaScript 应用程序进行比较。Python 可用于后端开发属于 Web 开发领域，负责创建用户看不见的元素，例如应用程序的服务器端。

尽管可以使用 Python 开发 Web 应用程序的后端部分，但与 Python 不同的是，JavaScript 可以用来开发应用程序的后端和前端。前端是用户看到并与之交互的应用程序部分。每当你看到网站或 Web 应用程序或与之交互时，即在"幕后"使用 JavaScript。同样，当你与移动应用程序进行交互时，你可能会使用 JavaScript，因为像 React Native 这样的框架使我们可以编写适应不同平台的应用程序。JavaScript 在 Web 开发中应用如此广泛，是因为它是一种多功能语言，为我们提供了开发 web 应用程序组件所需的工具。

简而言之，Python 和 JavaScript 应用程序之间的差异在于，开发人员将 Python 用于一系列科学应用程序，即使用 JavaScript 进行 web 开发、面向用户的功能和服务器。接下来来区别两者在编写时的语法差异。

5.2.1 代码块

Python 语言依靠缩进来定义代码块。当一系列连续的代码行在同一级别缩进时，它们被视为同一代码块的一部分。我们使用它来定义条件、函数、循环以及 Python 中的大部分复合语句。相反，在 JavaScript 中，我们使用花括号（{}）对属于同一代码块的语句进行分组。在之后的示例中会明显发现该区别。

5.2.2 变量定义

在 Python 中定义变量，需要写出变量的名称，后跟等号（=）和将分配给该变量的值。

```
<variable_name> = <value>
```

在 JavaScript 中，是我们只需要在变量名称前添加关键字 var 并以分号（;）结尾即可。

```
var <variable_name> = <value>;
```

5.2.3 None 和 null

在 Python 中，有一个特殊的值 None，通常使用它来指示变量在程序中的特定位置没有值的情况。JavaScript 中的等效值为 null，"表示有意缺少任何对象值"。在 JavaScript 中有一个特殊的值 undefined，当声明变量而不分配初始值时，该值会自动分配。

5.2.4 注释编写

在 Python 中，我们使用井号（#）编写注释，该符号之后同一行上的所有字符均被视为注释的一部分。

```
# Comment
```

在 Python 中，要编写多行注释，我们以井号标签开始每一行。

```
# Multi-line comment
# in Python to explain
# the code in detail.
```

在 JavaScript 中，我们写两个斜杠（//）来开始单行注释。

```
// Comment
```

在 JavaScript 中，多行注释以 /* 开头，并以 */ 结尾，这些符号之间的所有字符均视为注释的一部分。

```
/*
Multi-line comment
in JavaScript to explain
the code in detail.
*/
```

5.2.5　python 特有的 List

在 Python 中，列表用于在同一数据结构中存储一系列值。可以在程序中对其进行修改、索引、切片和使用。在 JavaScript 中，此数据结构的等效版本称为 array。

在 Python 中，有一个称为字典（dictionary）的内置数据结构，可帮助我们将某些值映射到其他值并创建键值对，这可用作哈希表。JavaScript 没有这种类型的内置数据结构，但是有某些方法可以使用语言的某些元素来重现其功能。

5.2.6　运算符

Python 中的 == 运算符的工作方式类似于 JavaScript 中的 === 运算符。在 Python 中，三个逻辑运算符是：and、or、和 not。在 JavaScript 中，这些运算符为：&&、|| 和！。

在 Python 中可使用 type() 函数检查对象的类型。

```
type(instance);
```

而在 JavaScript 中使用 typeof 运算符检查对象的类型。

```
typeof instance。
```

5.2.7　条件语句

对于使用条件，我们可以根据特定条件是 True 还是 False 选择程序中发生的事情，让我们看看它们在 Python 和 JavaScript 中的区别。

1. if 语句

在 Python 中，我们依靠缩进来指示哪些代码行属于条件代码。

```
if condition:
    ......
```

在 JavaScript 中，必须用括号将条件括起来，用花括号将代码括起来，该代码也应缩进。

```
if (condition){
......
)
```

2. if/else 语句

两种语言中的 else 子句非常相似，唯一的区别是：在 Python 中，我们在 else 关键字后写一个冒号（:）

```
if condition:
    #code
else:
    #code
```

在 JavaScript 中，我们用花括号（{}）将属于此子句的代码括起来。

```
If(condition){
//code
}else{
//code
}
```

要编写多个条件时，在 Python 中，我们编写关键字 elif 后跟条件。条件之后，我们编写一个冒号（:），并在下一行缩进代码。

```
if condition1:
    #code
elif condition2:
    #code
elif condition3:
    #code
else:
    #code
```

在 JavaScript 中，如果条件之后（由括号包围），我们将编写关键字 else if 。条件完成后，我们编写花括号并在括号内缩进代码。

```
If(condition1){
//code
}else if (condition2){
//code
} else if (condition3){
//code
}else{
//code
}
```

5.2.8　循环

1. for 循环

在 Python 中，定义 for 循环的语法比 JavaScript 中的语法相对简单。首先需要编写关键字 for，后跟循环变量的名称、关键字 in 以及对 range () 函数的调用，以指定必要的参数。然后，我们编写一个冒号（:），后跟缩进的循环体。

```
for i in range(n):
    #code
```

在 JavaScript 中，我们必须明确指定几个值。我们以 for 关键字开头，后跟括号，在这些括号内，我们定义循环变量及其初始值，必须为 False 的条件停止循环，以及如何在每次迭代中更新该变量。然后，编写花括号创建代码块，然后在花括号内编写缩进的循环主体。

```
for (var i =0; i < n; i++){
```

```
    //code
}
```

2. 遍历可迭代对象

除了循坏，还可以在 Python 和 JavaScript 中使用 for 循环来迭代可迭代的元素。在 Python 中，编写关键字 for 后跟循环变量、in 关键字和 iterable。然后，编写一个冒号（:）和循环主体（缩进）。

```
for elem in iterable:
#code
```

在 JavaScript 中，我们可以使用 for .. of 循环。我们先写 for 关键字，后跟括号，然后在这些括号内，写关键字 var，后跟循环变量、关键字 of 和 iterable。我们用花括号将循环的主体括起来，然后缩进它。

```
For(var elem of iterable) {
//code
}
```

3. While 循环

While 循环在 Python 和 JavaScript 中非常相似。在 Python 中，我们先写 while 关键词，后跟条件，冒号（:），并在新行中写出循环体（缩进）。

```
while condition:
    # code
```

在 JavaScript 中，我们必须用括号将条件括起来，并用花括号将循环的主体括起来。

```
while(condition){
//code
}
```

5.2.9 Python 和 JavaScript 中的函数

对于编写简洁、可维护和可读的程序，函数非常重要。语法在 Python 和 JavaScript 中非常相似，它们的主要区别在于，在 Python 中，我们编写关键字 def，后跟函数名称，并在参数列表的括号内。在此列表之后，我们编写一个冒号（:）和函数主体（缩进）。

```
def fuction_name(p1, p2, …):
    #code
```

在 JavaScript 中，唯一的区别是我们使用 function 关键字定义了一个函数，并用花括号将函数的主体括起来。

```
fuction fuction_name(p1, p2, …){
//code
}
```

此外，Python 和 JavaScript 函数之间还有一个非常重要的区别：函数参数。在 Python 中，传递给函数调用的参数数量必须与函数定义中定义的参数数量匹配。如果不是这种情况，将发生异常。这是一个例子：

```
>>> def foo(x, y):
    print(x, y)

>>> foo(3, 4, 5)
```

```
Traceback (most recent call last):
  File"<pyshell#3>", line 1, in <module>
    foo(3, 4, 5)
TypeError: foo() takes 2 positional arguments but 3 were given
```

在 JavaScript 中，这是没有必要的，因为参数是可选的。可以使用比函数定义中定义的参数更少或更多的参数来调用函数。在默认情况下，为缺少的参数分配 undefined 值，并且可以使用 arguments 对象访问其他参数。使用三个参数调用函数，但是函数定义的参数列表中仅包含两个参数，这一点是 JavaScript 可以做到的。

5.2.10　使用 Python 和 JavaScript 进行面向对象的编程

1. 类 Class

类定义的第一行在 Python 和 JavaScript 中非常相似。我们编写关键字 class，后跟该类的名称。唯一的区别是：在 Python 中，在类名之后，我们写一个冒号（：）；在 JavaScript 中，我们用大括号（{}）包围了类的内容。

2. 构造函数和属性

构造函数是一种特殊的方法，当创建类的新实例（新对象）时会调用该方法，它的主要目的是初始化实例的属性。

在 Python 中，用于初始化新实例的构造函数称为 init（带有两个前导下划线和尾部下划线）。创建类的实例以初始化其属性时，将自动调用此方法。其参数列表定义了创建实例必须传递的值，该列表以 self 作为第一个参数开头。构造函数和属性 在 Python 中，我们使用 self 来引用实例。

```
class Circle:
    def __init__(self, radius, color):
        self.radius = radius
        self.color = color
```

要将值分配给 Python 中的属性，我们使用以下语法：self.attribute = value。在 JavaScript 中，构造函数方法称为 constructor 函数，它也具有参数列表。在 JavaScript 中，我们使用 this 来引用实例。相反，我们在 JavaScript 中使用以下语法：

```
this.attribute = value
class Circle {
  constructor(radius, color) {
    this.radius = radius;
    this.color = color;
  }
```

5.2.11 函数

在 Python 中，我们使用 def 关键字定义函数方法，后跟它们的名称以及括号内的参数列表。此参数列表以 self 参数开头，以引用正在调用该方法的实例。在此列表之后，我们编写一个冒号（:），并将该方法的主体缩进。

```
class Circle:
    def __init__(self, radius, color):
        self.radius = radius
        self.color = color

    def calc_diameter(self):
        return self.radius * 2
```

在 JavaScript 中，方法是通过写名称，后跟参数列表和花括号来定义的。在花括号内，我们编写方法的主体。

```
class Circle {

  constructor(radius, color) {
    this.radius = radius;
    this.color = color;
  }

  calcDiameter() {
    return this.radius * 2;
  }
}
```

5.2.12　Class

要创建类的实例：在 Python 中，我们编写类的名称，并在括号内传递参数。例如，my_circle = Circle（5，"Red"）；在 JavaScript 中，我们需要在类名之前添加 new 关键字。例如，my_circle = new Circle（5，"Red"）。

5.2.13　小结

Python 和 JavaScript 是功能强大的语言，具有不同的实际应用程序。Python 可以用于 web 开发和广泛的应用程序，包括科学用途。JavaScript 主要用于 web 开发（前端和后端）和移动应用开发。它们具有重要的差异，但是都有编写强大程序所需的相同基本元素。

5.3　基础概念

5.3.1　加载 Image

下述所有代码的运行基础是导入了 ee 和 geemap 库，并对 conda 的 notebook 进行了代理设置。

以下代码为加载 DEM 数据的基本操作方式，如图 5.3.1 所示。需要注意的是在设置 vis_parms 时，该字典的设置方式与 JavaScript 的字典设置方式有所不同。例如 Python 中是以引号进行索引，如 'min' 'max' 'paletee'，而 JavaScript 则无需加入单引号。在转换语言时这是需要注意的点。其余方式与 JavaScript

类似。

```
image = ee.Image('USGS/SRTMGL1_003')
vis_params = {
    'min': 0,
    'max': 6000,
    'palette': ['006633', 'E5FFCC', '662A00', 'D8D8D8',
    'F5F5F5'],
}
Map.addLayer(image, vis_params, 'SRTM')
Map
```

图 5.3.1　全球 DEM

5.3.2　加载 ImageCollection

导入数据时，不需要像 JavaScript 一样使用 var 定义变量，Python 则是使用"变量 ="的方式直接进行变量的定义。以下代码为导入 collection 和进行 median 的运算方式。

```
# 引入数据
collection = ee.ImageCollection('COPERNICUS/S2_SR')
# 筛选 collection 的日期、云量
collection = (
    ee.ImageCollection('COPERNICUS/S2_SR')
    .filterDate('2021-01-01', '2022-01-01')
    .filter(ee.Filter.lt('CLOUDY_PIXEL_PERCENTAGE', 5))
)
```

```
# 合成 collection
image = collection.median()

vis = {
        'min': 0.0,
        'max': 3000,
        'bands': ['B4', 'B3', 'B2'],
}

Map.setCenter(114, 39, 12)
Map.addLayer(image, vis, 'Sentinel-2')
Map
```

5.3.3　加载 Geometry

以下代码分别为加载点、线、折线、矩形、面的方式。

```
point = ee.Geometry.Point([1.5, 1.5])

lineString = ee.Geometry.LineString([[-35, -10], [35, -10], [35,
10], [-35, 10]])

linearRing = ee.Geometry.LinearRing(
    [[-35, -10], [35, -10], [35, 10], [-35, 10], [-35, -10]]
)

rectangle = ee.Geometry.Rectangle([-40, -20, 40, 20])

polygon = ee.Geometry.Polygon([[[-5, 40], [65, 40], [65, 60],
[-5, 60], [-5, 60]]])

Map.addLayer(point, {}, 'Point')
Map.addLayer(lineString, {}, 'LineString')
Map.addLayer(linearRing, {}, 'LinearRing')
Map.addLayer(rectangle, {}, 'Rectangle')
Map.addLayer(polygon, {}, 'Polygon')
Map
```

还可以使用画图工具制作 geometry，输入以下代码可查看 geometry 信息，如图 5.3.2 所示。

```
if Map.user_roi is not None:
    print(Map.user_roi.getInfo())
```

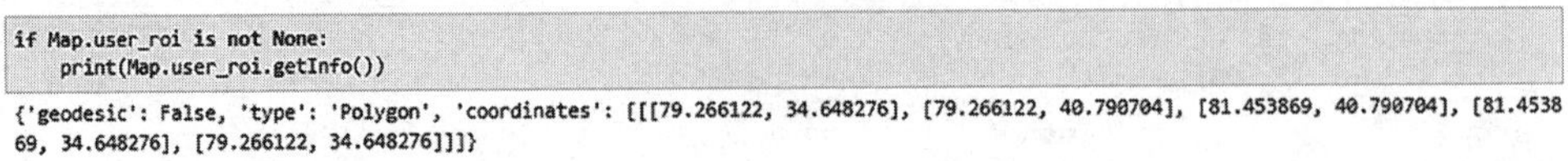

```
if Map.user_roi is not None:
  print(Map.user_roi.getInfo())
```
{'geodesic': False, 'type': 'Polygon', 'coordinates': [[[79.266122, 34.648276], [79.266122, 40.790704], [81.453869, 40.790704], [81.4538
69, 34.648276], [79.266122, 34.648276]]]}

图 5.3.2　查看 geometry 信息

5.3.4　加载 Feature

不同于 geometry，feature 的创建是以 geometry 为基础。Geometry 没有属性而 feature 可以有属性，可以使用 polyFeature.getInfo（）打印 polygon 的属性，如图 5.3.3 所示。

```
# 创建 Feature 对象
polygon = ee.Geometry.Polygon(
    [[[-35, -10], [35, -10], [35, 10], [-35, 10], [-35, -10]]],
    None, False
)

# 几何图形转化为矢量
polyFeature = ee.Feature(polygon, {'foo': 42, 'bar': 'tart'})

polyFeature.getInfo()

Map = geemap.Map()
Map.addLayer(polyFeature, {}, 'feature')
Map
```

5.3.5　加载 featurecollection

以下代码以加载 gee 自带数据为例，对 Featurecollection 数据进行加载。除此之外，还可以通过过滤 featurecollection 的单个属性进行筛选选择。在这里是使用 country_co 国家缩写代码索引到各国行政边界，可以通过筛选选择指定的国家边界。

```
fc = ee.FeatureCollection('USDOS/LSIB_SIMPLE/2017')
Map.addLayer(fc, {}, 'Census roads')
```

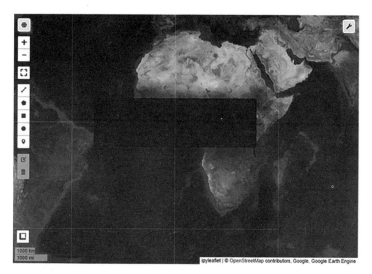

图 5.3.3　矢量加载

```
dataset=ee.FeatureCollection('USDOS/LSIB_SIMPLE/2017').
select('country_co')
ROI = dataset.filter(ee.Filter.eq('country_co','CH'))
Map.addLayer(ROI,{},'China')
Map
```

5.3.6　数据模块

在 geemap 种有一个特有功能，即使用一个模块去查找 GEE 数据目录。当输入 DATA. 之后，键入 Tab 键可以显示所有可以引用数据的名称。除此之外，还可以使用 get_metadata 获取图像的元数据，如图 5.3.4 所示。

```
from geemap.datasets import DATA
dataset = ee.Image(DATA.USGS_GAP_CONUS_2011)

from geemap.datasets import get_metadata
get_metadata(DATA.USGS_GAP_CONUS_2011)
```

5.3.7　影像元数据

Python 中一般使用 getInfo ( ) 去获取元数据，而无需使用 print ( ) 的方式。其中包括 bandNames ( )、projection ( )、nominalScale ( )、propertyNames ( ) 等，使用 .get ( )

```
from geemap.datasets import DATA
dataset = ee.Image(DATA.USGS_GAP_CONUS_2011)

from geemap.datasets import get_metadata
get_metadata(DATA.USGS_GAP_CONUS_2011)
```

USGS GAP CONUS 2011

Dataset Availability

2011-01-01 - 2012-01-01

Earth Engine Snippet

ee.Image('USGS/GAP/CONUS/2011')

Data Catalog

Description

Bands

Properties

Example

Dataset Thumbnail

图 5.3.4　获取图像元数据

获取某个元数据的信息，例如 'CLOUD_COVER'、'system：time_start' 等。

在获取日期时，可以使用 format 去修改日期格式，除了 'YYYY-MM-dd'，还可以修改为自己所需要的格式，如 DOY。toDictionary（）可以将影像数据以字典形式输出。geemap.image_props（）是 geemap 的特殊功能，可以一次性获取所有的影像的元数据属性。

```
image = ee.Image('LANDSAT/LC09/C02/T1_L2/LC09_044034_20220503')

image.bandNames().getInfo()

image.select('SR_B1').projection().getInfo()

image.select('SR_B1').projection().nominalScale().getInfo()

image.propertyNames().getInfo()

image.get('CLOUD_COVER').getInfo()

image.get('DATE_ACQUIRED').getInfo()

image.get('system:time_start').getInfo()

date = ee.Date(image.get('system:time_start'))
date.format('YYYY-MM-dd').getInfo()

image.toDictionary().getInfo()

props = geemap.image_props(image)
props.getInfo()
```

5.3.8 影像统计

可使用 image_min_value、image_max_value、image_mean_value 获取影像统计信息。image_stats 可批量获取 max、mean、min、std、sum 的统计信息，如图 5.3.5~ 图 5.3.6 所示。

```
geemap.image_min_value(image).getInfo()
geemap.image_max_value(image).getInfo()
geemap.image_mean_value(image).getInfo()
geemap.image_stats(image).getInfo()
```

```
{'max': {'QA_PIXEL': 54724,
  'QA_RADSAT': 127,
  'SR_B1': 53705,
  'SR_B2': 54313,
  'SR_B3': 57602,
  'SR_B4': 57492,
  'SR_B5': 56643,
  'SR_B6': 59015,
  'SR_B7': 60458,
  'SR_QA_AEROSOL': 228,
  'ST_ATRAN': 9516,
  'ST_B10': 52094,
  'ST_CDIST': 2706,
  'ST_DRAD': 423,
  'ST_EMIS': 9915,
  'ST_EMSD': 1386,
  'ST_QA': 1080,
  'ST_TRAD': 12913,
  'ST_URAD': 816},
 'mean': {'QA_PIXEL': 21879.45624974622,
  'QA_RADSAT': 0.0009704563187864517,
  'SR_B1': 8104.119979979328,
  'SR_B2': 8461.536303658795,
  'SR_B3': 9240.731292093615,
  'SR_B4': 9298.173920971509,
  'SR_B5': 12888.685823419664,
  'SR_B6': 12140.18577036555,
  'SR_B7': 10736.956490617888,
  'SR_QA_AEROSOL': 142.6421931965974,
  'ST_ATRAN': 9076.83448079712,
  'ST_B10': 43469.766724609784,
  'ST_CDIST': 620.0690476796947,
  'ST_DRAD': 337.61477266552026,
  'ST_EMIS': 9783.119355764633,
  'ST_EMSD': 68.50123066692646,
  'ST_QA': 245.14052551309015,
  'ST_TRAD': 8969.70539223118,
  'ST_URAD': 635.9212068375691},
 'min': {'QA_PIXEL': 21762,
  'QA_RADSAT': 0,
  'SR_B1': 1,
  'SR_B2': 1,
  'SR_B3': 139,
  'SR_B4': 848,
  'SR_B5': 3462,
  'SR_B6': 6305,
  'SR_B7': 7091,
  'SR_QA_AEROSOL': 1,
  'ST_ATRAN': 8821,
  'ST_B10': 36382,
  'ST_CDIST': 0,
  'ST_DRAD': 170,
  'ST_EMIS': 8373,
  'ST_EMSD': 0,
  'ST_QA': 134,
  'ST_TRAD': 5981,
  'ST_URAD': 294},
 'std': {'QA_PIXEL': 132.92329243712808,
  'QA_RADSAT': 0.2959216251971124,
```

图 5.3.5　获取影像统计信息（1）

```
'SR_B1': 1012.0603803650712,
'SR_B2': 1122.3690667953101,
'SR_B3': 1458.5162343771192,
'SR_B4': 1869.3291887028192,
'SR_B5': 4583.89842946632,
'SR_B6': 3847.4333896371945,
'SR_B7': 2875.2683688231514,
'SR_QA_AEROSOL': 61.91503033662864,
'ST_ATRAN': 92.98232462064958,
'ST_B10': 3477.8205786886597,
'ST_CDIST': 527.5727873814585,
'ST_DRAD': 33.620546805920206,
'ST_EMIS': 107.05316776206104,
'ST_EMSD': 79.16042996314937,
'ST_QA': 72.2375330417941,
'ST_TRAD': 1428.515855781922,
'ST_URAD': 70.02248279762733},
```

图 5.3.6　获取影像统计信息（2）

5.3.9　JavaScript 转换为 Python

JavaScript 转换如图 5.3.7 所示。

图 5.3.7　JavaScript 转换

在 geemap 中，我们可以使用交互式地图的 convert 功能模块进行转换，还可以将 snippet 代码块的 JavaScript 替换为自己的代码。

```
snippet = """
// Load an image.
var image = ee.Image('LANDSAT/LC08/C02/T1_TOA/LC08_044034_
20140318');

// Create an NDWI image, define visualization parameters and
display.
var ndwi = image.normalizedDifference(['B3', 'B5']);
var ndwiViz = {min: 0.5, max: 1, palette: ['00FFFF',
'0000FF']};
Map.addLayer(ndwi, ndwiViz, 'NDWI');
Map.centerObject(image)
"""
geemap.js_snippet_to_py(snippet)
```

6 个引号括起来的代码为即将转化的 js 代码。使用 geemap.js_snippet_to_py（snippet）运行后生成代码块为相应 Python 代码。但有时转换结果不完全准确，例如函数的定义和嵌套，这时需要根据 Python 语法结构去作相应的修改。

5.4　可视化

5.4.1　矢量数据可视化

除了上述体现的对栅格影像数据进行可视化处理，还可以对本地或导入矢量的显示进行参数化设置，注意对于字典需要两个 * 进行打开操作。在这里使用的是 .style（**vis_params）的显示方法。

```
vis_params = {
    'color': 'ff0000ff',
    'width': 2,
    'lineType': 'solid',
    'fillColor': '00000000',
}
```

```
ss = ee.FeatureCollection("USDOS/LSIB_SIMPLE/2017").
select("country_na")
s = ss.filter(ee.Filter.eq('country_na','Australia'))
Map = geemap.Map(center=[36, 106], zoom=4)
Map.addLayer(s.style(**vis_params), {},"Australia")
Map
```

5.4.2 创建图例

使用下述代码可以查看 geemap 的内置图例，显示结果如图 5.4.1 所示。

```
legends = geemap.builtin_legends
for legend in legends:
    print(legend)
```

使用以下代码显示 Dynamic World 对应图例，如图 5.4.2 所示：

```
Map.add_legend(title ="Land Cover Classification", builtin_
legend = 'Dynamic_World', height='465px')
```

```
legends = geemap.builtin_legends
for legend in legends:
    print(legend)
```

```
NLCD
ESA_WorldCover
ESRI_LandCover
ESRI_LandCover_TS
Dynamic_World
NWI
MODIS/051/MCD12Q1
MODIS/006/MCD12Q1
GLOBCOVER
JAXA/PALSAR
Oxford
AAFC/ACI
COPERNICUS/CORINE/V20/100m
COPERNICUS/Landcover/100m/Proba-V/Global
USDA/NASS/CDL
ALOS_landforms
```

图 5.4.1 可用提取图例的土地利用数据

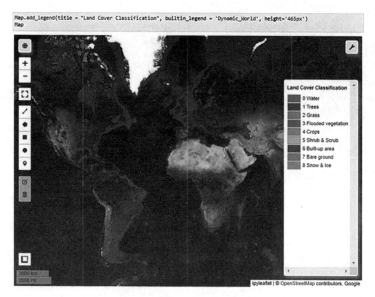

图 5.4.2　添加图例后的地图

　　当没有适用于所需图例时，还可以通过自定义参数来添加自定义图例，显示结果如图 5.4.3 所示。

```
Map = geemap.Map(add_google_map=False)

labels = ['第一', '第二', '第三', '第四', '第五']

# 颜色可以按照 16 进制进行设定或者 RGB 颜色 (0-255, 0-255, 0-255)
colors = ['#8DD3C7', '#FFFFB3', '#BEBADA', '#FB8072', '#80B1D3']
# legend_colors = [(255, 0, 0), (127, 255, 0), (127, 18, 25), (36,
70, 180), (96, 68 123)]

Map.add_legend(labels=labels, colors=colors, position=
'bottomright')
Map
```

图 5.4.3　不设定底图的图例加载

还可以通过设置一个字典来定义图例名称和颜色等信息，如图 5.4.4 所示。

```
legend_dict = {
    '1 水体 ': '466b9f',
    '2 积雪区 ': 'd1def8',
    '3 低人类活动区 ': 'dec5c5',
    '4 高人类活动区 ': 'ab0000',
    '5 裸地 ': 'b3ac9f',
    '6 落叶林 ': '68ab5f',
    '7 针叶林 ': '1c5f2c',
    '8 混交林 ': 'b5c58f',
    '9 灌木 ': 'ccb879',
    '10 草地 ': 'dfdfc2',
    '11 耕地 ': 'dcd939',
    '12 湿地 ': 'b8d9eb',
}
Map.add_legend(title="Land Cover Classification", legend_
dict=legend_dict)
Map
```

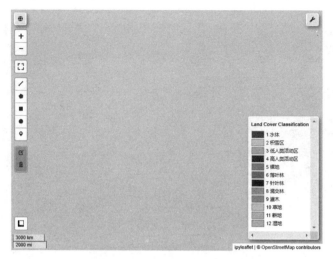

图 5.4.4　按字典形式加载的底图

除此之外，还可以使用 add_colorbar 功能添加渐变式条状图例，以下代码以 DEM 数据为例。

```
dem = ee.Image('USGS/SRTMGL1_003')
vis_params = {
    'min': 0,
    'max': 4000,
    'palette': ['006633', 'E5FFCC', '662A00', 'D8D8D8', 'F5F5F5'],
}

Map.addLayer(dem, vis_params, 'SRTM DEM')

Map.add_colorbar(
    vis_params,
    label="Elevation (m)",
    layer_name="SRTM DEM",
    orientation="vertical",
    transparent_bg=True,
)
```

5.4.3　添加标注

以美国州界为例，为每个州的矢量边界添加标注。

```
states = ee.FeatureCollection("TIGER/2018/States")
style = {'color': 'black', 'fillColor':"00000000"}
Map.addLayer(states.style(**style), {},"US States")
Map
Map.add_labels(
    data=states,
    column="STUSPS",
    font_size="12pt",
    font_color="blue",
    font_family="arial",
    font_weight="bold",
    draggable=True,
)
```

5.4.4　制作时间 slider

1. 查看影像变化

有的时我们需要查看一段时期内的影像变化情况，这时我们可以通过 add_time_slider 进行时间滑块的制作。本例以 MODIS NDVI 产品数据为例，生成可视化滑块数据并进行查看。

```
Map = geemap.Map()

collection = (
    ee.ImageCollection('MODIS/MCD43A4_006_NDVI')
    .filter(ee.Filter.date('2018-06-01', '2018-07-01'))
    .select("NDVI")
)
vis_params = {
    'min': 0.0,
    'max': 1.0,
    'palette': [
        'FFFFFF',
        'CE7E45',
        'DF923D',
        'F1B555',
        'FCD163',
        '99B718',
        '74A901',
        '66A000',
```

```
        '529400',
        '3E8601',
        '207401',
        '056201',
        '004C00',
        '023B01',
        '012E01',
        '011D01',
        '011301',
    ],
}


Map.add_time_slider(collection, vis_params, time_interval=2)
Map
```

2. 可视化天气数据

通过设置 add_time_slider 并调用 NOAA/GFS0P 25 数据显示一天中的地面温度变化情况。

```
Map = geemap.Map()

collection = (
    ee.ImageCollection('NOAA/GFS0P25')
    .filterDate('2018-12-22', '2018-12-23')
    .limit(24)
    .select('temperature_2m_above_ground')
)

vis_params = {
    'min': -40.0,
    'max': 35.0,
    'palette': ['blue', 'purple', 'cyan', 'green', 'yellow',
    'red'],
}

labels = [str(n).zfill(2) +":00"for n in range(0, 24)]
Map.add_time_slider(collection, vis_params, labels=labels, time_
interval=1, opacity=0.8)
Map
```

哨兵 –2 的可视化时间滑块显示如图 5.4.5 所示。

```
Map = geemap.Map(center=[37.75, -122.45], zoom=12)

collection = (
    ee.ImageCollection('COPERNICUS/S2_SR')
    .filterBounds(ee.Geometry.Point([-122.45, 37.75]))
    .filterMetadata('CLOUDY_PIXEL_PERCENTAGE', 'less_than',
 10)
)

vis_params = {"min": 0,"max": 4000,"bands": ["B8", "B4", "B3"]}

Map.add_time_slider(collection, vis_params)
Map
```

图 5.4.5　添加时间滑块的地图

5.4.5　阴影地形图

当色彩要求较高或想使用模板颜色时，我们可以在这里导入 colormap 包，以设置地图数据显示的调色板。直接使用 cm.palettes 将色彩系统导入，按 tab 可以查看 palettes 的列表，后面跟所需要的调色板名称即可，山体阴影的例子如图 5.4.6 所示。

```
import geemap.colormaps as cm

Map = geemap.Map()
```

```
dem = ee.Image("USGS/SRTMGL1_003")
hillshade = ee.Terrain.hillshade(dem)

vis = {'min': 0, 'max': 6000, 'palette': cm.palettes.terrain}
blend = geemap.blend(top_layer=dem, top_vis=vis)

Map.addLayer(hillshade, {}, 'Hillshade')
Map.addLayer(blend, {}, 'Shaded relief')

Map.add_colorbar(vis, label='Elevation (m)')
Map.setCenter(91.4206, 27.3225, zoom=9)
Map
```

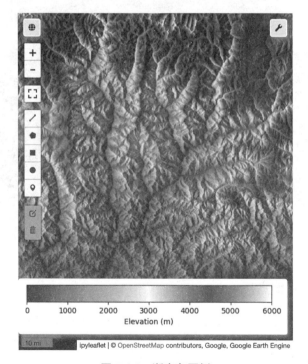

图 5.4.6　渐变色图例

5.4.6　高程等高线

通过 geemap 的 create 功能可以为 DEM 添加等高线，参数设置为数据、最大值、最小值、间隔等，显示结果如图 5.4.7 所示。

```
import geemap.colormaps as cm
Map = geemap.Map()
image = ee.Image("USGS/SRTMGL1_003")
hillshade = ee.Terrain.hillshade(image)
     Map.addLayer(hillshade, {},"Hillshade")

vis_params = {'min': 0,"max": 5000,"palette": cm.palettes.
dem}
Map.addLayer(image, vis_params,"dem", True, 0.5)
Map.add_colorbar(vis_params, label='Elevation (m)')
contours = geemap.create_contours(image, 0, 5000, 100, regio
n=None)
Map.addLayer(contours, {'palette': 'black'}, 'contours')
Map
```

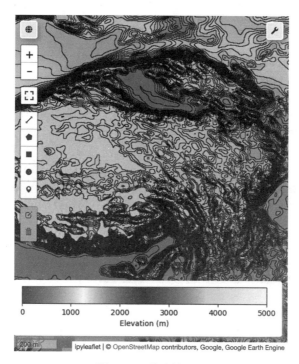

图 5.4.7　等高线展示

5.4.7　可视化 NetCDF 数据

首先，需要保存一个 nc 文件至可检索的文件夹中，使用 add_netcdf 功能，从 netCDF 文件生成 ipyleaflet/folium Tile 图层，导入数据并设置参数。除此之外，可以使用 add_velocity 功能将速度层添加到地图中，显示结果如图 5.4.8 所示。

```
filename = '…….nc'
data = geemap.read_netcdf(filename)
data
Map = geemap.Map(layers_control=True)
Map.add_netcdf(
    filename,
    variables=['v_wind'],
    palette='coolwarm',
    shift_lon=True,
    layer_name='v_wind',
)

Map = geemap.Map(layers_control=True)
Map.add_velocity(filename,zonal_speed='u_wind',meridional_
speed='v_wind')
Map
```

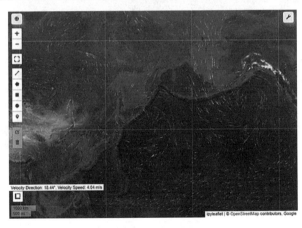

图 5.4.8　风向移动

5.4.8　等值图

使用分位数（Quantiles）、等间距（EqualInterval）、自然间断法（NaturalBreaks）、FisherJenks、JenksCaspall、等分类方式进行等值图制作。此时需要 pip install mapclassify。在这里使用 geemap 自带的国家数据的 pop_est 属性进行等值计算。以分位数作为分类方法将人口数据进行出图。

```
data = geemap.examples.datasets.countries_geojson
Map = geemap.Map()
Map.add_data(
    data, column='POP_EST', scheme='Quantiles', cmap='Blues',
legend_title='Population'
)
Map
# 等间距
Map = geemap.Map()
Map.add_data(
    data,
    column='POP_EST',
    scheme='EqualInterval',
    cmap='Blues',
    legend_title='Population',
)
Map
# FisherJenks
Map = geemap.Map()
Map.add_data(
    data,
    column='POP_EST',
    scheme='FisherJenks',
    cmap='Blues',
    legend_title='Population',
)
Map
#JenksCaspall
Map = geemap.Map()
Map.add_data(
    data,
    column='POP_EST',
    scheme='JenksCaspall',
    cmap='Blues',
    legend_title='Population',
)
Map
```

5.4.9　创建坐标系 gird

在整个交互式地图区域制作坐标系网格，类似于 GIS 软件增加经纬线格网，可使用 latlon_grid 功能。

```
grid = geemap.latlon_grid(
    lat_step=10, lon_step=10, west=-180, east=180, south=-85,
    north=85
)



Map = geemap.Map()
style = {'fillColor': '00000000'}
Map.addLayer(grid.style(**style), {}, 'Coordinate Grid')
Map
```

5.4.10　创建渔网

创建渔网则是根据数据范围生成部分矩形方格，可使用 fishnet 功能。

```
roi = ee.Geometry.BBox(114, 33, 124, 46)
Map.addLayer(roi, {}, 'ROI')

fishnet = geemap.fishnet(roi, h_interval=2.0, v_interval=
2.0, delta=1)
style = {'color': 'blue', 'fillColor': '00000000'}
Map.addLayer(fishnet.style(**style), {}, 'Fishnet')
```

5.5　数据应用

5.5.1　数据上传加载

1. 矢量数据

对于矢量数据，可以直接使用本地数据源。但当报错超限时，需要在 GEE js 网页上进行上传后调用，上传的位置如图 5.5.1 所示。

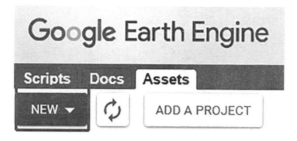

图 5.5.1　新建矢量文件

注意，路径分隔符设置为 /，不在当前文件夹需要准确的路径。Geotiff 同理。
代码如下：

```
Map = geemap.Map()
in_shp ="./……"# 路径名称
Map.add_shp(in_shp, layer_name="……")
Map
除此之外，还可以用 geopandas 进行导入
import geopandas as gpd

gdf = gpd.read_file(in_shp)
fc = geemap.gdf_to_ee(gdf)
```

2. CSV 转矢量

```
data = './……' # 路径
geemap.csv_to_df(data)
geemap.csv_to_geojson(data, '…….geojson', latitude="latitude",
longitude='longitude')
geemap.csv_to_shp(data, 'cities.shp', latitude="latitude",
longitude='longitude')
```

注意，需要找到 csv 中经纬度对应的列名。

3. 将 NetCDF 转换为 ee.Image

```
nc_file = ' 文件名 .nc'
img = geemap.netcdf_to_ee(nc_file=nc_file, var_names='u_wind')
vis_params={'min':-20,'max':25,'palette':'YlOrRd','opacity': 0.6}
Map.addLayer(img, vis_params,"u_wind")

img = geemap.netcdf_to_ee(nc_file=nc_file, var_names=['u_wind',
```

```
'v_wind'])
Map.addLayer(
    img,
    {'bands': ['v_wind'], 'min': -20, 'max': 25, 'palette':
    'coolwarm', 'opacity': 0.8},
    "v_wind",
)
Map
```

4. 从 open street map 导入数据

Openstreetmap 具有全球城市的矢量范围，本例以北京市海淀区为例。

```
fc = geemap.osm_to_ee("Beijing, Haidian")
Map.addLayer(fc, {},"Haidian")
Map.centerObject(fc, 11)
Map
```

使用以下代码查看信息：

```
gdf = geemap.osm_to_gdf("Beijing, Haidian")
gdf
```

5.5.2   数据导出

首先调用数据：

```
Map = geemap.Map()

image = ee.Image('LANDSAT/LC08/C02/T1_TOA/LC08_044034_2014
0318').select(
    ['B5', 'B4', 'B3']
)
region = ee.Geometry.BBox(-122.5955, 37.5339, -122.0982,
37.8252)
fc = ee.FeatureCollection(region)
```

这样，我们就创建了两个数据，用一个数据的范围去下载另外一个影像数据。

1. 直接下载

该方法使用 ee_export_image 方法，设置参数为数据、文件名、比例、区域。

```
geemap.ee_export_image(image, filename="landsat.tif", scale=30,
region=region)
```

download_ee_image 方法与 ee_export_image 方法类似。

```
geemap.download_ee_image(image, filename='landsat_full.tif',
scale=60)
```

2. 定义投影和坐标转换后下载

还可以定义投影坐标系后进行下载。

```
# 查看数据原坐标系
projection = image.select(0).projection().getInfo()
projection

crs = projection['crs']
crs_transform = projection['transform']
geemap.ee_export_image(
    image,
    filename="landsat_crs.tif",
    crs=crs,
    crs_transform=crs_transform,
    region=region,
)
```

3. 使用渔网分片下载

当数据过大无法一次性下载完成并超限报错时，可以利用渔网对数据进行下载。

首先创建渔网。

```
fishnet = geemap.fishnet(image.geometry(), rows=4, cols=4,
delta=0.5)
```

随后，在下载时设置参数，使用渔网分区域下载。

```
out_dir = os.path.expanduser('~/Downloads')
geemap.download_ee_image_tiles(
    image, fishnet, out_dir, prefix="landsat_" crs="EPSG:3857",
    scale=30
)
```

①下载到 Google drive。

```
geemap.ee_export_image_to_drive(
    image,description='landsat', folder='export', region=region,
    scale=30
)
```

②下载到 asset 客户端资产里。

```
assetId = 'landsat_sfo'
geemap.ee_export_image_to_asset(
    image, description='landsat', assetId=assetId, region=region,
    scale=30
)
```

③下载到 Google 云服务器。

```
bucket = 'your-bucket'
geemap.ee_export_image_to_cloud_storage(
    image, description='landsat', bucket=None, region=region,
    scale=30
)
```

5.5.3　视频下载

还可以将一定时期的影像数据作为视频进行导出，在下载视频时注意需要将影像转为 8 bit。

```
collection = (
    ee.ImageCollection('LANDSAT/LT05/C01/T1_TOA')
    .filter(ee.Filter.eq('WRS_PATH', 44))
    .filter(ee.Filter.eq('WRS_ROW', 34))
    .filter(ee.Filter.lt('CLOUD_COVER', 30))
    .filterDate('1991-01-01', '2011-12-30')
    .select(['B4', 'B3', 'B2'])
    .map(lambda img: img.multiply(512).uint8())
)

geemap.ee_export_video_to_dirve(
    collection, folder='export', framesPerSecond=12,
    dimensions=720, region=region
)
```

5.5.4　下载影像缩略图

当影像数据过大时或只需要大概的影像示意做流程图，需要下载缩略图，下载结果如图 5.5.2 所示。

```
roi = ee.Geometry.Point([-122.44, 37.75])
collection = (
    ee.ImageCollection('LANDSAT/LC08/C02/T1_TOA')
    .filterBounds(roi)
    .sort("CLOUD_COVER")
    .limit(10)
)

image = collection.first()

vis_params = {
    'bands': ['B5', 'B4', 'B3'],
    'min': 0,
    'max': 0.3,
    'gamma': [0.95, 1.1, 1],
}
out_img = 'landsat.jpg'
region = ee.Geometry.BBox(-122.5955, 37.5339, -122.0982,
37.8252)
geemap.get_image_thumbnail(image, out_img, vis_params,
dimensions=1000, region=region)

geemap.show_image(out_img)
```

之后，可以使用 get_image_collection_thumbnails 把缩略图逐一下载到本地。

```
out_dir = os.path.expanduser("~/Downloads")
geemap.get_image_collection_thumbnails(
    collection,
    out_dir,
    vis_params,
    dimensions=1000,
    region=region,
)
```

图 5.5.2　缩略图结果

5.6　地理数据分析

5.6.1　reduce

首先，使用 ee.List 创建一个列表：

```
values = ee.List.sequence(1,10)
```

之后使用 ee.Ruducer 的功能对该 list 进行最大值、最小值、计数、平均值、中位数、求和、标准差等计算，分别对应 ee.Reducer.min（）、ee.Reducer.max（）、ee.Reducer.count（）、ee.Reducer.mean（）、ee.Reducer.median（）、ee.Reducer.sum（）、ee.Reducer.stdDev（）。

下面以同时获取最大和最小值为例：

```
min_max_value = values.reduce(ee.Reducer.minMax())
print(min_max_value.getInfo())
```

通过上述对 reduce 有了解，接下来通过对影像波段进行 ruduce 操作，此步骤与 JavaScript 类似，合成一张影像的所选波段，显示结果如图 5.6.1 所示。

```
Map = geemap.Map()
```

```
# 选择影像的波段
image = ee.Image('LANDSAT/LC08/C01/T1/LC08_044034_20140318').
select(['B4', 'B3', 'B2'])

# Reduce 一张影像的所选波段，并合成为一个单波段影像，波段为最大值
maxValue = image.reduce(ee.Reducer.max())

Map.centerObject(image, 8)
Map.addLayer(image, {}, 'Original image')
Map.addLayer(maxValue, {'max': 13000}, 'Maximum value image')
Map
```

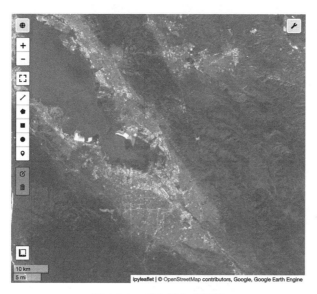

图 5.6.1　最大值合成影像

5.6.2　filter

首先，根据行列号过滤出一年的一景影像，然后对 collection 进行 reduce，计算一年的中位数，该操作将 collection 的每景影像的波段进行中位数计算，同时将波段名称加后缀 _median，计算结果如图 5.6.2 所示。

```
collection = (
    ee.ImageCollection('LANDSAT/LC08/C01/T1_TOA')
    .filterDate('2021-01-01', '2021-12-31')
```

```
    .filter(ee.Filter.eq('WRS_PATH', 44))
    .filter(ee.Filter.eq('WRS_ROW', 34))
)
median = collection.reduce(ee.Reducer.median())

vis_param = {'bands': ['B5_median', 'B4_median', 'B3_median'],
'gamma': 2}
Map.setCenter(-122.3355, 37.7924, 8)
Map.addLayer(median, vis_param)
Map
```

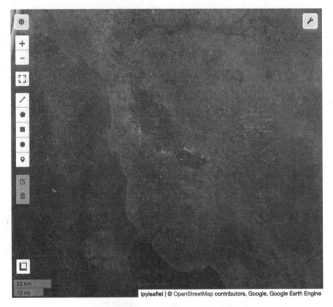

图 5.6.2 中位数合成影像

5.6.3 获取 Image 描述信息

在 Python 中，不使用 print 输出信息，而是使用 getInfo ( ) 对属性信息进行打印。对 image 使用 PropertyNames 功能，再使用 get Info ( )，会输出影像的所有属性名称，输出结果如图 5.6.3 所示。

```
Map = geemap.Map()
```

```
centroid = ee.Geometry.Point([-122.4439, 37.7538])
image = ee.ImageCollection('LANDSAT/LC08/C01/T1_SR').
filterBounds(centroid).first()
vis = {'min': 0, 'max': 3000, 'bands': ['B5', 'B4', 'B3']}

Map.centerObject(centroid, 8)
Map.addLayer(image, vis, "Landsat-8")
Map
```

```
image.propertyNames().getInfo()
```

```
image.propertyNames().getInfo()
```
```
['IMAGE_QUALITY_TIRS',
 'CLOUD_COVER',
 'system:id',
 'EARTH_SUN_DISTANCE',
 'LANDSAT_ID',
 'system:footprint',
 'system:version',
 'CLOUD_COVER_LAND',
 'GEOMETRIC_RMSE_MODEL',
 'SR_APP_VERSION',
 'SATELLITE',
 'SOLAR_AZIMUTH_ANGLE',
 'IMAGE_QUALITY_OLI',
 'system:time_end',
 'WRS_PATH',
 'system:time_start',
 'SENSING_TIME',
 'ESPA_VERSION',
 'SOLAR_ZENITH_ANGLE',
 'WRS_ROW',
 'GEOMETRIC_RMSE_MODEL_Y',
 'LEVEL1_PRODUCTION_DATE',
 'GEOMETRIC_RMSE_MODEL_X',
 'system:asset_size',
 'PIXEL_QA_VERSION',
 'system:index',
 'system:bands',
 'system:band_names']
```

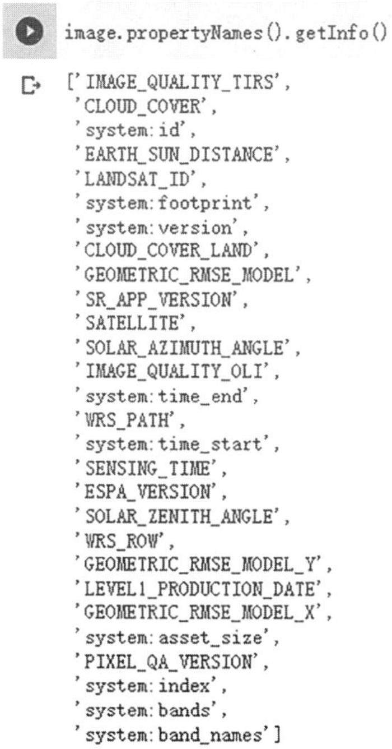

图 5.6.3　影像属性信息

通过上述代码获取到所有的属性名称，这时可以使用 get () 去获取特定的属性信息，下面以云覆盖度为例，输出结果如图 5.6.4 所示。

```
image.get('CLOUD_COVER').getInfo()
```

```
image.get('CLOUD_COVER').getInfo()
```

```
0.05
```

图 5.6.4　使用 getInfo 获取指定属性

输入下列代码，显示影像所有属性信息。参数：Image 为输入图像。date_format（str，可选）：输出日期格式。默认为"YYYY MM dd HH：MM：ss"。返回包含图像属性的字典，输出结果如图 5.6.5 所示。

```
props = geemap.image_props(image)
props.getInfo()
```

```
props = geemap.image_props(image)
props.getInfo()
```

```
{'CLOUD_COVER': 0.05,
 'CLOUD_COVER_LAND': 0.06,
 'EARTH_SUN_DISTANCE': 1.001791,
 'ESPA_VERSION': '2_23_0_1b',
 'GEOMETRIC_RMSE_MODEL': 6.678,
 'GEOMETRIC_RMSE_MODEL_X': 4.663,
 'GEOMETRIC_RMSE_MODEL_Y': 4.78,
 'IMAGE_DATE': '2013-04-09',
 'IMAGE_QUALITY_OLI': 9,
 'IMAGE_QUALITY_TIRS': 9,
 'LANDSAT_ID': 'LC08_L1TP_044034_20130409_20170310_01_T1',
 'LEVEL1_PRODUCTION_DATE': 1489126619000,
 'NOMINAL_SCALE': 30,
 'PIXEL_QA_VERSION': 'generate_pixel_qa_1.6.0',
 'SATELLITE': 'LANDSAT_8',
 'SENSING_TIME': '2013-04-09T18:46:34.7579070Z',
 'SOLAR_AZIMUTH_ANGLE': 142.742508,
 'SOLAR_ZENITH_ANGLE': 34.973495,
 'SR_APP_VERSION': 'LaSRC_1.3.0',
 'WRS_PATH': 44,
 'WRS_ROW': 34,
 'system:asset_size': '558.682087 MB',
 'system:band_names': ['B1',
 'B2',
 'B3',
 'B4',
 'B5',
 'B6',
 'B7',
 'B10',
 'B11',
 'sr_aerosol',
 'pixel_qa',
 'radsat_qa'],
 'system:id': 'LANDSAT/LC08/C01/T1_SR/LC08_044034_20130409',
 'system:index': 'LC08_044034_20130409',
 'system:time_end': '2013-04-09 18:46:34',
 'system:time_start': '2013-04-09 18:46:34',
 'system:version': 1581684730621653}
```

图 5.6.5　全部的属性信息

使用 geemap.image_stats 获取图像描述性统计信息。参数：Image 用于计算描述性统计信息的输入图像。区域（对象，可选）：要减少数据的区域。默认为图像第一个标注栏的示意图。（浮动，可选）：以投影米为单位的标称刻度。默认为"无"。这将返回一个包含输入图像的描述统计信息的字典。请读者自行尝试。

```
stats = geemap.image_stats(image, scale=30)
stats.getInfo()
```

5.6.4　分区统计

Geemap 与 js 客户端不同的功能，具有使用矢量统计影像栅格信息功能。以 Landsat7 和美国行政州界为例，使用边界统计各州影像的信息。

```
Map = geemap.Map(center=[40, -100], zoom=4)
# Add 5-year Landsat TOA composite
landsat = ee.Image('LANDSAT/LE7_TOA_5YEAR/1999_2003')
landsat_vis = {'bands': ['B4', 'B3', 'B2'], 'gamma': 1.4}
Map. addLayer(landsat, landsat_vis, "Landsat")

states = ee.FeatureCollection("TIGER/2018/States")
style = {'fillColor': '00000000'}
Map.addLayer(states.style(**style), {}, 'US States')
Map

out_landsat_stats = 'landsat_stats.csv'
geemap.zonal_stats(
  landsat,
  states,
  out_landsat_stats,
  statistics_type='MEAN',
  scale=1000,
  return_fc=False,
)
```

如图 5.6.6 所示，zonal_stats 提供了一个功能，首先输入影像和区域矢量，之后需要命名，设置统计类型。

```
out_landsat_stats = 'landsat_stats.csv'
geemap.zonal_stats(
    landsat,
    states,
    out_landsat_stats,
    statistics_type='MEAN',
    scale=1000,
    return_fc=False,
)
```

```
Computing statistics ...
Generating URL ...
Downloading data from https://earthengine.googleapis.com/v1alpha/projects/earthengine-legacy/tables/43bd4bf81c3075afbdf1273ca1195e79-9cae30b038df25673bf5505ce344f1be.
Please wait ...
Data downloaded to /content/landsat_stats.csv
```

图 5.6.6　zonal_stats 函数统计

当使用从 colab 时，会下载到 Google 硬盘上，在本地环境则会下载到当前文件夹。打开该数据，可以发现其统计了每个州的影像属性，前七列统计了 Landsat 每个波段的平均值，如图 5.6.7 所示。

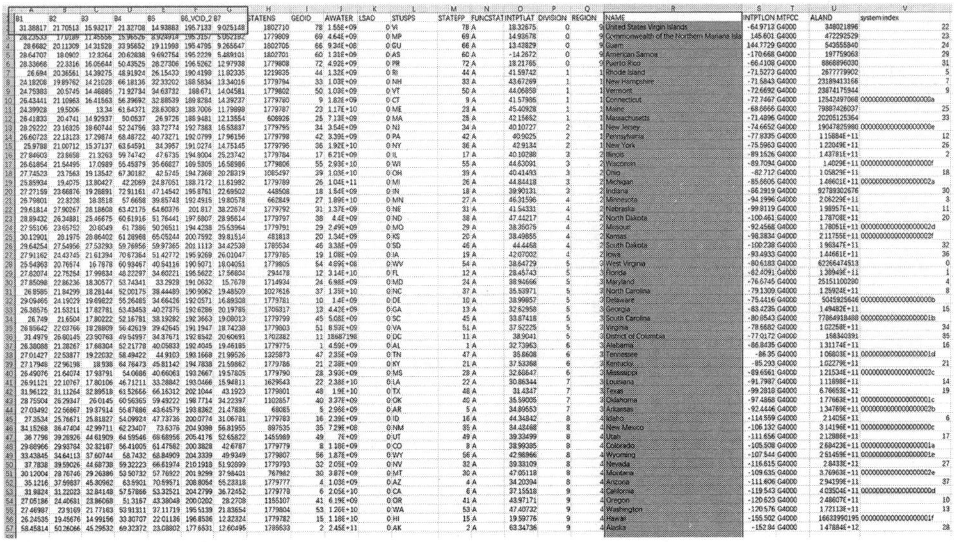

图 5.6.7　统计后的结果

5.6.5　按类别分区统计

zonal_stats_by_group 提供了一个功能：是矢量统计单波段影像的不同属性类别的信息。首先加载 NLCD 土地利用影像数据，如图 5.6.8 所示。

```
Map = geemap.Map(center=[40, -100], zoom=4)

# Add NLCD data
dataset = ee.Image('USGS/NLCD_RELEASES/2019_REL/NLCD/2019')
```

```
landcover = dataset.select('landcover')
Map.addLayer(landcover, {}, 'NLCD 2019')

# Add US census states
states = ee.FeatureCollection("TIGER/2018/States")
style = {'fillColor': '00000000'}
Map.addLayer(states.style(**style), {}, 'US States')

# Add NLCD legend
Map.add_legend(title='NLCD Land Cover', builtin_legend='NLCD')
Map
```

图 5.6.8　土地分类显示

此时，我们可以使用州行政边界对土地利用数据为例，以统计每个州不同土地利用类型的总面积为例，如图 5.6.9 所示。

```
nlcd_stats = 'nlcd_stats.csv'

geemap.zonal_stats_by_group(
    landcover,
    states,
    nlcd_stats,
    statistics_type='SUM',
    denominator=1e6,
    decimal_places=2,
)
```

打开数据可以发现，每个州对应的不同类型土地利用面积都被统计。

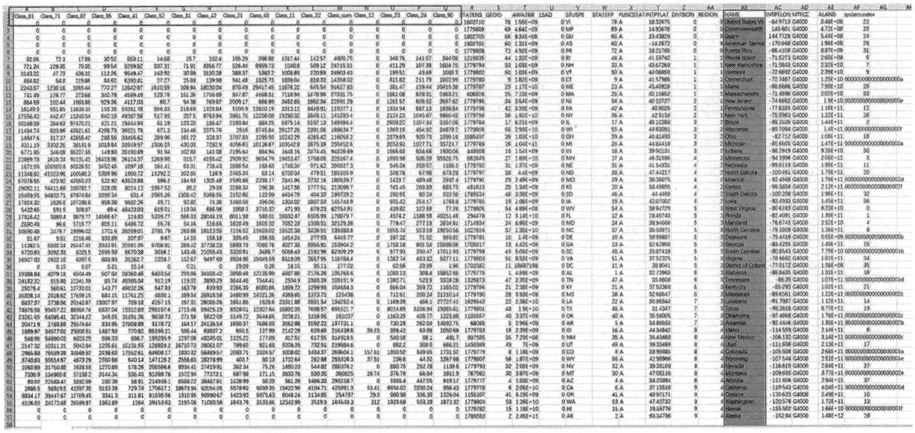

图 5.6.9 统计后的结果

除此之外，还可以使用两个影像进行统计分析。此处使用土地利用数据和 DEM 数据进行统计，以每种土地利用类别为统计单位，统计每种土地利用类型的高程平均值。

```
Map = geemap.Map(center=[40, -100], zoom=4)
dem = ee.Image('USGS/3DEP/10m')
vis = {'min': 0, 'max': 4000, 'palette': 'terrain'}
Map.addLayer(dem, vis, 'DEM')
Map


landcover = ee.Image("USGS/NLCD_RELEASES/2019_REL/NLCD/2019").
select('landcover')
Map.addLayer(landcover, {}, 'NLCD 2019')
Map.add_legend(title='NLCD Land Cover Classification', builtin_
legend='NLCD')


stats = geemap.image_stats_by_zone(dem, landcover, reducer=
'MEAN')
stats
```

运行结果如图 5.6.10 所示，可以看到 OpenWater 的 DEM 平均值最小，永久积雪区 DEM 最大。

5.6.6　值提取至点

如图 5.6.11 所示，Geemap 具有值提取至点功能，需要用 FeatureCollection 进行影像值提取，此时需要 geopands 库。使用 pip install geopands 进行安装。在这里可以选择在 gee 中生成点或选择使用自己本地的数据。下列均为生成点数据。可以选择生成 shp 文件并将影像值放入点属性表中：

```
roi = ee.FeatureCollection(ee.Geometry.Point(-112.8089, 33.7306))
dem = ee.Image('USGS/SRTMGL1_003')
geemap.extract_values_to_points(roi, dem, out="dem.shp")
geemap.shp_to_gdf("dem.shp")
```

	zone	stat
0	11	164.747176
1	12	2057.655823
2	21	200.148143
3	22	234.370185
4	23	239.250334
5	24	184.145368
6	31	1161.049749
7	41	408.022819
8	42	1154.183845
9	43	295.772262
10	52	1389.819530
11	71	975.406196
12	81	261.596928
13	82	433.506312
14	90	162.396481
15	95	315.732807

图 5.6.10　不同地类 DEM 统计结果

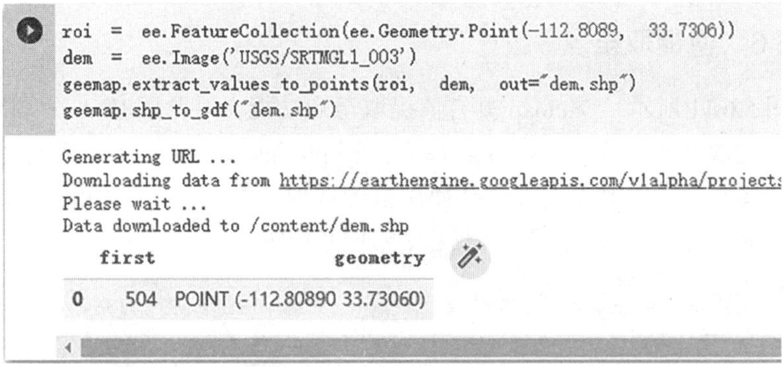

图 5.6.11　值提取至点结果

　　也可以选择生成 csv 文件将值存放于表格中，便于后续其他分析，输出结果如图 5.6.12 所示。

```
geemap.extract_values_to_points(roi, dem, 'dem.csv')
geemap.csv_to_df('dem.csv')
```

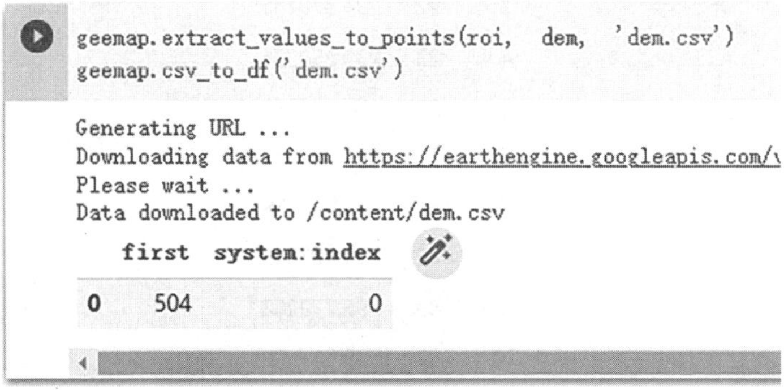

图 5.6.12　导出数据为 csv 格式

也可以使用一个线横断面进行值提取，如图 5.6.13 所示。

```
line = ee.Geometry.LineString(
        [[-120.2232, 36.3148], [-118.9269, 36.7121],
        [-117.2022, 36.7562]]
    )
image = ee.Image('USGS/SRTMGL1_003')

transect = geemap.extract_transect(
    image, line, n_segments=100, reducer='mean', to_pandas=True
```

```
)
Transect
```

	mean	distance
0	99.243094	0.000000
1	91.486990	2783.303405
2	87.383866	5566.606810
3	82.972730	8349.910215
4	78.093881	11133.213620
...	...	...
95	753.911717	264413.823473
96	342.071921	267197.126878
97	66.404018	269980.430283
98	36.768947	272763.733688
99	31.881802	275547.037093

100 rows × 2 columns

图 5.6.13　导出后的结果展示

使用 line_chart 对结果进行可视化。

```
geemap.line_chart(
    data=transect,
    x='distance',
    y='mean',
    markers=True,
    x_label='Distance (m)',
    y_label='Elevation (m)',
    height=400,
)
```

5.6.7　查找可使用的图像数量

首先加载影像集，使用 image_count 对影像集进数量计算，设置区域范围、时间范围、裁剪等参数。年度合成去云——使用 ee 自带 Landsat 去云算法进行去云，该方法是将一年的影像进行去云。linked_maps 分屏同时显示使用不同波段显示的影像，如图 5.7.14 所示。

```
collection = ee.ImageCollection("LANDSAT/LC08/C02/T1_L2")
image = geemap.image_count(
  collection, region=None, start_date='2021-01-01', end_
  date='2022-01-01', clip=False
)


Map = geemap.Map()
vis = {'min': 0, 'max': 60, 'palette': 'coolwarm'}
Map.addLayer(image, vis, 'Image Count')
Map.add_colorbar(vis, label='Landsat 8 Image Count')

collection = ee.ImageCollection('LANDSAT/LC08/C02/T1').
filterDate(
  '2021-01-01', '2022-01-01'
)

composite = ee.Algorithms.Landsat.simpleComposite(collection)
customComposite = ee.Algorithms.Landsat.simpleComposite(
  **{'collection': collection, 'percentile': 30, 'cloudScoreRang
  e': 5}
)

vis_params = [
  {'bands': ['B4', 'B3', 'B2'], 'min': 0, 'max': 128},
  {'bands': ['B5', 'B4', 'B3'], 'min': 0, 'max': 128},
  {'bands': ['B7', 'B6', 'B4'], 'min': 0, 'max': 128},
  {'bands': ['B6', 'B5', 'B2'], 'min': 0, 'max': 128},
]

geemap.linked_maps(
  rows=2,
  cols=2,
  height="300px",
  center=[37.7726, -122.1578],
  zoom=9,
  ee_objects=[composite],
  vis_params=vis_params,
  labels=labels,
  label_position="topright",
)
```

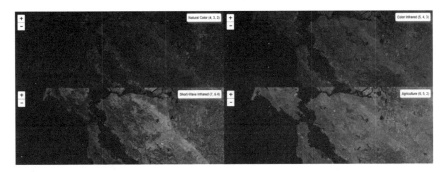

图 5.6.14　分屏地图显示

以下代码为输出可用影像数量和 NDVI 的结果展示，NDVI 采用的是最大值合成。

```
countries=ee.FeatureCollection(geemap.examples.get_ee_
path('countries'))
roi = countries.filter(ee.Filter.eq('ISO_A3', 'USA'))
Map.addLayer(roi, {}, 'roi')
Map

start_date = '2020-01-01'
end_date = '2021-01-01'

collection = (
    ee.ImageCollection('LANDSAT/LC08/C01/T1_TOA')
    .filterBounds(roi)
    .filterDate(start_date, end_date)
)

median = collection.median()

def add_ndvi(image):
    ndvi = image.normalizedDifference(['B5', 'B4']).
    rename('NDVI')
return image.addBands(ndvi)

def add_time(image):
    date = ee.Date(image.date())

    img_date = ee.Number.parse(date.format('YYYYMMdd'))
    image = image.addBands(ee.Image(img_date).rename('date').
```

```
    toInt())

    img_month = ee.Number.parse(date.format('M'))
    image=image.addBands(ee.Image(img_month).rename('month').
    toInt())

    img_doy = ee.Number.parse(date.format('D'))
    image = image.addBands(ee.Image(img_doy).rename('doy').
    toInt())

return image
    #添加波段，上面两个函数的波段，分别为'NDVI', 'date', 'month',
    'doy'

images = collection.map(add_ndvi).map(add_time)
    #使用NDVI进行影像镶嵌。具体操作为合成集合中的所有图像，使用选择的波
段对像素进行排序。但同时维持原有波段属性。

greenest = images.qualityMosaic('NDVI')

doy = greenest.select('doy')
vis_doy = {'palette': ['red','yellow', 'green'], 'min': 1,
'max': 365}
Map.addLayer(doy, vis_doy, 'Greenest doy')
Map.add_colorbar(vis_doy, label='Day of year', layer_
name='Greenest doy')
Map
```

5.7 Cartoee 制图

cartoee 是一个简单的 Python 包，用于使用 Cartopy 根据 Earth Engine 的结果制作出版物质量地图，而无需下载结果。这个软件包的目的只有一个：将来自 Earth Engine 的处理结果转换为一个出版质量地图。Cartopy 只是从 Earth Engine 获得结果，并用正确的地理投影绘制出结果，然后离开 ee 和 cartopy 进行更多的处理和可视化。

其流程是：处理 gee 上的数据；导出数据；创建地图。

由于内置的 geemap 已自动安装 cartoee，只需运行如下代码进行库的调用。

```
from geemap import cartoee
import matplotlib.pyplot as plt
```

第一行为导入 cartoee 进行数据导入，第二行为导入 matplotlib 进行图框导入。

5.7.1　全局出图

基于 web 墨卡托形式，对数据进行出图。

```
# 导入数据
srtm = ee.Image("CGIAR/SRTM90_V4")
# 显示设置
region = [180, -60, -180, 85]  # define bounding box to request
data
vis = {'min': 0, 'max': 3000}
# 加载图框、设置可视化参数颜色、加图例、加经纬线、加海岸线、设置标题。
fig = plt.figure(figsize=(10, 5))

#cmap ="gist_earth" # colormap we want to use
cmap ="terrain"

# use cartoee to get a map
ax = cartoee.get_map(srtm, region=region, vis_params=vis,
cmap=cmap, zoom_level=2)

cartoee.add_colorbar(
    ax, vis, cmap=cmap, loc="right", label="Elevation",
    orientation="vertical"
)

# add gridlines to the map at a specified interval
cartoee.add_gridlines(ax, interval=[60, 30], linestyle="-.")

# add coastlines using the cartopy api
ax.coastlines(resolution='auto', color="black")

ax.set_title(label='Elevation', fontsize=15)

plt.show()
```

5.7.2 局部出图

除了加载全球 dem，还可以加载局部地图并添加地图要素。看下面的例子。

```
image = ee.Image('LANDSAT/LC08/C01/T1_SR/LC08_119034_20191008')

# define the visualization parameters to view
vis = {"bands": ['B5', 'B4', 'B3'],"min": 0,"max": 5000,
"gamma": 1.3}

fig = plt.figure(figsize=(15, 10))

# 设置边界框，格式为 [E,S,W,N]
zoom_region = [121.8025, 37.3458, 122.6265, 37.9178]

# 画图
ax = cartoee.get_map(image, vis_params=vis, region=zoom_region)

# 加载网格线 xtick labels 旋转 45°
cartoee.add_gridlines(ax, interval=0.15, xtick_rotation=45,
linestyle=":")

# 加载海岸线
ax.coastlines(color="yellow")

# 添加指北针
cartoee.add_north_arrow(
    ax, text="N", xy=(0.05, 0.25), text_color="white", arrow_
    color="white", fontsize=20
)

# 添加比例尺
cartoee.add_scale_bar_lite(
    ax, length=10, xy=(0.1, 0.05), fontsize=20, color="white",
    unit="km"
)

ax.set_title(label="False Color Composite", fontsize=15)

plt.show()
```

5.7.3　不同投影出图

首先，加载 modis ndvi 数据和国界线数据，之后使用等地球投影进行绘图。

```python
Map = geemap.Map()

image = (
    ee.ImageCollection('MODIS/MCD43A4_006_NDVI')
    .filter(ee.Filter.date('2018-04-01', '2018-05-01'))
    .select("NDVI")
    .first()
)

vis_params = {
    'min': 0.0,
    'max': 1.0,
    'palette': [
        'FFFFFF',
        'CE7E45',
        'DF923D',
        'F1B555',
        'FCD163',
        '99B718',
        '74A901',
        '66A000',
        '529400',
        '3E8601',
        '207401',
        '056201',
        '004C00',
        '023B01',
        '012E01',
        '011D01',
        '011301',
    ],
}
Map.setCenter(-7.03125, 31.0529339857, 2)
Map.addLayer(image, vis_params, 'MODIS NDVI')

countries=ee.FeatureCollection(geemap.examples.get_ee_
```

```
path('countries'))
style = {"color":"00000088""width": 1,"fillColor":"00000000"}
Map.addLayer(countries.style(**style), {},"Countries")

ndvi = image.visualize(**vis_params)
blend = ndvi.blend(countries.style(**style))

Map.addLayer(blend, {},"Blend")
Map

bbox = [180, -88, -180, 88]

fig = plt.figure(figsize=(15, 10))

projection = ccrs.EqualEarth(central_longitude=-180)

ax = cartoee.get_map(blend, region=bbox, proj=projection)
cb = cartoee.add_colorbar(ax, vis_params=vis_params,
loc='right')

ax.set_title(label='MODIS NDVI', fontsize=15)

# ax.coastlines()
plt.show()
```

　　总结：出图的整体思路，首先需要设置一个经纬度范围边界框，格式为 [W，S，E，N]。使用 plt.figure 设置整体出图框大小，这一步是必须的，否则相当于没有设置底图。下一步使用 ccrs.EqualEarth 设置投影方式，这一步不是必需的，需要根据个人设置。使用 cartoee.get_map 设置地图内容。之后加载网格线、海岸线、指北针、图例、比例尺等。最后使用 plt.show () 打印地图。这就是使用 cartoee 出图的整体大概流程。

　　前面导入的 import cartopy.crs as ccrs 功能可对出图的投影方式进行设定。注意，这里不是 ESPG 的投影坐标系，而是地图打印的投影方式。

　　几种常见的投影方式：

　　ccrs.Mollweide；

　　ccrs.Robinson；

　　ccrs.InterruptedGoodeHomolosine；

　　ccrs.EqualEarth；

ccrs.Orthographic。

使用下述代码替换 ccrs 的功能即可实现不同坐标系的转换。

```
fig = plt.figure(figsize=(15, 10))

# 以太平洋为中心创建一个 Mollweide 投影
projection = ccrs.Mollweide(central_longitude=-180)

# 使用 cartoee 绘制 Mollweide 投影结果
ax = cartoee.get_map(
    ocean, vis_params=visualization, region=bbox, cmap='bwr',
    proj=projection
)
cb = cartoee.add_colorbar(
    ax, vis_params=visualization, loc='bottom', cmap='bwr',
    orientation='horizontal'
)

ax.set_title("Mollweide projection")

ax.coastlines()
plt.show()
```

除此之外，还可以聚焦于一个区域，做投影改变。

```
# 设置创建要关注的区域
spole = [180, -88, -180, 0]

projection = ccrs.SouthPolarStereo()

fig = plt.figure(figsize=(15, 10))

# 用 cartoee 聚焦南极绘制结果
ax = cartoee.get_map(
    ocean, cmap='bwr', vis_params=visualization, region=spole,
    proj=projection
)
cb = cartoee.add_colorbar(ax, vis_params=visualization,
loc='right', cmap='bwr')
```

```
ax.coastlines()
ax.set_title('The South Pole')

# 获取缩放区域的边界框坐标
zoom = spole
zoom[-1] = -20

# 按照 matplotlib 的要求，将 bbox 坐标从 [W, S, E, N] 转换为 [W, E, S, N]
zoom_extent = cartoee.bbox_to_extent(zoom)

# 将地图的范围设置为缩放区域
ax.set_extent(zoom_extent, ccrs.PlateCarree())

plt.show()
```

5.7.4　绘制矢量数据

导入下列所需要的库，这是必需的步骤。这里使用了全球能源数据，以燃料为类别依据进行矢量化出图。之后根据模板进行参数的修改，制作符合自己需求的地图即可。

首先加载数据并进行显示设置。

```
from geemap import cartoee
import geemap.colormaps as cmap
import cartopy.crs as ccrs
import geemap.colormaps as cm
%matplotlib inline


fuels = [
    'Coal',
    'Oil',
    'Gas',
    'Hydro',
    'Nuclear',
    'Solar',
    'Waste',
    'Wind',
```

```
    'Geothermal',
    'Biomass',
]
fc = ee.FeatureCollection("WRI/GPPD/power_plants").filter(
    ee.Filter.inList('fuel1', fuels)
)
colors = [
    '000000',
    '593704',
    'BC80BD',
    '0565A6',
    'E31A1C',
    'FF7F00',
    '6A3D9A',
    '5CA2D1',
    'FDBF6F',
    '229A00',
]
styled_fc = geemap.ee_vector_style(fc, column="fuel1",
labels=fuels, color=colors, pointSize=1)
Map = geemap.Map()
Map.addLayer(styled_fc, {}, 'Power Plants')
Map.add_legend(title="Power Plant Fuel Type", labels=fuels,
colors=colors)
Map
```

随后，基于 Line2D 和 cartoee 出图。

```
from matplotlib.lines import Line2D
legend = []
bbox = [180, -88, -180, 88]
for index, fuel in enumerate(fuels):
    item = Line2D(
                    [],
                    [],
                    marker="o",
                    color='#' + colors[index],
                    label=fuel,
                    markerfacecolor='#' + colors[index],
```

```
                            markersize=10,
                            ls="",
                    )
        legend.append(item)

fig = plt.figure(figsize=(15, 10))

# plot the result with cartoee using a PlateCarre projection
(default)
ax = cartoee.get_map(styled_fc, region=bbox, basemap='ROADMAP')
ax.set_title(label='Countries', fontsize=15)
cartoee.add_gridlines(ax, interval=30)


plt.show()
```

```
# 导入数据
palette = cm.palettes.gist_earth
features = ee.FeatureCollection(geemap.examples.get_ee_
path('countries'))
features_styled = geemap.vector_styling(features, column="NAME",
palette=palette)
# 查看属性名称
features_styled.first().propertyNames().getInfo()
# 设置参数
image = features_styled.style(**{"styleProperty":"style"})
proj = ee.Projection("EPSG:3857")
image = image.setDefaultProjection(proj)
# 生成地图
bbox = [170, -80, -170, 80]
fig = plt.figure(figsize=(15, 10))

ax = cartoee.get_map(image, region=bbox)
ax.set_title(label='Countries', fontsize=15)
cartoee.add_gridlines(ax, interval=30)


plt.show()
```

5.7.5　动图制作

有时需要演示多年某区域影像的变化情况，可先通过 cartoee 出图，再制作动图进行演示。

```python
lon = 116.5585
lat = 36.1500
start_year = 1984
end_year = 2011

point = ee.Geometry.Point(lon, lat)
years = ee.List.sequence(start_year, end_year)

def get_best_image(year):

    start_date = ee.Date.fromYMD(year, 1, 1)
    end_date = ee.Date.fromYMD(year, 12, 31)
    image = (
        ee.ImageCollection("LANDSAT/LT05/C01/T1_SR")
        .filterBounds(point)
        .filterDate(start_date, end_date)
        .sort("CLOUD_COVER")
        .first()
    )
    return ee.Image(image)

collection = ee.ImageCollection(years.map(get_best_image))
vis_params = {"bands": ['B4', 'B3', 'B2'],"min": 0,"max": 5000}

import os

cartoee.get_image_collection_gif(
    ee_ic=collection,
    out_dir=os.getcwd(),
    out_gif="landchange.gif",
    vis_params=vis_params,
    region=region,
    fps=5,
    mp4=True,
```

```
        grid_interval=(0.2, 0.2),
        plot_title="Land Change",
        date_format='YYYY-MM-dd',
        fig_size=(10, 8),
        dpi_plot=100,
        file_format="jpg",
        north_arrow_dict=north_arrow_dict,
        scale_bar_dict=scale_bar_dict,
        verbose=True,
    )
geemap.show_image('landchange.gif')
```

运行成果时会出现下载影像的记录，如图 5.7.1 所示，通过将影像合成为一个 gif 图的形式生成动图，如图 5.7.2 所示。

```
Downloading 1/28: LT05_122035_19840419.jpg ...
Downloading 2/28: LT05_122035_19850524.jpg ...
Downloading 3/28: LT05_122035_19861103.jpg ...
Downloading 4/28: LT05_122035_19870514.jpg ...
Downloading 5/28: LT05_122035_19880414.jpg ...
```

图 5.7.1　影像的图片下载过程

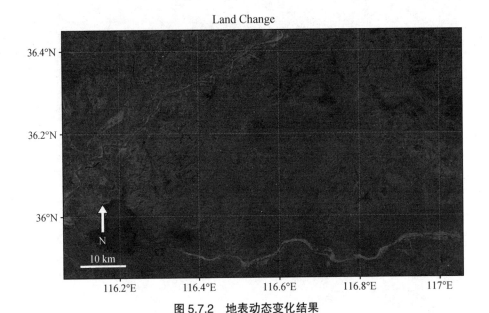

图 5.7.2　地表动态变化结果

5.8　图表制作

Geemap 内置了一定数量的常用文件，包括［‘animation.gif’，‘cable_geo.geojson’，‘charts_feature_example.shp’，‘china.geojson’，‘cog_files.txt’，‘countries.cpg’，‘countries.dbf’，‘countries.geojson’，‘countries.gpkg’，‘countries.prj’，‘countries.shp’，‘countries.shx’，‘countries.zip’，‘datasets.txt’，‘ee_logo.png’，‘noaa_logo.jpg’，‘rf_example.csv’，‘rwc_batch_input.csv’，‘temperature.gif’，‘us_cities.geojson’，‘us_cities.shp’，‘us_regions.geojson’，‘us_states.json’，‘us_states.kml’，‘us_states.kmz’，‘us_states.shp’，‘wind_global.nc’，‘world_cities.csv’］。使用 geemap.examples.get_path () 功能即可对其进行调用。

```
data = geemap.examples.get_path('countries.geojson')
df = geemap.geojson_to_df(data)
df.head()
```

运行 head () 之后显示整个表的前五行，如图 5.8.1 所示。

```
data = geemap.examples.get_path('countries.geojson')
df = geemap.geojson_to_df(data)
df.head()
```

	type	fid	NAME	POP_EST	POP_RANK	GDP_MD_EST	INCOME_GRP	ISO_A2	ISO_A3	CONTINENT
0	Feature	1	Fiji	920938	11	8374.0	4. Lower middle income	FJ	FJI	Oceania
1	Feature	2	Tanzania	53950935	16	150600.0	5. Low income	TZ	TZA	Africa
2	Feature	3	W. Sahara	603253	11	906.5	5. Low income	EH	ESH	Africa
3	Feature	4	Canada	35623680	15	1674000.0	1. High income: OECD	CA	CAN	North America
4	Feature	5	United States of America	326625791	17	18560000.0	1. High income: OECD	US	USA	North America

图 5.8.1

5.8.1　柱状图

通过上节数据制作柱状图，代码如下：

```
geemap.bar_chart(
    data=df,
    x='NAME',
    y='POP_EST',
    x_label='Country',
    y_label='Population',
    descending=True,
    max_rows=30,
    title='World Population',
    height=500,
    layout_args={'title_x': 0.5, 'title_y': 0.85},
)
```

如图 5.8.2 所示，通过设置 geemap.bar_chart 的参数，使用 plotly.express 创建柱状图，参数需要为列名（而不是关键字）传递此参数名称。类数组和 dict 在内部转换为 Panda dataframe。

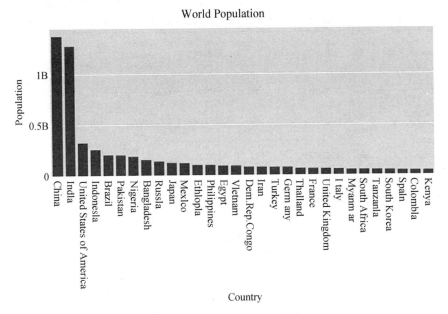

图 5.8.2　不同国家人口数据

5.8.2　饼状图

除此之外还可以生成饼状图，如图 5.8.3 所示。

```
geemap.pie_chart(
    data=df,
    names='NAME',
    values='POP_EST',
    max_rows=30,
    height=600,
    title='World Population',
    layout_args={ 'title_x': 0.47, 'title_y': 0.87},
)
```

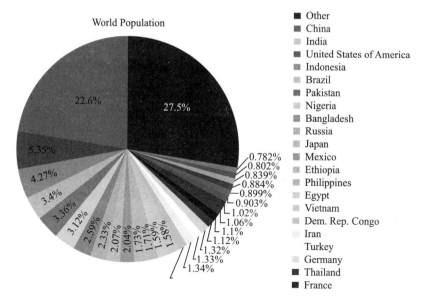

图 5.8.3　饼状图人口分布展示

5.8.3　直方图统计

通过导入 geemap 的 chart 功能进行直方图统计。首先定义影像的波段区域。使用该区域对波段进行采样并设置显示参数，最后使用 feature_histogram 进行直方图出图，统计结果如图 5.8.4 所示。

```
import geemap.chart as chart

source = ee.ImageCollection('OREGONSTATE/PRISM/Norm81m').
toBands()
region = ee.Geometry.Rectangle(-123.41, 40.43, -116.38, 45.14)
samples = source.sample(region, 5000)
prop = '07_ppt'

options = {
    "title": 'July Precipitation Distribution for NW USA',
    "xlabel": 'Precipitation (mm)',
    "ylabel": 'Pixel count',
    "colors": ['#1d6b99'],
}
chart.feature_histogram(samples, prop, **options)
```

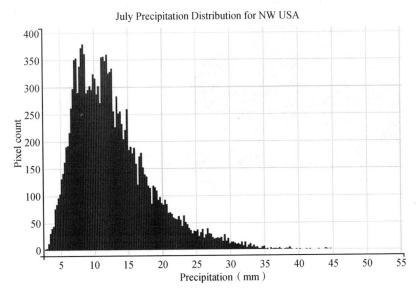

图 5.8.4 降水预测结果显示

5.9 常见错误和解决方案

EEException: Request payload size exceeds the limit: 10485760 bytes.

解决方式: 这是 gee 强制执行的限制, geemap 对此无能为力。可以尝试简化形状，减少顶点数量以使文件更小，也可以使用 GEE 代码编辑器上传文件。

无法显示交互式地图时，需要在 conda 安装插件：

jupyter nbextension install --py --symlink --sys-prefix ipyleaflet

jupyter nbextension enable --py --sys-prefix ipyleaflet

TypeError：'NoneType' object is not iterable。尝 试 使 用 更 新 到 最 新 版 本 geemap.update_package（）并重新启动内核才能生效。

Error displaying widget：model not found。需要安装 JupyterLab 扩展。

jupyter labextension install @jupyter-widgets/jupyterlab-manager jupyter-leaflet

TimeoutError：［WinError 10060］。由于连接方在一段时间后没有正确答复或连接的主机没有反应，连接尝试失败。geemap.set_proxy（port=your-port-number）［Errno 2］No such file or directory：'xxxxxx/.config/earthengine/credentials'。当出现该问题时，使用 geemap.update_package（）更新 geemap 包，可能会解决大部分问题。

第6章　GEE UI 和 APP

6.1　地球引擎 APP 概述

地球引擎中的 APP（https://www.earthengine.app/）中是用户基于 JavaScript Code Editor 界面开发后共享的交互式、网页式 Web 端的应用程序。地球引擎应用程序是地球引擎分析的动态、可共享的用户界面。开发者可以将自己开发完的代码，通过 UI 设计，将程序作为交互式的应用程序并发布和共享，这能让更多非编程人员和开发者以更简单的方式来实现程序的应用。能让应用程序以更简单的形式进行推广和使用。发布后 Apps 的链接形式（e.g.,USERNAME.users. earthengine.app）。链接中的 USERNAME 是地球引擎用户或项目名称，例如：https://bqt2000204051.users.earthengine.app/view/landsat-5-ndwi-image-restoration。

如果我们要发布的应用程序并不在当前目录下，可以选择其他已创建项目中的脚本完成指定脚本的发布，也可以创建新的云端项目来存放发布的存储位置，图 6.1.1 为不同项目的筛选过程。

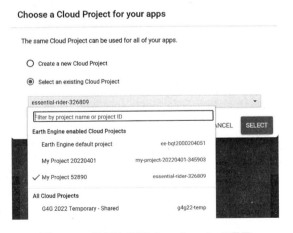

图 6.1.1　选择和新建 Googleproject 项目

对已发布的应用程序的访问可以限制在谷歌小组的成员之间，也可以让它公开访问。公开访问的应用程序是任何人都可以查看的，不需要登录。如果一个应用程序被限制在一个谷歌小组的成员范围内，用户将需要登录到该小组成员的账户中。

6.2　地球引擎中的 APP

在地球引擎的应用程序官网中，已经有 6 个用于地球引擎分析的动态、可公开访问的用户界面，分别是海洋温度时间序列监测（Ocean Timeseries Investigator）、分屏联动地图（Linked Maps）、滑动地图（Split Panel）、区域单景影像（Mosaic Editor）、全球人口分布应用（Global Population Explorer）、全球森林变化探索（Global Forest Change Explorer）。

值得注意的是，在应用的右上角分别有关于地球引擎介绍（About Earth Engine）、服务条款（Terms of Service）、隐私（Privacy）、退出当前 APP（Sign out）、资源代码（View Source Code）以及截屏（Shortcuts）等链接和操作。

6.2.1　MODIS 海洋温度时间序列监测

对于海洋温度时间序列监测应用，本 APP 的主要功能是通过单击全球任何地点的一个区域来查看 2017 年的海洋温度变化，该应用使用的数据集是 Standard Mapped Image MODIS Aqua Data，这个数据集可用于研究沿海地区的生物学和水文学、沿海海洋生境的多样性和地理分布的变化、生物地球化学通量及其在地球海洋和气候中的影响。

图 6.2.1 为应用程序主界面，该应用界面分布十分简单，呈现左右两侧的分布格局，左侧的分布是 APP 标题、程序的简单的介绍、点的经纬度、2017 年的散点分布图和地图图例。

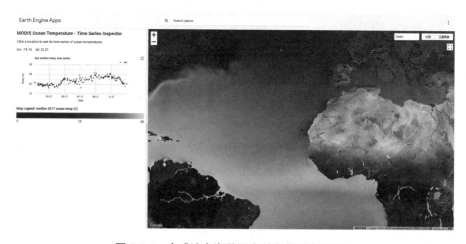

图 6.2.1　全球地表海洋温度时序监测应用程序

其 APP 访问链接：https://google.earthengine.app/view/ocean。

Code Editor 访问链接：https://code.earthengine.google.com/?scriptPath=Examples%3 AUser%20Interface%2FOcean%20Timeseries%20Investigator。

6.2.2　分屏联动地图

分屏联动地图（Linked Maps）是以 Map 为主导的应用程序（图 6.2.2），将屏幕分为 4 个区域，用于分别展示同一区域不同的波段组成影像，主要功能是分别展示真彩色（B4/B3/B2）、假彩色（B8/B4/B3）、陆地和水域（B8/B11/B4）和植被（B12/B11/B4）4 个影像图层。该应用使用的数据是 2018 年 9 月份的 Sentinel-2 全球数据。

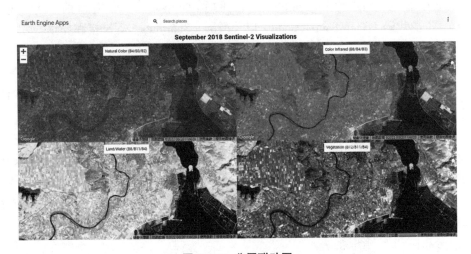

图 6.2.2　分屏联动图

APP 访问链接：https://google.earthengine.app/view/linked-maps。

Code Editor 访问链接：https://code.earthengine.google.com/?scriptPath=Examples%3 AUser%20Interface%2FLinked%20Maps。

6.2.3　滑动地图

滑动地图的主要目的是将地图加载不同时间的同一位置的地图，用于查看地表水、森林、房屋等不同时期的影像。整体的界面只有两幅地图时间的选择面板和一个分屏左右拖动的滑块。该应用使用的数据集是 Sentinel-1 数据集，每幅地图都是指定日期前 7 日合成的影像。图 6.2.3 为可左右滑动的双层图层应用程序。

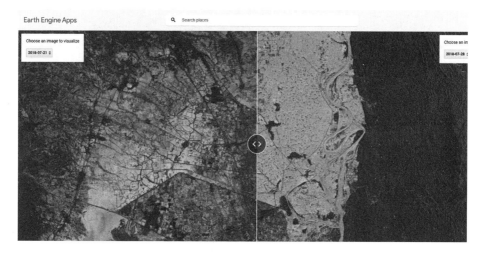

图 6.2.3　滑动图层

APP 访问链接：https://google.earthengine.app/view/split-panel。

Code Editor 访问链接：https://code.earthengine.google.com/?scriptPath=Examples%3。
AUser%20Interface%2FSplit%20Panel。

6.2.4　区域单景影像

这个应用程序是根据我们选择全球任意一个区域，勾选该单景影像进行该
区域的影像合成，右侧的年度合成影像默认的镶嵌的方式是中位数（ee.Reducer.
median（））方式，Map 地图上默认加载的是 2017 年全年该区域的 Landsat 8 TOA
影像，应用界面如图 6.2.4 所示。

图 6.2.4　Landsat 8 单景影像展示

APP 访问链接：https://google.earthengine.app/view/mosaic-editor。

Code Editor 访问链接：https://code.earthengine.google.com/?scriptPath=Examples%3AUser%20Interface%2FMosaic%20Editor。

6.2.5　全球人口分布应用

全球人口分布应用程序（Global Population Explorer），主要目的是统计 2015年全球各个国家的人口和直方图的加载。该应用以全球人类分布数据集（GHSL：Global Human Settlement Layers），分辨率为 250 m 的网格数据作为底图，同时加载了全球国家矢量分布图，用于确定不同国家的人口统计。

APP 访问链接：https://google.earthengine.app/view/population-explorer。

Code Editor 访问链接：https://code.earthengine.google.com/?scriptPath=Examples:User+Interface/Population+Explorer。

6.2.6　全球森林变化探索

全球森林变化应用（Global Forest Change Explorer）主要是用于查看全球2000—2017 年全球森林变化情况，整个变化是按照不同颜色来分别不同年份的森林损失量（图 6.2.5），该应用程序也可以查看累积损失量（图 6.2.6）和森林覆盖百分比（图 6.2.7）。该程序设有一个透明度滑块，用于对照研究区所在区域和默认卫星底图的影像。同时，该应用程序还设定了两个默认的区域，分别是巴拉圭森和美国阿拉巴马州，用于快速加载指定区域的森林损失量。本应用数据集使用的是汉森等人发表的全球森林变化数据集［Hansen Global Forest Change v1.5（2000—2017 年）］。

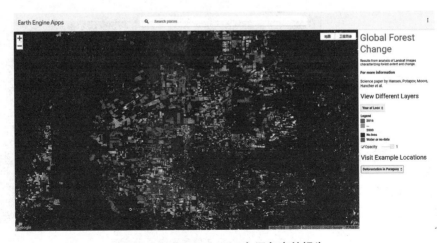

图 6.2.5　2016—2020 年逐年森林损失

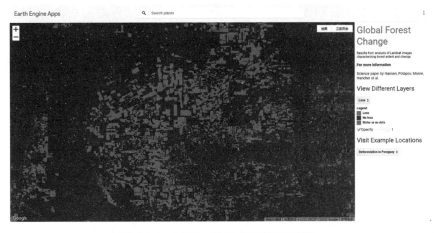

图 6.2.6　2016—2020 年累计森林损失

图 6.2.7　森林覆盖度占比图

APP 访问链接：https://google.earthengine.app/view/forest-change。

Code Editor 访问链接：https://code.earthengine.google.com/?scriptPath=Examples%3AUser%20Interface%2FForest%20Change。

6.3　UI 设计的基础

地球引擎通过 ui 开发包提供对客户端用户界面（UI）部件的访问。使用 ui 包可以为开发者的地球引擎脚本构建图形界面。这些界面可以包括简单的输入部件，如按钮和复选框，更复杂的部件（Widgets），如图表（Chart）和地图（Map），控制 UI 布局的面板（Panel），以及 UI 部件之间交互的事件处理程序（Events）。

在谷歌地球引擎 UI 界面开发过程中，每一个交互界面都由面板（Panel）、根（root）、布局（Layouts）和部件（Weights）4 个部分组成。

6.3.1 面板

ui.Panel 是一个上层的 UI 容器，可以在其中安排小部件。每个 ui.Panel 都有一个 ui.Panel.Layout 对象，用来控制其小部件在屏幕上的排列方式。通过管理面板来控制面板上的每一个小部件，可以从面板中添加 add（）或删除 remove（）它们，或者通过在面板上调用 widgets（）来检索部件的列表。widgets 列表是 ui.data. ActiveList 的一个实例，开发者可以通过操作列表和其中的 widgets 来配置面板。值得注意的是 ui.Panel 不能被打印到控制台（Console）中，所以有必要引入一个特殊的面板来容纳地球引擎用户界面中的所有其他面板：ui.root。

6.3.2 根

ui.root 是一个固定的 ui.Panel 实例，用于代码编辑器中水平条以下的所有内容。默认情况下，它只包含一个小部件：默认的地图。具体来说，ui.root.widgets（）. get（0）处的项目就是默认在代码编辑器中显示的地图对象（ui.Map 的实例））。除了地图的别名外，默认地图唯一的特别之处在于它有几何编辑工具。为了获得一个空的画布来构建用户界面，请清除（）ui.root 中的默认地图。另外，也可以通过在根面板中添加小部件来修改默认的地图。具体来说，把地图看成是一个具有绝对布局的面板。

当你与其他用户共享一个代码编辑器链接时，默认情况下 ui.root 占据了大部分窗口，而文本编辑器、文档面板和控制台被隐藏。通过控制 ui.root 布局，你可以让其他用户体验你的脚本。

6.3.3 布局

布局控制面板中的小部件如何安排显示。有两个布局选项，如下所述：流动布局和绝对布局。布局是通过 ui.Panel.Layout 类指定的。在构造函数中可用 setLayout（）来设置一个面板的布局。小部件被添加的顺序决定了小部件在一个具有流动布局的面板中是如何排列的。每个 widget 的样式的位置属性决定了 widget 在绝对布局的面板中的排列方式。如果一个部件上的样式与该部件所处的布局无关，它就会被忽略。布局形式有两种，分别是以水平（"horizontal"）或垂直（"vertical"）显示部件。小部件是根据它们被添加到面板的顺序排列的。

在一个水平流动的面板中，一个水平拉伸的小组件在所有其他小组件占据其自然宽度后，会扩展以填补可用空间。如果一个以上的部件被水平拉伸，那么可用的水平空间将在它们之间分割。一个垂直拉伸的部件会扩展到填补面板的高度。

在一个垂直流动的面板中，一个垂直拉伸的小组件可扩展到填补所有其他小组件占据其自然高度后的可用空间。如果一个以上的小组件被垂直拉伸，那么可用的垂直空间将在它们之间分割。一个水平拉伸的小组件会扩展到填补面板的宽度。

当然在布局的设定中可以设定绝对布局，绝对布局在地球引擎中分别可以设定到面板中的 8 个方位，具体请看表 6.3.1。

表 6.3.1　布局方位分布统计表

方位	代码	方位	代码
西北方	top-left	正东方	middle-right
正北方	top-center	西南方	bottom-left
东北方	top-right	正南方	bottom-center
正西方	middle-left	东南方	bottom-right

6.3.4　部件

当添加任意一个部件到一个面板时，它会将该部件添加到面板的部件列表中。在面板上调用 widgets ( ) 并返回到 ui.data.ActiveList 中，开发者可以用它来操作面板上的部件。

在代码编辑器左侧的文档（DOS）标签中可探索 ui API 的全部功能，也可以用来构建程序可视化交互式操作的 UI 设计。这些部件包括按钮、检查框、滑块、文本框和选择菜单等功能，具体的部件及其参数见表 6.3.2。小组件只能被打印或添加到面板上一次，也就是说所有的部件，可以加载到地图上或者控制台上，但是不能同时分别展示在两个地方。

表 6.3.2　地球引擎常用 UI 函数方法

名称	参数	解释
ui.Button	ui.Button(label, onClick, disabled, style, imageUrl)	一个带有文本标签的可单击的按钮
ui.Chart	ui.Chart(dataTable, chartType, options, view, downloadable)	一个图表小部件
ui.Checkbox	ui.Checkbox(label, value, onChange, disabled, style)	一个带有标签的复选框

续表

名称	参数	解释
ui.DateSlider	ui.DateSlider(start, end, value, period, onChange, disabled, style)	一个可拖动的目标，在两个日期之间线性移动。日期滑块可以被配置为显示不同间隔大小的日期，包括日、月和年。滑块的值以标签形式显示在它旁边
ui.Label	ui.Label(value, style, targetUrl, imageUrl)	一个文本标签
ui.Map	ui.Map(center, onClick, style)	一张谷歌基础地图
ui.Panel	ui.Panel(widgets, layout, style)	一个可以容纳其他小组件的小组件。使用面板来构建嵌套部件的复杂组合
ui.Select	ui.Select(items, placeholder, value, onChange, disabled, style)	一个可打印的带回调的选择菜单
ui.Slider	ui.Slider(min, max, value, step, onChange, direction, disabled, style)	一个可拖动的目标，其范围在两个数字值之间呈线性关系。滑块的值显示为它旁边的标签
ui.SplitPanel	ui.SplitPanel(firstPanel, secondPanel, orientation, wipe, style)	一个包含两个面板的小部件，在它们之间有一个分隔线。分隔板可以被拖动，允许调整面板的大小。一个或两个面板可以是 ui.Map 对象
ui.Textbox	ui.Textbox(placeholder, value, onChange, disabled, style)	一个文本框，使用户能够输入文本信息
ui.Thumbnail	ui.Thumbnail(image, params, onClick, style)	一个固定大小的缩略图，由 ee.Image.Action 异步生成
ui.data		时间
ui.root		应用的根部设定
ui.url		链接
ui.util		所有函数的状态开关和清除状态

在谷歌地球引擎 UI 设计中，事件（Events）是由用户在使用程序过程中，通过与交互式界面上的各类组件的操作，从而触发各类部件事件产生的。为了满足这些部件触发后事件的连续性，开发者通常需要给出部件触发后的程序反馈，我们将这个部分成 callback 回调函数。对于 ui.Map 或 ui.Button 部件，可以使用 onClick（）来回调函数，其他的部件可以使用 onChange（）来完成。onChange（）的主要功能是当触发了部件后就会给出相应的操作反馈。同时，开发者还可以

在构造函数中指定一个回调函数。事件回调的参数根据组件和事件类型的不同而不同。例如，ui.Textbox 将当前输入的字符串值传递给它的单击"click"事件回调函数。通过表 6.3.2 中的各部件及其参数介绍可以了解触发所使用的参数。

UI 各部件基础代码的总链接：https://code.earthengine.google.com/c48faf410f4aa0e8b144fd8736b138eb?hideCode=true。

6.3.5　ui.label 标签

函数：ui.Label(value, style, targetUrl, imageUrl)

一个文本标签。

参数：

① value（String，optional）。要显示的文本。默认为空字符串。

② style（Object，optional）。一个允许的 CSS 样式的对象，其值将被设置为这个小组件。参见 style ( ) 文档。

③ targetUrl（String，optional）。要链接的 URL。默认为空字符串。

④ imageUrl（String，optional）。可选的图片地址。如果提供，标签将被渲染成图片，鼠标悬停时将显示数值文本。只允许使用数据：从 gstatic.com 加载的 url 和图标。

代码链接：https://code.earthengine.google.com/390400ac2bd1b98998cc6a267ae1c5c8?hideCode=true

代码：

```
// 设定一个标签，这里的第一个默认值就是 "Hello"
var label = ui.Label("Hello!");
// 这里改变标签的默认值
label.setValue("Changed label.");
// 设定单击标签后跳转链接
label.setUrl("https://blog.csdn.net/qq_31988139?type=blog");
Map.add(label);
```

6.3.6　ui.Chart 图表

函数：ui.Chart（dataTable, chartType, options, view, downloadable）

一个图表部件

参数：

① DataTable（List<List<Object>>|Object|String，optional）。一个二维数据阵列

或一个 Google Visualization DataTable 字面。详情请查看：http://developers.google.com/chart/interactive/docs/reference#DataTable

② chartType（String, optional）。设定图表的类型例如：散点图'ScatterChart'，线性图'LineChart'，和直方图'ColumnChart'．更多的图表信息请查看：https://developers.google.com/chart/interactive/docs/gallery

③ options（Object, optional）。一个定义图表样式选项的对象，例如：

title（字符串）图表的标题。

colors（Array）用于绘制图表的颜色数组。其格式应遵循 Google Visualization API 的选项：https://developers.google.com/chart/interactive/docs/customizingcharts

④ view（Object, optional）。设置一个 DataView 初始化对象，作为底层数据的过滤器。详情请查看：https://developers.google.com/chart/interactive/docs/reference#DataView

⑤ downloadable（Boolean, optional）。图表是否可以下载成 CSV、SVG 和 PNG 格式。默认认为 true。

代码链接：https://code.earthengine.google.com/390400ac2bd1b98998cc6a267ae1c5c8?hideCode=true

代码：

```
// 加载 ndvi 影像
var ndvi=ee.ImageCollection("MODIS/061/MOD13A2").select ("NDVI")
// 加载默认点的
var point = /* color: #d63000 */ee.Geometry.Point([116.35754150390623,
39.902084694218]);

var chart = ui.Chart.image.series(
ndvi, point, ee.Reducer.mean(), 200);
  chart.setOptions({
    title: 'NDVI Over Time',
    vAxis: {title:'NDVI' },
    hAxis: {
        title: 'date',
        format: 'MM-yy',
        gridlines: {count: 7},
    },
  });
Map.add(chart);
```

加载后的 ndvi 时间序列如图 6.3.1 所示。

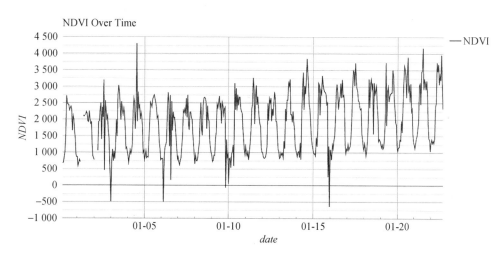

图 6.3.1 加载后的 ndvi 时间序列

6.3.7 ui.Thumbnail 缩略图

函数：ui.Thumbnail（image，params，onClick，style）

从 ee.Image 异步生成一个固定尺寸的缩略图。

参数：

① image（Image，optional）。缩略图生成的 ee.Image。默认为一个空的 ee.Image。

② params（Object，optional）。关于可能的参数的解释，见 ui.Thumbnail.set Params（）。默认为一个空对象。

③ onClick（Function，optional）。缩略图被单击时触发的回调。

style（对象，可选）;

一个 style（Object，optional）。

允许的 CSS 样式的对象，其值将被设置为该标签。默认为一个空对象。

代码链接：https://code.earthengine.google.com/f4e5144c9629b7cadb4d10d418c78a34?hideCode=true

代码：

```
// 加载北京区域（用地球引擎画图工具）
var beijing =
    /* color: #98ff00 */
    /* displayProperties: [
```

```
    {
      "type":"rectangle"
    }
  ] */
  ee.Geometry.Polygon(
      [[[115.22616791358917, 41.11038549461168],
       [115.22616791358917, 39.4425422528779],
       [117.56625580421417, 39.4425422528779],
       [117.56625580421417, 41.11038549461168]]], null, false);
// 加载 NDVI 影像
var collection = ee.ImageCollection("MODIS/061/MOD13A2").
select("NDVI");
// 加载动画
var donghua = ui.Thumbnail({
  image: collection,
  params: {
      dimensions: '300',
      region: beijing,
      min: 0,
      max: 9000,
      palette: 'black, green, yellow',
      framesPerSecond: 12,
    }
});

Map.add(donghua);
```

6.3.8　ui.Button 按钮

函数：ui.Button（label，onClick，disabled，style，imageUrl）
带有文本标签的可单击按钮。
参数：
①label（String，optional）。按钮的标签。默认为空字符串。
②onClick（Function，optional）。单击按钮时触发的回调。回调传递给按钮小部件。
③disabled（Boolean，optional）。按钮是否被禁用。默认为假。
style（Object，optional）。允许为此小部件设置的 CSS 样式及其值的对象。默认为空对象。

④ imageUrl（String, optional）。可选图片网址。如果提供，按钮将呈现为图像，并且值文本将在鼠标悬停时显示。仅数据：允许从 gstatic.com 加载的 url 和图标。

代码链接：https://code.earthengine.google.com/4f0d88b8b7dccb876ca1e70865d07 c46?hideCode=true

代码：

```
// 加载一个按钮，设定文本值
var button = ui.Button(" 点我，有惊喜 !");
// 单击按钮后的回调函数
button.onClick(function() {
  print(" 此星光明 ");
});
Map.add(button);
```

6.3.9　ui.Checkbox 复选框

函数：ui.Checkbox(label, value, onChange, disabled, style)
带有标签的复选框。
参数：
① label（String, optional）。复选框的标签。默认为空字符串。
② value（Boolean, optional）。复选框是否被选中。空值表示复选框处于不确定状态。默认为假。
③ onChange（函数，可选）。当复选框的值更改时触发的回调。向回调传递一个布尔值，指示现在是否选中复选框和复选框小部件。
④ disabled（Boolean, optional）。复选框是否被禁用。默认为假。
⑤ style（Object, optional）。允许为此小部件设置的 CSS 样式及其值的对象。请参阅 style（）文档。

代码链接：https://code.earthengine.google.com/024ade8bec0fb7f83e102a8f11ad44 06?hideCode=true

代码：

```
// 加载一个复选框并附文本值
var checkbox = ui.Checkbox(" 选我，试试 !");
// 加载回调函数
checkbox.onChange(function(isChecked) {
// 用 if 和 else 分别给出结果
```

```
  if (isChecked) {
    print(" 为你不离不弃 ");
  } else {
    print(" 今生非你莫属 ");
  }
});
Map.add(checkbox);
```

6.3.10 ui.DateSlider 时间滑块

函数：ui.DateSlider（start，end，value，period，onChange，disabled，style）

在两个日期之间线性变化的可拖动目标。日期滑块可以配置为显示各种间隔大小的日期，包括天、8 天和年。滑块的值显示为旁边的标签。

参数：

① start（Date|Number|String, optional）。开始日期，作为 UTC 时间戳、日期字符串或 ee.Date。默认为一周前。

② end（Date|Number|String, optional）。结束日期，作为 UTC 时间戳、日期字符串或 ee.Date。默认为今天。

③ value（Date|Number|String, optional）。初始值。该值是一个数组，由所选日期范围的开始日期和结束日期组成，但为了方便起见，可以通过单独指定开始日期来设置。默认为昨天。

④ period（Number, optional）。滑块上值的间隔大小（以天为单位）。默认为一个。

⑤ onChange（Function, optional）。滑块状态更改时触发的回调。向回调传递表示滑块当前值和滑块小部件的 ee.DateRange。

⑥ disabled（Boolean, optional）。滑块是否被禁用。默认为假。

⑦ style（Object, optional）。允许为此小部件设置的 CSS 样式及其值的对象。默认为空对象。

代码链接：https://code.earthengine.google.com/9384b809b6df53f138540b3c29e0856c?hideCode=true

代码：

```
// 加载一个时间滑块，分别设定开始和结束时间以及默认值
var dateSlider = ui.DateSlider({
  start:"2020-10-10",
  end:"2022-10-10",
```

```
    value:"2020-10-22",
});
// 设定回调函数
dateSlider.onChange(function(dateRange) {
    print(dateRange);
});
Map.add(dateSlider);
```

6.3.11　ui.Select 选择器

函数：ui.Select（items，placeholder，value，onChange，disabled，style）

一个可打印的带回调的选择菜单。

参数：

① items（List<Object>，optional）。要添加到选择中的选项的列表。默认为一个空数组。

② placeholder（String，optional）。当没有选择数值时显示的占位符。默认为"Select a value..."。

③ value（String，optional)。选择器的值。默认为空。

④ onChange（Function，optional）。当一个项目被选中时，回调将启动。该回调被传递给当前的选择值和选择部件。

⑤ disabled（Boolean，optional）。选择是否被禁用。默认为 false。

⑥ style（Object，optional）。一个允许的 CSS 样式的对象，其值将被设置为这个小部件。

代码链接：https://code.earthengine.google.com/5791cea66532389b2b9c4b03ccd5ffaa?hideCode=true

代码：

```
// 加载一个选择器
var select = ui.Select(
    ['A: 沉鱼 ', 'B: 落雁 ', 'C: 闭月 ',"D: 羞花 "],
    " 美女选择 ");
// 加载回调函数
select.onChange(function(selected) {
    print(" 你的选择是 :" + selected);
});
Map.add(select);
```

6.3.12 ui.Textbox 文本框

函数：ui.Textbox（placeholder，value，onChange，disabled，style）
一个文本框，使用户可以输入文本信息。

参数：

① placeholder（String，optional）。当文本框为空时要显示的占位符文本。默认为无。

② value（String，optional）。文本框的值。默认为无。

③ onChange（Function，optional）。当文本发生变化时启动的回调。该回调将传递给当前文本框和文本框部件中的文本。

④ disabled（Boolean，optional）。文本框是否被禁用。默认为 false。

⑤ style（Object，optional）。一个允许的 CSS 样式的对象，其值要为这个小组件设置。

代码链接：https://code.earthengine.google.com/3763d5e54be6421f9ad837d7077df058?hideCode=true

代码：

```
// 加入文本框并设定默认值
var textbox = ui.Textbox(" 输入你的心愿 ...");
// 设定回调函数
textbox.onChange(function(text) {
  print("Typed:" + text);
});
// 加载回调函数到 console 中
print(textbox.getValue());
Map.add(textbox);
```

6.3.13 ui.Map 地图

1. 函数：ui.Map（center，onClick，style）
一个谷歌地图。

参数：

① center（Object，optional）。一个包含纬度（'lat'）、经度（'lon'）的对象，还可以选择地图的缩放级别（'zoom'）。

② onClick（Function，optional）。当地图被单击时触发的一个回调。该回调被传递给一个对象，该对象包含地图上被单击点的坐标（有键 lon 和 lat）和地图部

件本身。

③ style（Object，optional）。一个允许的 CSS 样式的对象，它的值将被设置在这个地图上。

2. 函数：ui.root.add（widget）

将一个 widget 添加到根面板上。返回值为根面板。

参数：

Widget（ui.Widget）。要添加的 widget。

3. 函数：ui.root.clear（）

清除根面板。

代码链接：https://code.earthengine.google.com/c175dce27d9465e0d7c997f82c29a400?hideCode=true

代码：

```
//加载一个地图
var map = ui.Map();
//清理地图上的所有部件
ui.root.clear();
ui.root.add(map);
```

当清除了所有地图部分的控件后，地图区域会成为一个大的面板（图 6.3.2）。值得注意的是当清理了所有地图展示区域的所有部件后，如果重新加载一个 ui.Map（）地图，此时地图和原本的引擎地图有些许差别，没有画图工具栏。

图 6.3.2　清理后地图根部的结果

6.3.14　ui.Panel 面板

1. 函数：ui.Panel（widgets，layout，style）

一个可以容纳其他小组件的小组件。使用面板来构建嵌套部件的复杂组合。值得注意的是面板可以被添加到 ui.root 中，但不能用 print（）打印到控制台。

参数：

① widgets（List<ui.Widget>|ui.Widget，optional）。要添加到面板上的部件的列表或单个部件。默认为一个空数组。

② layout（String|ui.Panel.Layout，optional）。这个面板要使用的布局。如果传入一个字符串，它将被当作该名称的布局构造函数的快捷方式。默认为'flow'。

③ style（Object，optional）。一个允许的 CSS 样式的对象，其值要为这个小组件设置。

2. 函数：setLayout（layout）

设置面板的布局。

参数：

① this：ui.panel（ui.Panel）。ui.Panel 实例。

② layout（ui.Panel.Layout）。新的布局。

3. 函数：ui.Panel.Layout.flow（direction，wrap）

返回一个布局，该布局将其部件放在一个流中，无论是水平还是垂直。

默认情况下，小组件在一个流式布局面板中占据其自然空间。在添加的部件上设置拉伸"stretch"样式属性，以拉伸它，使其在相关方向上填补可用空间：

水平 horizontal、垂直 vertical、两者 both，当多个 widget 被拉伸时，可用的空间会在它们之间平分。面板是小部件本身，可以通过指定"拉伸"样式属性进行拉伸。

参数：

① direction（String，optional）。流动的方向。其中一个"水平"或"垂直"。默认为"垂直"。

② wrap（Boolean，optional）。如果有太多的孩子在一行中显示，是否在布局中包起来。默认为 false。

代码链接：https://code.earthengine.google.com/f451e3a7620ee5e3eb6df91fc184d529?hideCode=true

代码：

```
// 加载一个面板用于加载地图空间
var panel = ui.Panel();
// 给地图上添加标题
var title = ui.Label(" 小地图 :");
// 将标签添加到面板
panel.add(title);
// 将标示地图加到面板
panel.add(ui.Map());
// 设定地图排列方式
panel.setLayout(
    ui.Panel.Layout.flow("vertical"));
Map.add(panel);
```

6.3.15　ui.SplitPanel 分割面板

函数：ui.SplitPanel（firstPanel, secondPanel, orientation, wipe, style）

一个包含两个面板的小部件，它们之间有一个分隔线。分隔板可以被拖动，允许调整面板的大小。一个或两个面板可以是 ui.Map 对象。默认情况下，布局以 50/50 的比例初始化。面板上的宽度和最大 / 最小宽度样式控制水平方向的分割尺寸。同样地，在垂直方向上使用 height 和 max/minHeight。这些可以用像素作为 "{n}px"，或者用包含 SplitPanel 的百分比作为 "{n}%"。

如果指定了第一个面板的尺寸，第二个面板的给定尺寸将被忽略，因为分割面板的整体宽度是独立控制的。最大 / 最小尺寸可以为两个面板设置。

参数：

① firstPanel（ui.Panel, optional）。左边或上面的面板。默认为 ui.Panel 的一个新实例。

② secondPanel（ui.Panel, optional）。底部或右侧面板。默认为一个新的 ui.Panel 实例。

③ orientation（String, optional）。"水平" 或 "垂直" 之一。默认为 "水平"。

④ wipe（Boolean, optional）。是否启用擦拭效果。启用该模式时，两个面板都会占用所有可用空间，拖动分隔线并不设置面板的大小，而是决定每个面板显示多少内容。这种效果类似于 "擦拭过渡"。这种模式对于比较两张地图很有用。默认为 false。

⑤ style（Object, optional）。允许的 CSS 样式的对象，其值要为这个面板设置。默认为一个空对象。

代码链接：https://code.earthengine.google.com/5289440dd6ecb89e7d0127284084 5587?hideCode=true。

代码：

```
// 加载两个地图，分别赋予左右地图
var leftMap = ui.Map();
var rightMap = ui.Map();
// 设定一个分割面板，并将设定好的地图分别赋值
var splitPanel = ui.SplitPanel({
  firstPanel: leftMap,
  secondPanel: rightMap,
  wipe: true, // 对于可调整大小的面板，为 false
  orientation:"horizontal",
});
// 清除底图
ui.root.clear();
// 加载底图
ui.root.add(splitPanel);
```

6.4 地球引擎 APP 开发案例

6.4.1 高程标签

本次 APP 的建立，主要目的是在 MAP 地图上加载一个标签，并通过单击地图上的任意一点来显示此处的高程值。所使用的数据为 NASA/NASADEM_ HGT/001 中 elevation 波段，这里我们定义了两个回调函数及展示的高程值和获取地图随机点的经纬度，并使用 evaluate 函数获取所选择点的高程值。最终结果如图 6.4.1 所示。

代码链接：https://code.earthengine.google.com/22e494da31fd072bbcf4f4d87e92a 721?hideCode=true。

1. 函数：evaluate（callback）

异步地从服务器获取此对象的值，并将其传递给提供的回调函数。

参数：

this：computedobject（ComputedObject）

ComputedObject 实例。

callback（Function）

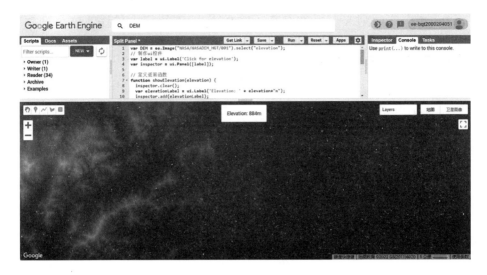

图 6.4.1　任意点高程标签

一个 function（success，failure）形式的函数，当服务器返回一个答案时被调用。如果请求成功，成功参数包含评估的结果。如果请求失败，失败参数将包含一个错误信息。

2. 函数：reduceRegion（reducer，geometry，scale，crs，crsTransform，bestEffort，maxPixels，tileScale）

对一个特定区域的所有像素应用一个还原器。Reduce 的输入数必须与输入图像的波段数相同，或者它必须有一个输入，并对每个波段进行重复。返回值为还原器的输出的字典类型。

在本案例中的主要目的是统计所单击区域的高程值。

参数：

① this：image（Image）。要还原的图像。

② reducer（Reducer）。要应用的还原器。

③ geometry（Geometry，default：null）

要减少数据的区域。默认为图像的第一个波段的范围。

④ scale（Float，default：null）。

以米为单位的投影的名义比例。

⑤ crs（Projection，default：null）

工作中的投影。如果没有指定，则使用图像的第一个波段的投影。如果除了比例之外还指定了比例，则按指定的比例重新调整。

⑥ crsTransform（List，default：null）。

CRS 变换值的列表。这是一个 3×2 变换矩阵的行主排序。这个选项与"scale"相互排斥，并取代已经设置在投影上的任何变换。

⑦ bestEffort (Boolean, default: false)。

如果多边形在给定的比例下包含太多的像素，计算并使用一个更大的比例，这样可以使操作成功。

⑧ maxPixels (Long, default: 10 000 000)。

要统计的最大像素数。

⑨ tileScale (Float, default: 1)

一个介于 0.1 和 16 之间的比例因子，用于调整聚合瓦片的大小；设置一个较大的瓦片比例（例如 2 或 4），使用较小的瓦片，并可能使计算在默认情况下耗尽内存。

代码：

```javascript
// 加载 DEM 影像
var DEM = ee.Image("NASA/NASADEM_HGT/001").select
("elevation");

// 制作标签控件
var label = ui.Label('Click for elevation');
var inspector = ui.Panel([label]);

// 定义回调函数
function showElevation(elevation) {
  inspector.clear();
  var elevationLabel = ui.Label('Elevation: ' + elevation+
"m");
  inspector.add(elevationLabel);
}

// 此处的关键就是通过获取点的经纬度，统计一个像素点的值，分辨率 30m 的高程值
// 通过统计的值然后按照上面的高程返回值函数进行返回就行了
function inspect(coords) {
  var point = ee.Geometry.Point(coords.lon, coords.lat);
  var elevation = DEM.reduceRegion({
    reducer: ee.Reducer.first(),
    geometry: point,
    scale: 30
  }).get('elevation');
```

```
elevation.evaluate(showElevation);
}


 // 加载地图中心点和图层
var visParams = {min: 0, max: 3000};
Map.setCenter(116.19, 39.98, 10);
Map.addLayer(DEM.select('elevation'), visParams, 'Elevation');
Map.add(inspector);
Map.onClick(inspect);
```

6.4.2　经纬度监视器

本应用主要是将经纬度加载到面板上，通过单击地图上的任何一个点，可以获取该点的经度和纬度。本应用主要是先设定一个面板的标签，作为程序的标题，然后设定两个空标签分别用于显示经度和纬度，紧接着创建一个面板，然后将其三个标签加载到面板上，在 Map 根部加载面板，最后设定回调函数用于显示所在点的经纬度。

代码链接：https://code.earthengine.google.com/111119786d46984bfab3e51a2875de42?hideCode=true。

1. 函数：style ( )

返回地图的样式 ActiveDictionary，它可以被修改以更新地图的样式。

除了 ui.Panel.style ( ) 文档中列出的标准 UI API 样式外，ui.Map 还支持以下自定义样式选项。

cursor，可以是"十字线"或"手"（默认）。

参数：

this：ui.map（ui.Map）

ui.Map 实例。

2. 函数：Map.onClick（callback）

注册一个回调，当地图被单击时启动。

返回一个 ID，可以传递给 unlisten ( ) 来取消回调的注册。

参数：

callback（Function）

当地图被单击时要启动的回调。回调被传递给一个包含被单击点的坐标（有键 lon 和 lat）和地图部件的对象。

代码：

```
var title = ui.Label({
  value: '单击地图，会显示该点经纬度 ',
  style: {
    fontSize: '20px',
    fontWeight: 'bold'
  }
});

var lon = ui.Label();
var lat = ui.Label();

// 将标签添加到面板上
var panel = ui.Panel();
panel.add(title);
panel.add(lon);
panel.add(lat);

// 将面板添加到根部
ui.root.add(panel);

// 单击回调函数
Map.onClick(function(coords) {
  lon.setValue('lon: ' + coords.lon);
  lat.setValue('lat: ' + coords.lat);
});
Map.style().set('cursor', 'crosshair');
```

6.4.3 影像去云

本应用主要的目的是加载了部分已经处理好的 Landsat 8 指定区域的影像，并且可以选择指定区域的影像结果，影像选择过程汇总使用了一个 ui.Select 选择器，用以加载到指定影像，这里将 ID 号作为影像的选项名称，当我们单击指定影像后，地图就会加载到指定单景影像区域，建立了一个函数用于应用到 onChange（）函数，随后地图便会跳转到所选择指定影像的 Landsat 8 RGB 影像和去云后的影像，同时在控制台加载所选影像的信息，结果如图 6.4.2 所示。

代码链接：https://code.earthengine.google.com/159197b8b12d8f9dfd17b8b979f314fc?hideCode=true。

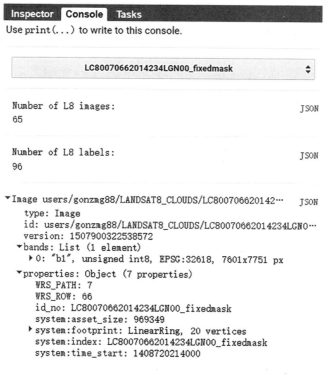

图 6.4.2　控制台中加载的复选框和结果

1. 函数：setPlaceholder (placeholder)

设置选择项的占位符文本，在没有选择值的时候显示。

返回这个选择器。

参数：

① this：ui.select (ui.Select)。ui.Select 实例。

② placeholder (String)。选择项的占位符文本。

2. 函数：filterMetadata (name，operator，value)

使用 filter ( ) 与 ee.Filter.eq ( )，ee.Filter.gte ( ) 等。

通过元数据来过滤一个集合的快捷方式。这相当于 this.filter (ee.Filter. metadata (..))。

返回过滤后的集合。

参数：

① this：collection (Collection)。集合实例。

② name (String)。要过滤的属性名称。

③ operator (String)。比较运算符的名称。可能的值是。"equals"，"less_

than"、"greater_than"、"not_equals"、"not_less_than"、"not_greater_than"、"start_with"、"end_with"、"not_starts_with"、"not_ends_with"、"contains"、"not_contains"。

value（Object）- 要比较的值。

3. 函数：getInfo（callback）

一个强制性的函数，通过 AJAX 调用返回关于这个集合的所有已知信息。

返回一个集合描述，其字段包括。

features：一个包含关于集合中特征的元数据的列表。

properties：一个可选的字典，包含该集合的元数据属性。

参数：

① this：featurecollection（FeatureCollection）。FeatureCollection 实例。

② callback（Function，optional）。一个可选的回调。如果不提供，将同步进行调用。如果提供并成功，将调用第一个参数；如果不成功，将调用第二个参数。

4. 函数：onChange（callback）

生成一个回调，当一个项目被选中时被触发。返回一个 ID，这个 ID 可以传递给 unlisten（）来取消回调的注册。

参数：

① this：ui.select（ui.Select）。ui.Select 实例。

② callback（Function）。当一个项目被选中时要启动的回调。该回调被传递给当前的选择值和选择部件。

代码：

```
// 加载全球影像集合和去云后的单景影像
var biome_labels = ee.ImageCollection("users/gonzmg88/LANDSAT8_
CLOUDS"),
    18 = ee.ImageCollection("LANDSAT/LC08/C01/T1_TOA");
Map.setCenter(0,0,3);

// 这里将矢量设定成一个颜色, 用于明确影像
var geoms = biome_labels.map(function(img){
  return ee.Feature(img.geometry(),{"style":{"color": "FF0000",
                                   "fillColor":"00000000"}});
});
Map.addLayer(geoms.style({styleProperty:"style"}),{},'geom');

// 将影像的时间设定成以小时为单位
```

```
var get_l8_img = function(img){
  var time = ee.Date(img.get("system:time_start"));
  var time_start = time.advance(-1, 'hour');
  var time_end = time.advance(1, 'hour');
  var img_l8 = l8.filterDate(time_start, time_end); //.filterBounds
(img.get("system:footprint"));
```

// 对元数据进行筛选，然后选择相应的行列号

```
  var img_l8 = img_l8.filterMetadata('WRS_PATH', 'equals', img.
get("WRS_PATH"));
  var img_l8 = img_l8.filterMetadata('WRS_ROW', 'equals', img.
get("WRS_ROW"));
  // 将筛选后的结果返回第一个影像
  return img_l8.first();
}
```

// 将函数进行筛选后分别遍历

```
var imgs = biome_labels.map(get_l8_img, true);
Map.addLayer(imgs, {"bands": ["B4","B3","B2"],"min":0 ,
"max": .3}, 'Landsat-8 RGB');
```

// 这里筛选转化为 list 然后返回到每一个矢量

```
var ids_names = biome_labels.toList(100).map(function(dic)
{return ee.Feature(dic).id();}).getInfo();
```

// 设定一个选择框，

```
var select = ui.Select({
  items: ids_names,
```

// 这里的 onchange 就是当我们单击后会产生什么结果

```
  onChange: function(key) {
```

// 这里获取每一个矢量点的影像打印出来进行加载

```
    var current_img = ee.Image("users/gonzmg88/LANDSAT8_CLOUDS/"+
key);
    print(current_img);
    Map.centerObject(current_img);// 这个就是影像的中心点位置
  }
});
```

// 这里设定一个 title 的用于选择器的默认值

```
select.setPlaceholder('Choose a location...');
print(select);
```

```
// 这里选择影像 192 和 255
Map.addLayer(biome_labels.map(function(img){
  var new_img = img.eq(192).or(img.eq(255));
  return new_img;
  //return new_img.updateMask(new_img);//FF7F0E
}),{"min":0,"max":1,palette:['666666', 'EEEEEE']},'clouds
masks', false);

Map.addLayer(biome_labels.map(function(img){
  var new_img = img.eq(192).or(img.eq(255));
  return new_img.updateMask(new_img);
  //return new_img.updateMask(new_img);//FF7F0E
}),{"min":0,"max":1,palette:['666666', '000000']},'clouds masks
black');

  // 打印影像集合
print('Number of L8 images:',imgs.size());
print('Number of L8 labels:',biome_labels.size());
```

6.4.4 影像波段时序图表加载 APP

本 APP 的主要应用是将指定时间段的不同波段 DN 值，将其影像波段的时序图加载到地图上，通过单击图上的任何一个时间节点，随后会加载指定时间段的影像，以便查看对应波段值所拍摄的影像。这里波段值越高代表该区域基本上含云量越大。

代码链接：https://code.earthengine.google.com/2ccf2bc85646ae0959e63ebfd5cdf162?hideCode=true。

1. 函数：ee.Filter.equals（leftField，rightValue，rightField，leftValue）

创建一个单数或双数过滤器，如果两个操作数相等，则通过。

参数：

① leftField（String，default：null）。左边操作数的选择器。如果指定了 leftValue，就不应该指定。

② rightValue（Object，default：null）。右边操作数的值。如果指定了 rightField，则不应该指定。

③ rightField（String，default：null）。右边操作数的选择器。如果指定了 rightValue，则不应该指定。

④ leftValue（Object，default：null）。左边操作数的值。如果指定了 leftField，则不应该指定。

2. 函数：reset（list）

用新列表替换列表中的所有元素，如果未提供列表，则从列表中删除所有元素。应用重置后返回列表中的元素。

参数：

① this：ui.data.activelist。ui.data.ActiveList 实例。

② list（List<Object>，optional）。元素列表。

代码：

```javascript
// 绘制北京区的 Landsat 8 波段数值平均值，并演示互动图表
var Beijing =
    ee.Geometry.Rectangle(116.45, 39.74, 116.4, 39.8);


// 加载 Landsat 8 影像集合，选择指定波段
var landsat8Toa = ee.ImageCollection('LANDSAT/LC08/C01/T1_TOA')
    .filterDate('2015-12-25', '2016-12-25')
    .select('B[1-7]');


// 创建一个图像时间序列图
var chart = ui.Chart.image.series({
  imageCollection: landsat8Toa,
  region: Beijing,
  reducer: ee.Reducer.mean(),
  scale: 200
});


// 将图表添加到地图上
chart.style().set({
  position: 'bottom-right',
  width: '500px',
  height: '300px'
});
Map.add(chart);


// 指定研究区域的轮廓
var sfLayer = ui.Map.Layer(Beijing, {color: 'FF0000'}, 'SF');
Map.layers().add(sfLayer);
Map.setCenter(116.45, 39.74, 9);
```

```
// 在地图上创建一个标签
var label = ui.Label(' 单击图表上的一个点，显示该日期的影像 ');
Map.add(label);

// 当图表被单击时，更新地图和标签
chart.onClick(function(xValue, yValue, seriesName) {
  if (!xValue) return;   // 设定条件，如果不存在 xValue，则直接返回函数

  // 显示所单击日期的图像
  var equalDate = ee.Filter.equals('system:time_start', xValue);
// 这里所用的影像时间就是系统默认时间，然后只选择第一景影像
  var image = ee.Image(landsat8Toa.filter(equalDate).first());
// 设定指定影像的参数
  var l8Layer = ui.Map.Layer(image, {
    gamma: 1.3,
    min: 0,
    max: 0.3,
    bands: ['B4', 'B3', 'B2']
  });
// 这里每次都会将图层进行重置
  Map.layers().reset([l8Layer, sfLayer]);

  // 在地图上显示一个波段日期的标签
  label.setValue((new Date(xValue)).toUTCString());
});
```

6.4.5　NDVI 影像动画加载

本 APP 的主要的功能是加载指定影像的动画，本 APP 主要使用全球矢量边界数据集筛选出墨西哥区域，然后选择 2018 年 MODIS/006/MOD13Q1 影像中的 NDVI 波段，再设定可视化参数，最后通过 ui.Thumbnail 函数加载 2018 年墨西哥 NDVI 时序动画影像。

代码链接：https://code.earthengine.google.com/9b4f04122ca6e7688f4709e8070b9748?hideCode=true。

1. 函数：toByte（）
将输入值转换为一个无符号的 8 位整数。
参数
this：value（Image）。应用该操作的图像。

2. 函数：paint（featureCollection，color，width）

将一个集合的几何图形绘制到一个图像上。

参数：

① this：image（Image）。绘制集合的图像。

② featureCollection（FeatureCollection）。画在图像上的集合。

③ color（Object，default：0）。颜色属性的名称或一个数字。

④ width（Object，default：null）。线宽属性的名称或数字。

3. 函数：Map.layers（）

返回与默认地图相关的图层列表。

返回值归总到 ui.data.ActiveList<ui.Map.AbstractLayer>。

代码：

```
// 加载 MODIS 影像
var Modis = ee.ImageCollection("MODIS/006/MOD13Q1");

// 调用了全球大尺度的国家研究矢量图
// 加载国家名称，选择墨西哥
var countries_name = ['Mexico']

// 这里筛选从我们上面定义的列表中的国家
var HKM_region = ee.FeatureCollection('USDOS/LSIB_SIMPLE/2017').
filter(ee.Filter.inList('country_na', countries_name)).
geometry();
// 加载研究区
Map.addLayer(HKM_region);

// 选择 2018 年的 MODIS 的 NDVI 影像集合
var collection = Modis.filterBounds(HKM_region)
  .filterDate('2016-01-01', '2017-01-01')
  .select('NDVI');

// 这几行代码可有可无，这里的影像就是画出矢量边界
var image = ee.Image().toByte()
    .paint(HKM_region, 1, 2); // 这里对影像的轮廓进行了设定
    // 加载研究区
Map.addLayer(image, {palette: ['FE230D', 'F9380F', 'F9380F',
'F9380F'], max: 0.5, opacity: 0.5,},"HKM Region");

// 可视化参数设定，这个需要看函数
```

```
var args = {
  crs: 'EPSG:3857',   // Maps Mercator
  dimensions: '600',
  region: HKM_region,
  min: -2000,
  max: 10000,
  palette: 'black, blanchedalmond, green, green',
  framesPerSecond: 12,
};

// 创建一个视频地图
var thumb = ui.Thumbnail({
  // 为 "图像" 指定一个集合，可以使图像的序列产生动画
  // ui.Thumbnail.setParams()
  image: collection,
  params: args,
  style: {
    position: 'bottom-right',
    width: '320px'
  }}});
Map.add(thumb);
```

6.4.6 1992—2013 年全球夜间灯光

本应用的主要功能是加载 1992—2013 年全球夜间灯光数据，而整个应用所用到的部件仅为一个标签、一个滑块和一个面板。可以通过调节滑块来加载不同年份的全球夜间灯光数据。

代码链接：https://code.earthengine.google.com/fb34e83c6f48cb12dc64e9c96e1ee62c?hideCode=true。

函数：ui.Slider（min, max, value, step, onChange, direction, disabled, style）

一个可拖动的目标，在两个数值之间线性移动。滑块的值显示为旁边的标签。

参数：

① min（Number, optional）。最小值。默认为 0。

② max（Number, optional）。最大值。默认为 1。

③ value（Number, optional）。初始值。默认为 0。

④ step（Number, optional）。滑块的步长。默认为 0.01。

⑤ onChange（Function, optional）。当滑块的状态发生变化时启动的回调。该回调将传递给滑块的当前值和滑块部件。

⑥ direction（String，optional）。滑块的方向。可以选择水平'Horizontal'或'垂直''Vertical'。默认为"水平"。

⑦ disabled（Boolean，optional）。滑块是否被禁用。默认为 false。

⑧ style（Object，optional）。一个允许的 CSS 样式的对象，其值要为这个部件设置。

代码：

```
// 从一个带有 ilder 的集合中选择图像
var collection = ee.ImageCollection('NOAA/DMSP-OLS/NIGHTTIME_
LIGHTS')
    .select('stable_lights')

// 一个辅助函数，用于在默认地图上显示特定年份的图像
var showLayer = function(year) {
// 一般会重启底图，再确定每一年份的数据
  Map.layers().reset();
// 设定筛选日期的样式
  var date = ee.Date.fromYMD(year, 1, 1);
// 将每一年作为一个周期进行筛选
  var dateRange = ee.DateRange(date, date.advance(1, 'year'));
  var image = collection.filterDate(dateRange).first();
  Map.addLayer({
   eeObject: ee.Image(image),
   visParams: {
      min: 0,
      max: 63,
      palette:['000000', 'FFFF00', 'FFA500', 'FF4500', 'FF0000']
    },
   name: String(year)
  });
};


// 创建 label 和滑块
// 这两部分可以单独加载在界面
var label = ui.Label('Light Intensity for Year');
var slider = ui.Slider({
  min: 1992,
  max: 2014,
  step: 1,
  onChange: showLayer,// 上面的函数就是依此来变换的，只有这个点不同
```

```
    style: {stretch: 'horizontal'}// 展示方式是水平显示，滑块的展示方式
});

// 创建一个同时包含滑块和标签的面板
var panel = ui.Panel({
    widgets: [label, slider],// 这里的 widgets 就相当于面板上的类似小部件
等的元素，全部以列表的形式呈现
    layout: ui.Panel.Layout.flow('vertical'),// 这里的展示方式说的是标
签和滑块的排列
    style: {
        position: 'top-center',
        padding: '7px'
    }
});

// 面板加载到地图上
Map.add(panel);

// 设定默认的展示值和中心位置
slider.sctValue(2007);
Map.setCenter(114, 45, 4);
```

6.4.7 1980—1990 年巴西金矿机场监测

本应用的主要目的是监测 1980—1990 年间巴西金矿区域的影像。整个应用的主要 UI 功能是由标签、按钮、缩略图和面板组成，整个面板非常简单，核心是影像缩略图像和影像前后加载的按钮。应用所使用的影像数据集是 Landsat 5 地表反射率数据，结果如图 6.4.3 所示。

代码链接：https://code.earthengine.google.com/1a9319f22bd45f1300fcab596b20b5d6?hideCode=true。

代码：

```
// 通过图片集的缩略图，展示了 20 世纪 80 年代和 90 年代为金矿开发的简易机场的
发展
var box = ee.Geometry.Polygon([[
                [-62.955, 2.433], [-62.830, 2.433],
                [-62.830, 2.559], [-62.955, 2.559]]]);

var visParams = {
```

```
    bands: ['B3', 'B2', 'B1'],
    min: 0,
    max: 1200,
    gamma: [1.1, 1.1, 1]
};

var images = ee.ImageCollection('LANDSAT/LT05/C01/T1_SR')
        .filterBounds(box)
        .filterDate('1984-01-01', '2011-01-01');

Map.centerObject(box);
Map.addLayer(ee.Image(images.first()), visParams, 'Landsat 5');
Map.addLayer(ee.Image().paint(box, 0, 1), {palette: 'FF0000'},
'Box Outline');

var selectedIndex = 0;
var collectionLength = 0;

// 异步获取图片总数，这样我们就知道可以加载多少影像
images.size().evaluate(function(length) {
    collectionLength = length;
});

// 设置下一个和上一个按钮，用于浏览图片集的预览
var prevButton = new ui.Button('Previous', null, true, {margin:
'0 auto 0 0'});
var nextButton = new ui.Button('Next', null, false, {margin: '0
0 0 auto'});
var buttonPanel = new ui.Panel(
        [prevButton, nextButton],
        ui.Panel.Layout.Flow('horizontal'));

// 建立缩略图显示面板
var introPanel = ui.Panel([
    ui.Label({
        value: 'Airstrip in Brazilian Amazon',
        style: {fontWeight: 'bold', fontSize: '24px', margin: '10px
5px'}
    }),
    ui.Label('Airstrip developed for gold mining in the 1980\'s and
1990\'s.')
```

```
]);

// 帮助函数，用于合并两个 JavaScript 字典
function combine(a, b) {
  var c = {};
  for (var key in a) c[key] = a[key];
  for (var key in b) c[key] = b[key];
  return c;
}

// 一个空的缩略图，在 setImageByIndex 回调时被填入
var thumbnail = ui.Thumbnail({
  params: combine(visParams, {
    dimensions: '256x256',
    region: box,
  }),
  style: {height: '300px', width: '300px'},
  onClick: function(widget) {
    // 单击缩略图时将整个场景添加到地图上
    var layer = Map.layers().get(0);
    if (layer.get('eeObject') != thumbnail.getImage()) {
      layer.set('eeObject', thumbnail.getImage());
    }
  }
});

// 设定一些相应的标签及其格式
var imagePanel = ui.Panel([thumbnail]);
var dateLabel = ui.Label({style: {margin: '2px 0'}});
var idLabel = ui.Label({style: {margin: '2px 0'}});
var mainPanel = ui.Panel({
  widgets: [introPanel, buttonPanel, imagePanel, idLabel,
dateLabel],
  style: {position: 'bottom-left', width: '330px'}
});
Map.add(mainPanel);

// 显示集合中某一索引图像的缩略图
var setImageByIndex = function(index) {
  var image = ee.Image(images.toList(1, index).get(0));
  thumbnail.setImage(image);
```

```
// 异步更新图像信息
image.get('system:id').evaluate(function(id) {
  idLabel.setValue('ID: ' + id);
});
image.date().format("YYYY-MM-dd").evaluate(function(date) {
  dateLabel.setValue(`Date: ` + date);
});
};


// 获取集合中下一张 / 上一张图片的索引，并设置该图片的缩略图到该图片
// 当我们单击结束时，禁用相应的按钮
var setImage = function(button, increment) {
  if (button.getDisabled()) return;
  setImageByIndex(selectedIndex += increment);
  nextButton.setDisabled(selectedIndex >= collectionLength - 1);
  prevButton.setDisabled(selectedIndex <= 0);
};


// 设置下一个与上一个按钮切换影像
prevButton.onClick(function(button) { setImage(button, -1); });
nextButton.onClick(function(button) { setImage(button, 1); });
// 将影像
setImageByIndex(0);
```

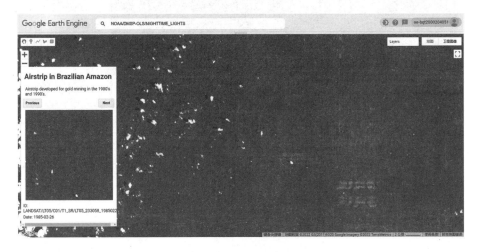

图 6.4.3　小飞机跑道

6.5 其他优秀 APP 案例

6.5.1 Landsat 5 影像条带色差修复

本应用程序主要实现了 Landsat 5 系列影像（1984—2012 年）在影像归一化水体指数（NDWI）拼接过程中产生的带状问题。修复方法主要是通过随机影像获得其参考影像的 DN 值和概率分布，对待修复的分布的影像色差进行校正，从而使拼接后的影像色差均匀。该应用程序可以分为几个部分，其中第一部分为影像日期选择；第二部分为图表展示，可加载研究区域、待修复区域和修复区域的 NDWI 值的累积直方图和概率分布图；第三部分为修复后研究区影像的下载（可以设定分辨率）。使用过程要按照三个步骤进行：①使用画图工具中的矩形画出所研究区域（Studyarea）；②使用画图工具中的多边形选择目标（Target），该区域为影像待修复区域；③使用画图工具中的多边形选择参考区域（Reference），该区域为参考的影像区域，用于获取其 DN 值和概率分布。

图 6.5.1 Landsat 5 影像条带修复 APP 主界面

应用链接：https://bqt2000204051.users.earthengine.app/view/landsat-5-ndwi-image-restoration。

6.5.2 美国西部土地利用

1984—2020 年美国西部牧场的部分覆盖产品，分辨率为 30 m。通过选择要显示的年份和覆盖成分的组合，以及单击点检查时间序列，探索数据，通过单击地图上任意点获得 1984—2020 年间的该应用程序分辨率可以在 30~300 m 间进行设定，该应用程序预设了 3 个样本点可供展示，分别是 Woody encroachment，Invasive annual grasses，Wildfire。图 6.5.2 所示为美国西部土地所用的 APP 主界面。

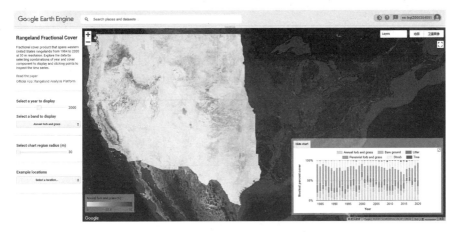

图 6.5.2　美国西部土地利用 APP 主界面

应用链接：https://code.earthengine.google.com/29aa7c059f7b77c78f4ccebfbeb29dee?hideCode=true#lat=39;lon=-95;zoom=5。

6.5.3　亚那红树林监测

这个应用使用从陆地卫星图像中得出的随机森林分类法绘制了 2000 年、2010 年和 2020 年圭亚那的红树林范围。使用下面的工具来探索 2000 年红树林范围的变化、红树林树冠高度以及红树林损失的驱动因素。如图 6.5.3 所示为红树林监测应用程序主界面。

图 6.5.3　红树林监测应用程序主界面

应用链接: https://code.earthengine.google.com/e66d23212b8c31ad62ce42eaebf3e2d7?hideCode=true。

6.5.4　1984—2021 年 gif 影像动画

这个谷歌引擎应用程序将从一个经过平滑处理的陆地卫星时间序列中制作一个 GIF 动画。即将经过平滑处理的陆地卫星时间序列制作成 GIF 动画，将 LandTrendr 分割的 Landsat 时间序列制作成 GIF 动画。如图 6.5.4 所示，为 1984—2021 年 gif 影像动画应用程序主界面。

使用过程：

（1）设置要制作动画的矩形范围，这里需要慢慢画出研究区范围，防止出现卡顿现象。

（2）设置日期范围，以便进行指定时间范围内的影像合成。注意，日期范围可以跨年。

（3）选择一个 TCB/TCG/TCW，SWIR1/NIR/RED,NIR/RED/GREEN，RED/GREEN/BLUE，NIR/SWIR1/RED 其中的一个作为波段显示组合。

（4）设置所需的动画帧率。

（5）单击 5 次关闭一个矩形。注意，在第 5 次单击后要有耐心，以防止平台卡顿。

（6）处理开始，等待几分钟。

①使用"Clear"清除按钮重新开始。

②改变 RGB 组合，并在同一区域内"重新运行"。

③如果一个视频没有呈现，请尝试制作一个。

…… 更小的区域和 / 或放大一个级别。

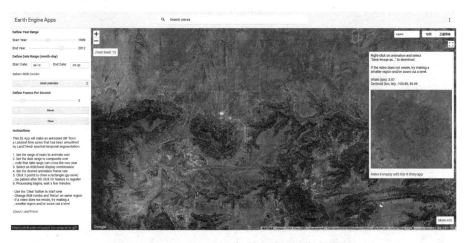

图 6.5.4　1984—2021 年时序动画影像主界面

应用链接：https://emaprlab.users.earthengine.app/view/lt-gee-time-series-animator

6.5.5 1984—2022 年 NBR 时序分析

这个应用程序显示了陆地卫星时间序列图和图像中选定位置的时序 NBR 图像。图像是为给定的时间窗口（时间跨度可以跨越一年）生成的中位数年度合成图。时间序列点的颜色是由 RGB 分配给选定波段定义的，其中强度是基于地图中单击点周围 45 米半径圈内的区域加权平均像素值。应用程序主界面如图 6.5.5 所示。

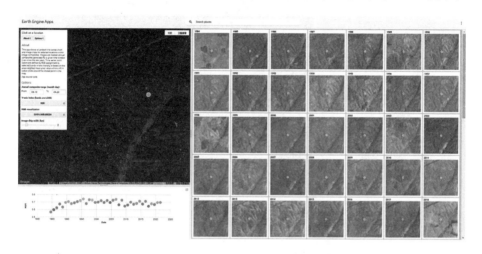

图 6.5.5 NBR 时序分析应用界面

应用链接：https://jstnbraaten.users.earthengine.app/view/landsat-timeseries-explorer。

6.5.6 蒸散发影像下载

EEFlux（Earth Engine Evapotranspiration Flux）是在 Google Earth Engine 系统上运行的 METRIC（使用内部校准以高分辨率映射蒸散）的一个版本，如图 6.5.6 所示。EEFlux 由内布拉斯加大学林肯分校、沙漠研究所和爱达荷大学联合开发，并得到过谷歌的资助。EEFlux 处理从 1984 年到现在的任何时期以及地球上几乎每个陆地区域的各个 Landsat 场景。

EEFlux 使用美国 NLDAS 网格化天气数据和全球 CFSV2 网格化天气数据来校准图像的表面能量平衡。实际 ET 计算为表面能量平衡的残差，因为 ET=Rn–G–H 其中 Rn 是净辐射，G 是土壤热通量，H 是感热通量。EEFlux 利用 Landsat 的热波段来驱动地表能量平衡和短波波段来估计植被数量、反照率和地表粗糙度。EEFlux 1 级采用图像的自动校准。ET 以 ETrF 表示。在 EEFlux 中，ETr 是使用 ASCE 标准化 Penman-Monteith 方程定义的"高"苜蓿参考值计算的。ETrF

类似于传统上使用的"作物系数"。ETrF=ETact/ETr。用 ASCE 标准化 Penman-Monteith 方程定义的紫花苜蓿作为参考。ETrF 类似于传统上使用的"作物系数"。ETrF=ETact/ETr。用 ASCE 标准化 Penman-Monteith 方程定义的紫花作为苜蓿参考。ETrF 类似于传统上使用的"作物系数"。ETrF=ETact/ETr。

应用链接：https://eeflux-level1.appspot.com/。

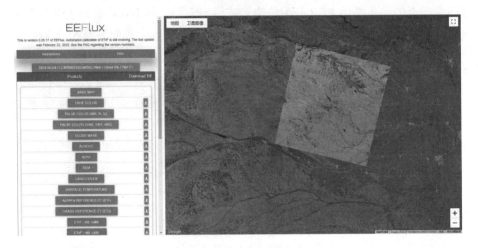

图 6.5.6　EEFlux 应用程序主界面

6.5.7　落基山脉不同时期影像

该应用出发点是以查看落基山脉森林不同时期的影像进行开发的，目的是能够让用户快速并排显示落基山脉区域的历史和现阶段的影像。可使用屏幕中心滑块左右滑动，来快速查看该地区不同时期的影像，同时还可以使用下方的不透明度滑块控制历史图像的不透明度。这些影像数据来自美国地质调查局（USGS），时间跨度从 1940~1970 年代。应用中所显示的影像，是现阶段我们能够获得的最早的高质量影像。

该应用总共给出了 9 个区域样例（Blackfoot River conifer expansion（MT）、Elkhorns conifer expansion（MT）、Axolotl Lakes Conifer Expansion（MT）、Red Bluff Conifer Expansion（MT）、Trout Creek Conifer Expansion（WY）、Campbell County Conifer Expansion（WY）、Oneida County #1 Conifer Expansion（ID）、Oneida County #2 Conifer Expansion（ID）），可以直接选择地点进行查看和对比，在应用的右侧还包含一个小地图，用于查看该区域所坐落的位置信息。图 6.5.7 所示为该应用程序界面。

应用链接：https://rangelands.app/historical-imagery/。

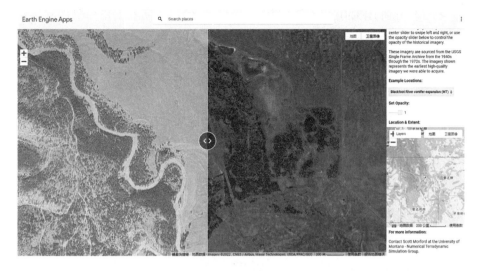

图 6.5.7　落基山脉不同时期影像查看应用

6.5.8　全球地表水动态监测应用

从 1999—2020 年所有 Landsat 5、7 和 8 场景导出的全球地图突出显示了这一时期地表水范围的变化。地图包括 1999—2020 年年际动态、离散动态类别、年水百分比、平均月水百分比和个别月份的水百分比。水百分比仅根据陆地和水的观测值计算得出。所有地图都在 Earth Engine 中公开提供并可供下载。所选图层的资产 ID 显示在下方。基于概率样本的评估提供了 1999—2018 年永久水、季节性水、水流失、水增益、临时土地、临时水和高频变化面积的无偏估计。该地图右侧还可以显示所选点的水分月度百分比以及变化趋势。

应用链接：https://ahudson2.users.earthengine.app/view/glad-surface–water-dynamics-1999-2018#lon=59.7544320854818;lat=44.75796980360793;zoom=4;timeseries=1。

6.5.9　基于 Kmeans 聚类的样本点筛选应用

Stratifi 是一个基于云的网络应用程序（图 6.5.8），旨在简化和提高土壤碳采样的准确性。它使用公开可用的地理空间数据，将研究地点分层为具有相似可变性的区域。用户可以选择协变量，包括植被和湿度指数、土壤调查和区域物理特征来创建地层。该应用程序由斯基德莫尔学院 GIS 中心开发和维护，主要使用 Weka Kmeans 聚类方法和免费的遥感影像产品进行分层随机抽样。如果要使用文件格式为 .shp 或 .kml 创建 GeoJSON 在应用程序中使用，请访问 ogre.adc4gis.com。要添加 GEE 相关的矢量文件，必须先要申请一个 GEE 账户。可以将 shapefiles

矢量文件上传到 GEE 中的 Assets 中，并将矢量设定为所有人都可见的状态。当想更新研究区时，请刷新应用程序。

如果不知道要采集多少样本，可以尝试使用 Polaris 在整个研究地点的估计值和变异性以 90% 的置信度和 5% 的误差来估计样本量。在评估已知的碳量和变异性之前，经常用于预采样。通过运行该应用，我们可以在线查看我们所选元素的归一化后的协变量值，同时可以下载该区域的影像和样本点信息，points 样本点数据包含分类信息和坐标信息。

应用链接：https://charliebettigole.users.earthengine.app/view/stratifi-beta-v21。

图 6.5.8　样本点筛选应用

第 7 章   GEE 常见问题

7.1   输出的波段必须有兼容的数据类型

7.1.1   GEE 常见问题

该脚本的初衷是将 Landsat 8 图像导出到 Google Drive 中产生的，当我在任务上单击运行 "RUN" 时，GEE 提出一个错误："错误：导出的波段必须具有兼容的数据类型；发现不一致的类型：Float32 和 UInt16。（错误代码：3）"这特别奇怪，因为当使用 "Inspector" 工具检查图像时，所有波段（波段 4、波段 3、波段 2）都具有相同的数据类型（浮点数）。我用不同的图像集合重复了这个过程并得到了相同的结果，错误提示结果如图 7.1.1 所示。

错误代码链接：https://code.earthengine.google.com/ebefe86dc5847d9ea7d03a2af52a912d?hideCode=true。

修改前的代码：

```
var rktcity = /* color: #d63000 */ee.Geometry.Point ([-86.5855234096938,
34.72665015863473]);
var l8 = ee.ImageCollection("LANDSAT/LC08/C02/T1_TOA")

var l8_filt = l8.filterBounds(rktcity)
                    .filterDate("2018-06-01","2018-07-01")
                    .first()

var visual_params = {
  bands: ['B4', 'B3', 'B2'],
  min: 0,
  max: 0.2
}

Map.addLayer(l8_filt, visual_params, 'landsat 8 toa')
```

```
print(l8_filt);

Export.image.toDrive(
    l8_filt,
    'ls8_hsv_062018'
)
```

错误提示：Error: Exported bands must have compatible data types; found inconsistent types: Float32 and UInt16.（Error code: 3）。

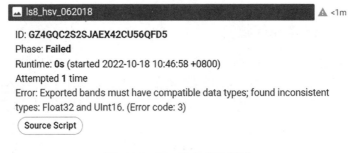

图 7.1.1　不一致的参数类型

7.1.2　GEE 错误解决方案

这里有两种解决方案，方案一是在影像筛选的阶段就完成对影像波段的筛选，也就是影像预处理阶段。最后把后续出现的问题都解决，即把问题扼杀在摇篮里，这样有利于后续的处理简单化；第二种方案则是在导出影像的时候将需要导出的部分进行处理，也就是设定 Export.image.toDrive 中的参数，把参数设定好了进行导出也是可以的，最终正确的任务运行结果如图 7.1.2 所示。

正确代码链接：https://code.earthengine.google.com/ee75ef91b8e90b7d2bc3a3c4a2d03c17?hideCode=true。

修改后的代码：

```
var rktcity = /* color: #d63000 */ee.Geometry.Point([-86.5855234096938,
34.72665015863473]);
Map.centerObject(rktcity, 9);

var l8 = ee.ImageCollection("LANDSAT/LC08/C02/T1_TOA")

var l8_filt = l8.filterBounds(rktcity)
```

```
                          .filterDate("2018-06-01","2018-07-01")
                          .first()
// 修改方法 1
var 18_filt = 18.filterBounds(rktcity)
                          .filterDate("2018-06-01","2018-07-01")
.select(['B4', 'B3', 'B2'])
                          .first()


var visual_params = {
  bands: ['B4', 'B3', 'B2'],
  min: 0,
  max: 0.2
}

Map.addLayer(18_filt, visual_params, 'landsat 8 toa')

print(18_filt);

Export.image.toDrive(
    18_filt.toFloat(),
    'ls8_hsv_062018'
)

// 修改方法 2
Export.image.toDrive(
    18_filt.select(['B4', 'B3', 'B2']),
    'ls8_hsv_062018'
)
```

最后的效果：

图 7.1.2　成功下载影像

7.2　输入的参数无效类型

7.2.1　输入参数常见问题

该问题同样是出现在影像下载阶段，当我们尝试将影像导出到 Google 硬盘中时，在任务下载中心"Tasks"中，没运行超过 1 min 就会弹出下面的问题（图 7.2.1）。

错误提示：Error: Image. clipToBoundsAndScale, argument'input'：Invalid type. Expected type: Image<unknown bands>. Actual type: ImageCollection.（Error code: 3）。

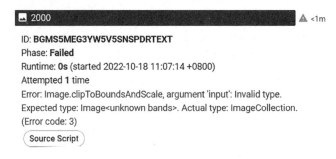

图 7.2.1　输入的参数类型无效

错误代码链接：https://code.earthengine.google.com/f7a7e7606cc82b27c3577faca85fd6ef?hideCode=true。

修改前代码：

```
var geometry =
    /* color: #98ff00 */
    /* displayProperties: [
      {
        "type":"rectangle"
      }
    ] */
    ee.Geometry.Polygon(
        [[[-87.04145602688129, 34.81464024368438],
          [-87.04145602688129, 34.595619738470894],
          [-86.59925631985004, 34.595619738470894],
          [-86.59925631985004, 34.81464024368438]]], null, false);
var VI=ee.ImageCollection("UMT/NTSG/v2/MODIS/GPP")
var Years = ee.List.sequence(2000,2020);  // 生成逐年的List
```

```
// 逐年进行 Map 操作，遍历下载影像
var yearlist = Years.getInfo();
print(yearlist);
var year_imgcol = ee.ImageCollection.fromImages(yearlist.
map(function(year) {
    var img = VI.filter(ee.Filter.calendarRange(year, year,
'year'))//.mosaic();
    var y=img.set({name:ee.String(ee.Number(year).int())})
    Export.image.toDrive({
        image:img,
        description:year.toString(),
        region:geometry,
        scale:500,
        maxPixels:1e13
        });
  Map.addLayer(img, {}, 'modis'+y+"year");
    return img;
}));
```

7.2.2　输入参数错误解决方案

这里需要给大家简单明确一下问题的所在，就是我们通过遍历获取了多景影像，所以就没有办法下载，其实有一个很好的办法，就用镶嵌 mosaic()，把多景影像镶嵌在一起，然后就可以按照一景影像下载。当然这里我们除了用镶嵌功能之外，还可以使用 reduce 聚合类型，包括最大值、最小值、平均值和中位数等合成方式，使多景影像聚合成单景影像。

正确代码链接：https://code.earthengine.google.com/cd396da230faf07326ccbf77ad52346c?hideCode=true。

修改后代码：

```
var geometry =
    /* color: #98ff00 */
    /* displayProperties: [
      {
        "type":"rectangle"
      }
    ] */
    ee.Geometry.Polygon(
        [[[-87.04145602688129, 34.81464024368438],
          [-87.04145602688129, 34.595619738470894],
```

```
            [-86.59925631985004, 34.595619738470894],
            [-86.59925631985004, 34.81464024368438]]], null, false);
var VI=ee.ImageCollection("UMT/NTSG/v2/MODIS/GPP")
var Years = ee.List.sequence(2000,2020);   // 生成逐年的List
// 逐年进行Map操作，遍历下载影像
var yearlist = Years.getInfo();
print(yearlist);
var year_imgcol = ee.ImageCollection.fromImages(yearlist.
map(function(year) {
    var img = VI.filter(ee.Filter.calendarRange(year, year,
'year')).mosaic();
    var y=img.set({name:ee.String(ee.Number(year).int())})
    Export.image.toDrive({
    image:img,
    description:year.toString(),
    region:geometry,
    scale:500,
    maxPixels:1e13
    });
  Map.addLayer(img, {}, 'modis'+y+"year");
   return img;
}));
```

7.3 影像波段为零

7.3.1 影像波段问题

在7.2参数类型无效的代码中，还会出现以下的问题，提示下载的影像没有波段，从而导致影像无法正常导出（图7.3.1）。

错误提示：Error: Can't get band number 0. Image has no bands. (Error code: 3)。

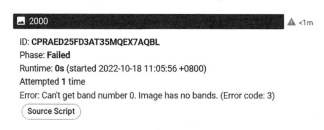

图 7.3.1 影像波段为零

7.3.2　影像波段错误解决方案

首先要检查影像的起止时间，如果我们所筛选的影像时间不在原本影像的时间范围内，那么就会出现上面的状况。也就是说当我们在尝试用批量下载每一年的影像的时候，一定要查看影像的时间范围，确保不是一个空的时间影像。此案例中我们所选的影像数据是 MODIS GPP 数据，影像时间范围为自 2001–01–01 至今，而代码中所要筛选的时间范围是从 2000 年开始，所以 2000 年是一个空集合。

7.4　导出影像到 Assets 中的错误

7.4.1　导出影像问题

有时候我们会遇到一些非常初级的错误，就是无法导出到我们想要的结果，那么有一种解决方式，就是根据提示进行分析，第二就是返回代码中查看调用的函数即可，然后重新设定，一一排除所有问题即可。导出到地球引擎中的 Assets 的错误提示如图 7.4.1 所示。

错误提示如下：

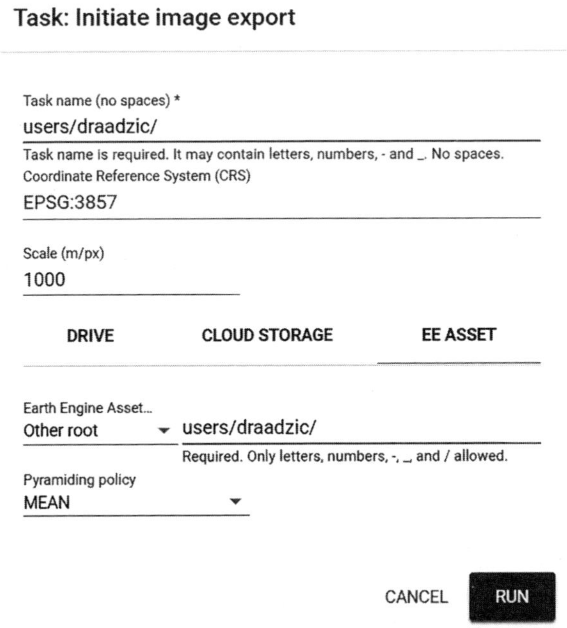

Task: Initiate image export

Task name (no spaces) *
users/draadzic/
Task name is required. It may contain letters, numbers, - and _. No spaces.
Coordinate Reference System (CRS)
EPSG:3857

Scale (m/px)
1000

DRIVE	CLOUD STORAGE	EE ASSET

Earth Engine Asset...
Other root ▼ users/draadzic/
Required. Only letters, numbers, -, _ and / allowed.
Pyramiding policy
MEAN ▼

CANCEL　RUN

图 7.4.1　导出过程中产生的错误

7.4.2 导出影像错误解决方案

出现这种状况常常是因为对于导出的任务名称不明确，这里提示了不能使用字母、数字、"–"和下划线"_"，名称中是不能有斜杠"/"的。其次，我们在使用任何函数之前建议大家提前去阅读一下所使用的函数，这里我们用到 Export. image.toAsset(image，description，assetId，pyramidingPolicy，dimensions，region，scale，crs，crsTransform，maxPixels，shardSize)，这些函数可以在 JavaScript 中左侧栏的 DOS 文档中找到相应的用法。

7.5 动画视频导出的错误

7.5.1 动画视频导出错误 1

Error: GeometryConstructors.MultiGeometry: Geometry coordinate projection requires non–zero maxError.（Error code：3）。

解决方案：

这个问题很好解决，主要问题出现在：这里不能用自己上传的矢量集合作为研究区，也就是你所在省份或者市区的矢量边界，这里提示我们坐标系统有问题，所以建议画个多边形，用以覆盖你所在的研究区就好。在谷歌地球引擎中对于视频导出会有容量和像素总额的限制，所以尽量将矢量区域调节到够用就好了。

7.5.2 动画视频导出错误 2

Error: ImageCollection must have 3 or 4 bands. 1 bands found.（Error code: 3）。

解决方案：

这里提示了影像集合中仅有一个波段，一个影像集合必须有 3 或 4 个波段，这里导出视频默认的必须是 RGB 影像，所以影像集合中必须得有 3 个波段，可用 select()选择相应的下载波段就行。

7.5.3 动画视频导出错误 3

Error: Data type for band [LST_Day_1km] is not supported by video export: Type<Integer<0, 65535>>. Video export requires 8–bit bands; consider scaling to 0–255 and casting to 'uint8'.（Error code：3）。

解决方案：

这里导出的视频需要的是 8 位整数，所以我们要用 .unit8( ) 来进行纠正。

正确代码链接：https://code.earthengine.google.com/444e4ed74e1eaf1073660e11e5fe54f0?hideCode=true。

针对以上问题修复后的代码：

```
var geometry=ee.Geometry.Polygon(
        [[[115.36402698950629, 41.0851724709051],
          [115.36402698950629, 39.3742494076863],
          [117.55030628638129, 39.3742494076863],
          [117.55030628638129, 41.0851724709051]]], null, false);
var allImages = ee.ImageCollection("MODIS/061/MOD11A1")
  // 按照行列号来筛选影像
.filterBounds(geometry)
  // 按照云遮盖小于影像占比 30% 的部分去筛选
  // 时间筛选
.filterDate('2018-01-01', '2019-01-01')
  // 选择其中三个波段
.select(["LST_Day_1km","LST_Night_1km","QC_Day"]) // 问题 1 出现的
地方
  // 使数据为 8 位，这个偶尔会用到
.map(function(image) {
  return image.multiply(512).uint8();// 问题 2 出现的问题
});
print("allImages",allImages)
Export.video.toDrive({
  collection: allImages,
  // 文件名
  description: 'beijing',
  // 视频质量。这里就是我们说的普清、高清和超高清
  dimensions: 720,
  // 视频的帧率
  crs:"EPSG:4326",
  framesPerSecond: 8,
  // 导出的区域这里一定要设置好，如果不在这里设定可以在导出的时候进行一个
clip 也可以
  region: geometry // 问题 3 出现的地方
});
```

7.6 表达式易出现的错误

7.6.1 表达式的问题

这里并没有提示显而易见的错误，但确实出现了一个无法运行的错误。也就是我们利用表达式的方式不对，或没有弄明白如何写表达式，尤其是表达式中所用到的括号和函数。

错误代码链接：https://code.earthengine.google.com/8bb9314e647a16b4e5aabe85db874fbd?hideCode=true。

错误代码：

```
var oxfe1= img_l8.expression('(B3)/(B1)');
            'GREEN':img_l8.select('B3'),
            'Coastal aerosol':img_l8.select('B1')});

var arca= img_l8.expression('(B5)/(B7)');
            'NIR':img_l8.select('B5'),
            'SWIR 2':img_l8.select('B7')});
```

7.6.2 表达式错误解决方案

这里我们首先要看表达式如何正确写的问题，正确的格式：

Image.expression（"B1+B2"，{"B1":image.select（"B1"），"B2"：image.select（"B2"）}），这里需要知道表达式中的公式部分以任何方式呈现都行，表达式中的第一个参数就是公式部分，紧接着就需要一个字典的形式来放入表达式中所引用的每一个波段。这里仅仅展示了表达式公式部分，没有加入 img_l8 变量。大家可以引用单景影像进行尝试。

正确代码链接：https://code.earthengine.google.com/1d089051b5c014ecbc6414c0f5c3a86e?hideCode=true。

修改的代码：

```
// 创建一个单景影像对象
var img_l8 = ee.Image();

// 表达式两种形式
```

```
var oxfe1= img_18.expression(
  'GREEN/Coastal aerosol',
{
  'GREEN': img_18.select('B3'),
'Coastal aerosol':img_18.select('B1')
});

var arca= img_18.expression('NIR/SWIR 2',{
            'NIR':img_18.select('B5'),
            'SWIR 2':img_18.select('B7')});
```

7.7　导出过程中无法转换投影

7.7.1　导出过程问题

Error：Image.clipToBoundsAndScale：Could not create projection transform from <Projection> to <Projection>.（Error code：3）。

7.7.2　导出过程解决方案

这种情况通常是无法正常转化投影，这里只需在导出影像过程的坐标参数中进行修改。

正确代码链接：https://code.earthengine.google.com/f99cc518ae2e72790f7fa9ae2ebcef6d?hideCode=true。

修复后的代码：

```
var geometry = /* color: #d63000 */ee.Geometry.Point([5.649949469755535,
52.50707868017005]);

var img = ee.Image(ee.ImageCollection('COPERNICUS/S2').
  filterBounds(geometry).sort('system:time_start', false).first()).
select('B8');
print(img)
var export_options = {
  'fileDimensions':"64x64",
  'shardSize': 64
};
```

```
Export.image.toDrive({
  image: img,
  description: 'tiles',
  fileNamePrefix: 't64',
  scale: 10,
  crs: img.projection().crs().getInfo(),// 这里我们利用影像原有的投影
坐标
  fileFormat: 'GeoTIFF',
  region: geometry.buffer(10000).bounds(1),
  formatOptions: export_options
})
```

7.8　用户内存超限

7.8.1　用户内存问题

当我们想要在控制台打印处理后的矢量集合或影像集合时，常常会出现此类状况。产生问题的主要是当影像集合超过 5 000 个元素，它就会提示集合超限。

错误提示：

FeatureCollection（Error）。

User memory limit exceeded。

7.8.2　用户内存解决方案

如果我们想加载，有两种方式可以进行，一种是用 limit（）来限制小于 5 000 的加载，另一种就是只加载集合当中的第一个，使用 .first（）来打印结果，最终纠正后的结果如图 7.8.1 所示。

正确代码链接：https://code.earthengine.google.com/991779fc8b2b679c71b71098ca2eda81?hideCode=true。

修复后的代码：

```
var region = ee.FeatureCollection("users/mojdeh1824a/tehran_
regions");
var regions = region;
Map.centerObject(regions);
```

```
Map.addLayer(regions);
var clipToCol = function(image){
  return image.clip(regions);
};


var NDBI_C = ee.ImageCollection('MODIS/061/MOD09A1')
.filterDate(ee.Date('2003-01-01'), ee.Date('2022-01-01'))
.filterBounds(region)
.map(clipToCol);
var months = ee.List.sequence(1, 12);
var years = ee.List.sequence(2003, 2022);


var addNDBI= NDBI_C.map(function(image){
var ndbi =image.normalizedDifference(['sur_refl_b06','sur_refl_
b02']).rename('ndbi');
return image.addBands(ndbi);
});


var NDBI = addNDBI.map(function(image) {
return image.copyProperties(image,['system:time_start']);
});


var ndbiByMonthYear = ee.ImageCollection.fromImages(
  years.map(function(y) {
    return months.map(function (m) {
      var images = NDBI
        .filter(ee.Filter.calendarRange(y, y, 'year'))
        .filter(ee.Filter.calendarRange(m, m, 'month'));

      return images
        .median()
        .set('month', m).set('year', y)
        .set('empty', images.size().eq(0));
  });
}).flatten());


var byRegion = ndbiByMonthYear
  .filter(ee.Filter.eq('empty', 0)) // Remove year/month without
```

```
imagery
  .map(function(yearMonthNdbi) {
    return yearMonthNdbi
      .reduceRegions({
        collection: regions.select(['FID_1'], ['region']),
        reducer: ee.Reducer.median().setOutputs(['nbbi']),
        scale: 1000,
        crs: 'EPSG:4326'
      })
      .map(function (feature) {
        return feature
          .copyProperties(yearMonthNdbi, yearMonthNdbi.
propertyNames());
      });
  })
  .flatten();
// 修改直接打印的结果
 print(byRegion)
// 使用 first 打印
// print(byRegion.first());
// 使用 limit 打印
// print(byRegion.limit(1000));
```

修复后结果:

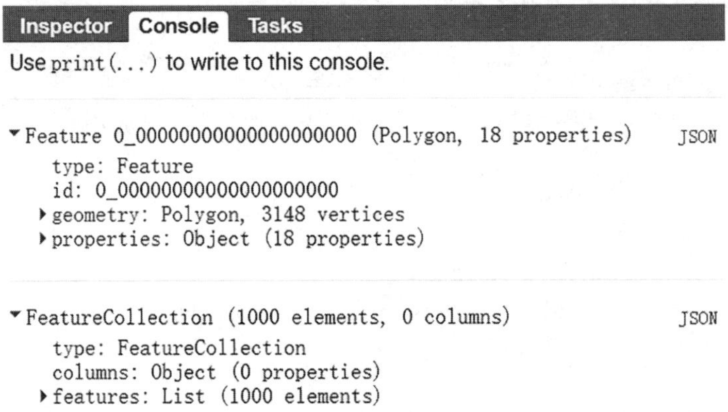

```
Inspector  Console  Tasks
Use print(...) to write to this console.


▼Feature 0_00000000000000000000 (Polygon, 18 properties)    JSON
    type: Feature
    id: 0_00000000000000000000
  ▶geometry: Polygon, 3148 vertices
  ▶properties: Object (18 properties)


▼FeatureCollection (1000 elements, 0 columns)              JSON
    type: FeatureCollection
    columns: Object (0 properties)
  ▶features: List (1000 elements)
```

图 7.8.1　避免超过 5 000 个元素的输出

7.9　不是一个函数

7.9.1　函数问题

这里主要的问题是我们常常混淆一个集合和一个单一对象，就是我们无法对一个集合进行函数操作，函数的作用对象必须是一个单一对象。

错误提示：Line 32: NDSI.lt is not a function。

错误代码链接：https://code.earthengine.google.com/68852ce1daf23948ed6a07c71f75af28?hideCode=true。

错误代码：

```
var roi = ee.FeatureCollection("users/abdulhaseebazizi786/KRB_
Watershed-Boundary");
var l8 = ee.ImageCollection("LANDSAT/LC08/C02/T1_TOA");
var Landsat = l8.filterBounds(roi)
                     .filterMetadata('CLOUD_COVER','less_than', 5)
                     .filter(ee.Filter.calendarRange(2020,2020,'year'))
                     .filter(ee.Filter.calendarRange(11,4,'month'))
                     .select(['B3','B6','B5']);

// 计算归一化雪盖指数（NDSI）
var ndsiCol = function(image) {
  var ndsi = image.normalizedDifference(['B3', 'B6']).rename('NDSI');
   return image.addBands(ndsi);
   };

var NDSI = Landsat.map(ndsiCol)
.map(function(img) {return img.select('NDSI')})

print('ndsiCol', NDSI);
```

7.9.2　函数错误解决方案

这里采取的方式是将影像集合进行镶嵌，然后再进行后续的操作，也就是将集合（多个对象）转化为单一对象，这里采用的就是用镶嵌 mosaic（）方式来进行。

正确代码链接：https://code.earthengine.google.com/a1116bea3cb970f68c8474c1f24a0bd9?hideCode=true。

修复后的代码：

```
var roi = ee.FeatureCollection("users/abdulhaseebazizi786/KRB_
Watershed-Boundary");
var l8 = ee.ImageCollection("LANDSAT/LC08/C02/T1_TOA");

var Landsat = l8.filterBounds(roi)
                    .filterMetadata('CLOUD_COVER','less_than', 5)
                    .filter(ee.Filter.calendarRange(2020,2020,'year'))
                    .filter(ee.Filter.calendarRange(11,4,'month'))
                    .select(['B3','B6','B5']);

var ndsiCol = function(image) {
  var ndsi = image.normalizedDifference(['B3', 'B6']).rename('NDSI');
   return image.addBands(ndsi);
  };

var NDSI = Landsat.map(ndsiCol)
.map(function(img) {return img.select('NDSI')}).mosaic()  // 此处就
是修改代码


print('ndsiCol', NDSI);
```

7.10 无效的属性类型

7.10.1 无效属性问题

这里的问题是导出的结果过程中，出现了无效的属性信息。

错误提示：Error: Invalid property type: Property joinedWaterFeature has type Feature.（Error code: 3）。

错误代码链接：https://code.earthengine.google.com/58f32087247665e23dee6e2c3c16cbc7?hideCode=true。

修复前代码：

```
// 将统计数据导出到 Google Drive, 指定 CRS、转换和区域。
Export.table.toDrive({collection:keringenMetScores,
    description: 'buffer'+bufferSize+'Date2209VersionSHPTEST',
```

```
    folder :"tests",
    fileFormat: 'SHP'
});
```

7.10.2　无效属性解决方案

这里首先明确矢量导出的函数 Export.table.toDrive(collection，description，folder，fileNamePrefix，fileFormat，selectors，maxVertices)，这个函数中有一个参数 selectors，这个选择器参数的设定主要选择矢量中要包含在导出中的属性列表；可以是一个用逗号分隔的单个字符串，也可以是一个字符串列表。

正确代码链接：https://code.earthengine.google.com/c80e590d5a908bf0d4d51ee22d384b20?hideCode=true。

修复后代码：

```
Export.table.toDrive({collection:keringenMetScores,
    description: 'buffer' +bufferSize+' Date2209VersionSHPTEST',
    folder :"tests",
    fileFormat: 'SHP' ,
    selectors: [ 'elevation' ] //
});
```

7.11　无法读取未定义的属性

7.11.1　无法读取未定义问题

问题来源是利用 UI 设计创建了一个简单的 ui.select () 选择器，并希望应用程序在选择时加载所需的图层。但是代码在执行过程中不起作用，这里的问题会出现属性信息无法获取的提示。

错误提示：Line 5: Cannot read property 'getValue' of undefined。

错误代码链接：https://code.earthengine.google.com/95d0be29f58192b286045bdff66715e2?hideCode=true。

未修复代码：

```
var SRTM = ee.Image("CGIAR/SRTM90_V4");
var slope = ee.Terrain.slope(SRTM);
```

```
function changeLayers(x){
  var value =   x.getValue();
  if(value=="SRTM"){
    Map.addLayer(SRTM);
  }
  else if(value=="Slope"){
    Map.addLayer(slope)
  }
}
var select = ui.Select({
  items: ee.List(['SRTM','Slope']), placeholder:'Select',onChange:
changeLayers()})
Map.add(select)
```

7.11.2　无法读取未定义错误解决方案

这里问题的解决主要目的是将其两个图层的信息加载到地图上，我们首先要解决一个误区，function 中 changeLayers 图层信息一般是直接获取的，不用再通过 getValue ( ) 来进行获取，也就是只需要设定函数条件即可。因为函数 function 的作用是用来反复执行的回调函数，所以这里我们直接指定特定的 value 即可。这个错误问题的本质就是，我们要知道 function 的是一个独立的个体，这里 X 并没有任何意义，我们又从哪里获取值呢？

正确代码链接：https://code.earthengine.google.com/b7639b2a1a4ad859d723f2841 1902757?hideCode=true。

修改后的代码：

```
function changeLayers(x){
  var value =  x;
  if(value=="SRTM"){
    Map.addLayer(SRTM);
  }
  else if(value=="Slope"){
    Map.addLayer(slope)
  }
}
var select = ui.Select({
  items: ['SRTM','Slope'],
  placeholder:'Select',
```

```
    onChange:changeLayers})
Map.add(select)


// 其实这个函数还能再简化一步
// 直接写函数条件，因为在 UI.select 改变的时候就已经设定好了
// 你的 items 中的值就已经给到了
function changeLayers(x){
  if(x=="SRTM"){
    Map.addLayer(SRTM);
  }
  else if(x=="Slope"){
    Map.addLayer(slope)
  }
}
```

7.12　图层错误几何体多边形超限

7.12.1　图层错误问题

在进行大尺度研究的时候，会遇到很多问题，尤其是矢量边界超限，或矢量边界的折现点过多导致无法进行计算。在谷歌地球引擎中，任何一个矢量边界都必须小于 2 000 000。

错误提示：Layer error: Collection.geometry: Geometry has too many edges (6045631 > 2000000)。

错误代码链接：https://code.earthengine.google.com/245d7bd6486e801dec8daed391254eeb?hideCode=true。

未修复代码：

```
// 比利时发电站数据
var fc = ee.FeatureCollection('WRI/GPPD/power_plants')
                .filter('country_lg =="Belgium"');
// 首先加载源数据
Map.centerObject(fc);
Map.addLayer(fc);
// 利用 bounds 来进行框选最外围的点，变成一个矢量矩形
var bbox = fc.geometry().bounds();
Map.addLayer(bbox);
```

7.12.2 图层错误解决方案

这里的解决方案是对矢量整个区域进行 bounds 处理，也就是将所在研究区给一个指定的特征边界矢量的特征，这个特征就是一个面状的矢量区域，区域的边界分别为研究区西北点和东南点的矩形框。

正确代码链接：https://code.earthengine.google.com/11fff2b19ad184bca3e92c4e2f23d810?hideCode=true。

修复后代码：

```
var table = ee.FeatureCollection("GLIMS/current"),
    Alps =
    /* color: #d63000 */
    /* displayProperties: [
      {
        "type":"rectangle"
      }
    ] */
    ee.Geometry.Polygon(
      [[[3.451460113359519, 48.886366076925604],
        [3.451460113359519, 43.381069180691924],
        [17.55790542585952, 43.381069180691924],
        [17.55790542585952, 48.886366076925604]]], null, false);

var fc = ee.FeatureCollection("GLIMS/current").filterBounds(Alps)
Map.addLayer(fc);

var bbox = fc.geometry().bounds();
Map.addLayer(bbox);
```

7.13 最大值不能小于最小值

7.13.1 最大值问题

在进行 PCA 进行分析或者其他运算之外，有时候想加载平方根的结果，但显示无法正常展示。这里因为 GEE 中的 PCA 函数默认不支持负数的加载。

错误提示：Srqt: Tile error: Array: Max（NaN）cannot be less than min（NaN）。

7.13.2　最大值错误解决方案

对于在计算 PCA 时遇到此问题，例如"数组：最大值（NaN）不能小于最小值（NaN）"错误的根本原因是负特征值。在某些情况下，最终会得到非常小的负数（例如 –1e–13）并且调用它的 sqrt( ) 会导致此错误。据我了解，当具有高度相关的输入波段并且最后几个特征值最终非常接近 0 时，就会发生这些情况。简单的解决方法是在求平方根之前对特征值调用 abs( )。例如：

```
var sdImage = ee.Image(eigenValues.abs().sqrt())
```

正确代码链接：https://code.earthengine.google.com/83555587abd3787e80eed9e843171465?hideCode=true。

修复后代码：

```
// 运行脚本并检查任何像素以查看错误
// 当我们在有负数的数组上调用 sqrt() 时，就会发生这个错误
var image = ee.ImageCollection("LANDSAT/LC08/C02/T1_TOA").
select("B2").first().toInt32();
var geometry = image.geometry();
Map.addLayer(image, {}, 'Image');
Map.centerObject(image);

var projection = image.projection();
var scale = projection.nominalScale();

var texture = image.glcmTexture({size:5});
Map.addLayer(texture, {}, 'Texture')
var pca = PCA(texture).select(['pc1', 'pc2', 'pc3'])
Map.addLayer(pca, {}, 'PCA');

//****************************************************************
// 计算主成分的函数
// Code adapted from https://developers.google.com/earth-engine/
guides/arrays_eigen_analysis
//****************************************************************
************
function PCA(maskedImage){
  var image = maskedImage.unmask()
  var bandNames = image.bandNames();
```

```
// Mean center the data to enable a faster covariance reducer
// and an SD stretch of the principal components.
var meanDict = image.reduceRegion({
  reducer: ee.Reducer.mean(),
  geometry: geometry,
  scale: scale,
  maxPixels: 1e10,
  tileScale: 16
});
print(meanDict)
var means = ee.Image.constant(meanDict.values(bandNames));
var centered = image.subtract(means);
Map.addLayer(centered, {}, 'Centered')

// 这个辅助函数返回一个新波段名称的列表
var getNewBandNames = function(prefix) {
  var seq = ee.List.sequence(1, bandNames.length());
  return seq.map(function(b) {
    return ee.String(prefix).cat(ee.Number(b).int());
  });
};
// 这个函数接受平均中心的图像、一个比例尺和一个要进行分析的区域
// 它将区域内的主成分（PC）作为一个新图像
var getPrincipalComponents = function(centered, scale,
region) {
  // 将图像的波段折叠成每个像素的一维阵列
  var arrays = centered.toArray();

  // 计算区域内各条带的协方差
  var covar = arrays.reduceRegion({
    reducer: ee.Reducer.centeredCovariance(),
    geometry: geometry,
    scale: scale,
    maxPixels: 1e10,
    tileScale: 16
  });

  //得到＂数组＂协方差结果，并将其转换为一个数组
  // 这代表了该区域内的带与带之间的协方差
  var covarArray = ee.Array(covar.get('array'));
```

```
Map.addLayer(ee.Image(covarArray), {}, 'Covar')

    // 进行特征分析，将数值和向量切开
    var eigens = covarArray.eigen();

    // 这是一个 P 长度的特征值向量
    var eigenValues = eigens.slice(1, 0, 1);

    // 这是一个 PxP 矩阵，行中有特征向量
    var eigenVectors = eigens.slice(1, 1);

    // 将数组图像转换为二维数组，用于矩阵计算
    var arrayImage = arrays.toArray(1);
    Map.addLayer(arrayImage, {}, 'Array image')

    // 左边的图像阵列与特征向量矩阵相乘
    var principalComponents = ee.Image(eigenVectors).matrixMultiply
(arrayImage);
    Map.addLayer(ee.Image(eigenValues), {}, 'eigen')
    Map.addLayer(ee.Image(eigenValues.sqrt()), {}, 'Srqt')
    Map.addLayer(ee.Image(eigenValues.abs().sqrt()), {}, 'Abs
Srqt')

    // 将特征值的平方根变成 P 波段图像
    var sdImage = ee.Image(eigenValues.abs().sqrt())
      .arrayProject([0]).arrayFlatten([getNewBandNames('sd')]);

    // 将 PC 变成 P 波段图像，按 SD 进行归一化处理
    return principalComponents
      // 扔掉一个不需要的维度，[[]] ->[]
      .arrayProject([0])
      // 使一个波段的阵列图像成为多波段的图像，[] -> 图像
      .arrayFlatten([getNewBandNames('pc')])
      // 将 PC 按其 SD 归一化。
      .divide(sdImage);
  };
  var pcImage = getPrincipalComponents(centered, scale,
geometry);
  return pcImage.mask(maskedImage.mask());
}
```

7.14　几何体和矢量的区别

7.14.1　几何体和矢量错误

这里的错误主要问题是无效的输入类型，需要的是一个几何体，但是你所给的是一个矢量。

错误提示：

FeatureCollection（Error）。

Error in map（ID=0）：Feature, argument 'geometry'：Invalid type. Expected type: Geometry. Actual type: Feature。

错误代码链接：https://code.earthengine.google.com/eed84701c5d3092db2e98fb84d7205a7?hideCode=true。

未修复代码：

```
var boten = ee.FeatureCollection("projects/essential-
rider-326809/assets/mexico");
var boten_shp = boten.geometry();
var Lunagprabang = ee.FeatureCollection("projects/essential-
rider-326809/assets/Belize");
var Lunagprabang_shp = Lunagprabang.geometry();
var Vientiana = ee.FeatureCollection("projects/essential-
rider-326809/assets/Guatemala");
var Vientiana_shp = Vientiana.geometry();

// 缓冲区建立 //
var boten_buffer=boten_shp.buffer(20000);
var Lunagprabang_buffer=Lunagprabang_shp.buffer(20000);
var Vientiana_buffer=Vientiana_shp.buffer(20000);

var features = ee.FeatureCollection([
  ee.Feature(boten_buffer, {label: 'Boten'}),
  ee.Feature(Lunagprabang_buffer, {label: 'Lunagprabang'}),
  ee.Feature(Vientiana_buffer, {label: 'vientiana'}),
])
print(features);
// 设定时间序列
var years = ee.List.sequence(2021,2022)
```

```
var calculateClassAreaByYear = features.map(function(feature){
  var dw2=years.map(function(year){
  var dw1= ee.ImageCollection('GOOGLE/DYNAMICWORLD/V1')
            .filterDate(ee.Date.fromYMD(year, 1, 1), ee.Date.
fromYMD(year, 12, 1)).filter(ee.Filter.bounds(feature)).select
('label').reduce(ee.Reducer.mode()).eq(6);
            return dw1
            })
            return ee.FeatureCollection(dw2)
    })

print(calculateClassAreaByYear.flatten());
```

7.14.2　几何体和矢量错误解决方案

这里我们的解决方案也很简单，其实只需一个转化就可以，我们将研究区进行几何化，也就是使用 .geometry ( ) 来进行解决，作用对象就是一个矢量，给定的返回值是一个给定特征在给定投影中的几何形状。因为 reduceRegion() 中的 geometry 参数就是一个几何体。

正确代码链接：https://code.earthengine.google.com/e569025155d2532c905878e1 3373b539?hideCode=true。

修改后代码：

```
// 设定时间序列
var years = ee.List.sequence(2021,2022)
var calculateClassAreaByYear = features.map(function(feature){
  var dw2=years.map(function(year){
  var dw1= ee.ImageCollection('GOOGLE/DYNAMICWORLD/V1')
            .filterDate(ee.Date.fromYMD(year, 1, 1), ee.Date.
fromYMD(year, 12, 31)).filter(ee.Filter.bounds(feature.geometry())).
select('label').reduce(ee.Reducer.mode()).eq(6);
  var areaImage = dw1.multiply(ee.Image.pixelArea())
  var area = areaImage.reduceRegion({
  reducer: ee.Reducer.sum(),
  geometry: feature.geometry(),// 这里是几何体
  scale: 10,
  maxPixels: 1e10})
  })
  })
```

7.15　影像集合错误

7.15.1　影像集合问题

这里的错误主要原因是所要进行运算的参数不符合要求，期待的类型是影像一个列表类型。这个案例是我们不能强行用单景影像来将其转化为一个影像集合。

错误提示：

mageCollection（Error）。

ImageCollection.fromImages, argument 'images' : Invalid type. Expected type: List<Image<unknown bands>>. Actual type: Image<[NDWI]>。

错误代码链接：https://code.earthengine.google.com/7ebb7dd76263f8f7355889bbce89ddf7?hideCode=true。

错误代码：

```
// 这里替换掉我们自己的影像
var tmrh = ee.Image("projects/essential-rider-326809/assets/
2016_ndwi_sr");
var tmrh2 = ee.ImageCollection(tmrh);
var tmrh2 = ee.List(tmrh);
var tmrh3 = ee.ImageCollection(tmrh2);
print( tmrh3);
```

7.15.2　影像集合错误解决方案

这里举的案例是先获取影像中波段名称，然后用 map 遍历的方式分别获取其中的每一个时间属性，最后返回一个影像集合，而这个影像集合是以一个列表的形式呈现，所用到的函数就是 ee.ImageCollection.fromImages（）。

正确代码链接：https://code.earthengine.google.com/0a73a7568921dfed95b02e3e8734d4f8?hideCode=true。

修复后代码：

```
var image = ee.Image("projects/essential-rider-326809/assets/
2016_ndwi_sr");
var bands = image.bandNames();
```

```
print(bands);
var imageBandsAsList = bands.map(function(b) {
  var imageBand = image.select(ee.String(b));
  // 在这里，将属性 "system:time_start" 与波段的时间节点（以毫秒为单位）
进行设置
  // ee.Date.millis() 这里有时候可以将时间转化为百万秒的形式
  return imageBand.copyProperties(image, ['system:time_start']);
});
var ic = ee.ImageCollection.fromImages(imageBandsAsList);
print(ic);
```

7.16　类型不一致

7.16.1　类型问题

这里的错误原因是当我们导出影像的波段必须有相同的数据类型，而这里所给定的分别是一个整形和字节型。

错误提示：Error: Exported bands must have compatible data types; found inconsistent types: Int16 and Byte.（Error code: 3）。

错误代码链接：https://code.earthengine.google.com/5c7e3d52eaa03a493d15896f26ab306c?hideCode=true。

未修复代码：

```
// 下载影像
Export.image.toDrive({
  image: scol_clip,
  description: '2011_sr',
  folder: 'training02',
  scale: 30,
  crs:'EPSG:4326',
  region:hh
});
```

7.16.2　类型错误解决方案

这里我们利用所提示的消息，将影像类型转化为整形，这里提示了用 Int16，我们就在导出影像函数的参数中，将影像进行整型化即可；同时，也可以采用另外一种解决方案直接选择波段，因为光学影像中很多时候默认的类型就是 Int16，如下图 7.16.1 所示。

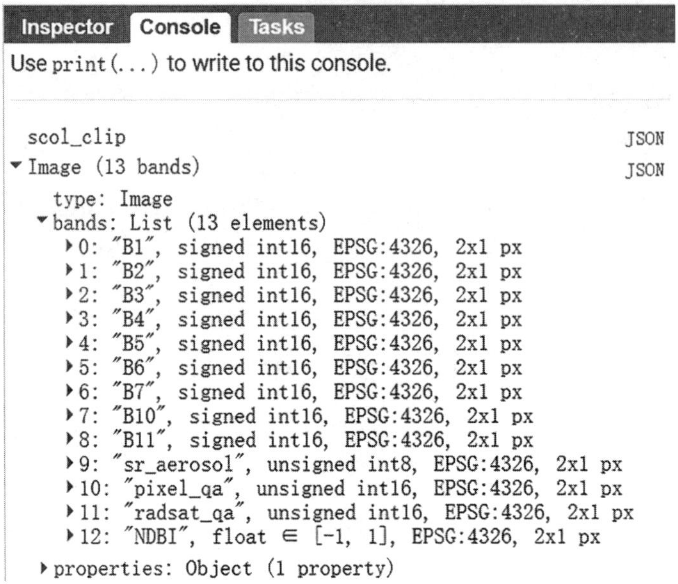

图 7.16.1 直接选择波段默认

正确代码链接：https://code.earthengine.google.com/43134136a9d8b164ef0348109943bbd4?hideCode=true。

修复后代码：

```
// 方法 1 不选择波段，全波段影像下载
Export.image.toDrive({
  image: scol_clip.select("NDBI").int16(),
  description: '2011_sr',
  folder: 'training02',
  scale: 30,
  crs:'EPSG:4326',
  region:hh
});

// 方法 2 不选择波段，只选择 NDBI 波段，这样默认就是整形
Export.image.toDrive({
  image: scol_clip.select("NDBI"),
  description: '2011_sr',
```

```
folder: 'training02',
scale: 30,
crs:'EPSG:4326',
region:hh
});
```

7.17　计算超时

7.17.1　计算超时问题

计算超时，这类问题往往出现的原因就是计算研究区太大，要求计算的分辨率太高（图 7.17.1），所统计的时间范围太长等。

错误提示：

Number（Error）。

Computation timed out。

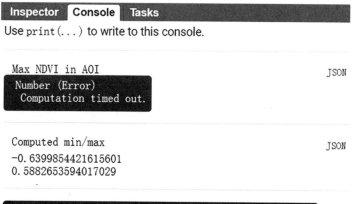

图 7.17.1　计算超时

错误代码链接：https://code.earthengine.google.com/9554ad76e2ec22b5850fb679184d80c9?hideCode=true。

未修复代码：

```
var geometry =
    /* color: #0b4a8b */
    /* displayProperties: [
```

```
        {
          "type": "rectangle"
        }
      ] */
    ee.Geometry.Polygon(
        [[[26.35452734329106, 58.9137239180015],
          [26.35452734329106, 48.818440265326046],
          [51.66702734329106, 48.818440265326046],
          [51.66702734329106, 58.9137239180015]]], null, false);
var NDVIImgColl = ee.ImageCollection('LANDSAT/LC08/C01/T1_8DAY_
NDVI')
                            .filterDate('2018-11-01', '2019-04-30').select
('NDVI').mean();


Map.addLayer(NDVIImgColl.clip(geometry), {}, "NDVI")

var NDVIavg = NDVIImgColl.clip(geometry)

var stats = NDVIavg.reduceRegion({
    reducer: ee.Reducer.minMax(),
    geometry : geometry,
    scale : 30,
    maxPixels: 1e10
  });

var varmax1 = ee.Number(stats.get("NDVI_max"));
print("Max NDVI in AOI", varmax1)

// evaluate() 将在后台运行，而 最小／最大值的计算
stats.evaluate(function(result) {
   var min = result['NDVI_min']
   var max = result['NDVI_max']
   print('Computed min/max', min, max)
   var visParams = {min: min, max:max}
   Map.addLayer(NDVIImgColl.clip(geometry), visParams, 'Min/Max
Stretch');
})
```

7.17.2　计算超时解决方案

一般我们在统计最大或最小值平均值时会用到 reduceRegion ( ) 函数，使用过程中通过调节其中的 scale、bestEffort 和 maxPixels 几个参数进行设定就可以避免计算超时，修正后的结果如图 7.17.1 所示。

（1）当运行结果提示超过 10 000 000 个像素时，可以将参数 bestEffort 设定为 true，这样无论研究区有多大，都会给输出结果，而且是在谷歌引擎全力运转下的结果。

（2）如果要实际的最小值 / 最大值，请将 reduceRegion 中参数 maxPixels 设置为更高的数字而不是默认状态下的 1e8.，最高可以设定为 1e16。

（3）将所需统计区域的分辨率参数 scale 设定得小一些，比如说将 scale：10 改为 scale：1 000。

正确代码链接：https://code.earthengine.google.com/98264041b2a1a2bab8f8bfce67ec2be1?hideCode=true。

修复后代码：

```
var stats = NDVIavg.reduceRegion({
    reducer: ee.Reducer.minMax(),
    geometry : geometry,
    scale : 1000,// 分辨率降低
    bestEffort:true, // 设定参数为 true
    maxPixels: 1e16// 设定研究区最大统计像素
  });

var varmax1 = ee.Number(stats.get("NDVI_max"));
print("Max NDVI in AOI", varmax1)
```

修复后结果：

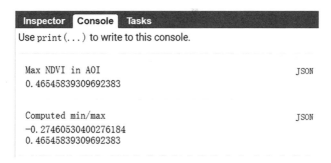

图 7.17.2　修复结果

7.18 多边形超限

7.18.1 多边形问题

这个错误的问题其实并不因为图表，而是因为矢量集合多边形超限问题产生的，因为在谷歌地球引擎中，我们能允许计算的矢量边界是 5 000 个，这个同时也是允许在 console 控制台打印的结果。

错误提示：Error generating chart: Response size exceeds limit of 268435456 bytes。

错误代码链接：https://code.earthengine.google.com/16a463c5e3570c3a63842d964ecfa15f?hideCode=true。

未修复代码：

```
// 这是原始的众多矢量集合
var shanxi = ee.FeatureCollection('projects/ee-shiyan/assets/
WXrh').geometry();
print("shanxi",shanxi)
```

7.18.2 多边形原始解决方案

解决方案有两种，一种是我们首先将一个复杂边界的多边形转化为一个简单的面，然后再运算；第二种方案就是利用谷歌地球引擎中的 union () 来聚合矢量，从而完成对复杂面的聚合，这个函数的主要功能是将给定集合中的所有几何体合并成一个集合，并返回一个只包含一个 ID 为 'union_result' 的单一特征和一个几何体的集合，修复结果如图 7.18.1 所示。

正确代码链接：https://code.earthengine.google.com/b54b644c01d9288b0d32bfd2990d8ea7?hideCode=true。

修复后代码：

```
// 这是合并后的矢量集合
var shanxi1 = ee.FeatureCollection('projects/ee-shiyan/assets/
WXrh').union();
print("shanxi1",shanxi1)
```

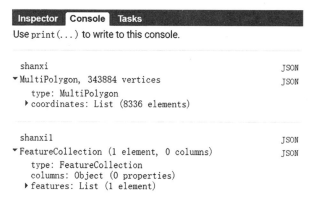

图 7.18.1 不超时情况下的结果

7.19 影像投影错误

7.19.1 影像投影问题

此类错误的发生主要是所选择影像中包含有不同的投影，值得注意的是不能直接使用 Project ( ) 来纠正我们所需的影像投影，而是要选择特定的波段来进行重投影。在改变投影之前我们首先要查看当前的影像波段详情如图 7.19.1 所示。

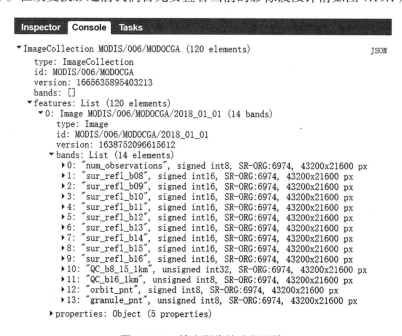

图 7.19.1 检查影像的波段详情

错误提示：

Number（Error）。

Image.projection: The bands of the specified image contains different projections. Use Image.select to pick a single band。

错误代码链接：https://code.earthengine.google.com/a51da7ebdcc707d4a88463482 97640b7?hideCode=true。

未修复代码：

```
var dataset = ee.ImageCollection('MODIS/006/MODOCGA')
                    .filter(ee.Filter.date('2018-01-01', '2018-
05-01'));
var falseColor =
    dataset.select(['sur_refl_b11', 'sur_refl_b10', 'sur_refl_
b09']);
var falseColorVis = {
  min: 0.0,
  max: 2000.0,
};
Map.setCenter(6.746, 46.529, 2);
Map.addLayer(falseColor, falseColorVis, 'False Color');
print(dataset)
```

7.19.2 影像投影错误解决方案

通常情况下，如果 project（）出现错误，就需要进行 reproject（）来进行转化，这里重点强调一下 MODIS 影像的投影。MODIS 影像的投影坐标系 SR-ORG：6842，官网链接：https://spatialreference.org/ref/sr-org/6974/，许多 MODIS 卫星产品使用的是全球正弦投影。该投影使用球面投影椭球，但使用 WGS84 基准椭球。并非所有投影软件都能识别正弦投影的 "semi_major" 和 "semi_minor" 参数。使用 SR-ORG：6842 处理可能会在未来引入基准偏移错误的事实。这是 SR-ORG：6965 的一个变体，它使用地球的平均半径而不是主要半径进行投影，与 NASA/USGS 分发的文件保持一致。最终投影转换后的结果如图 7.19.2 所示。

正确代码链接：https://code.earthengine.google.com/cd44e8707b49d73391597635 25a03873?hideCode=true。

修复后代码：

```
var dataset = ee.ImageCollection('MODIS/006/MODOCGA')
                    .filter(ee.Filter.date('2018-01-01', '2018-
```

```
05-01'));
var falseColor =
    dataset.select(['sur_refl_b11', 'sur_refl_b10', 'sur_refl_
b09']);
var falseColorVis = {
  min: 0.0,
  max: 2000.0,
};
Map.setCenter(6.746, 46.529, 2);
Map.addLayer(falseColor, falseColorVis, 'False Color');
print(dataset)


var change = dataset.select("sur_refl_b08").mosaic().reproject({
        crs:"EPSG:4326",

    scale:1000

});
print(change)
```

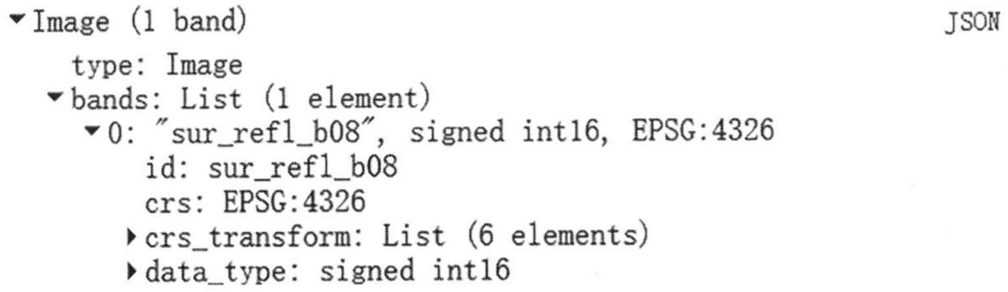

```
▼Image (1 band)                                        JSON
    type: Image
  ▼bands: List (1 element)
    ▼0: "sur_refl_b08", signed int16, EPSG:4326
        id: sur_refl_b08
        crs: EPSG:4326
      ▶crs_transform: List (6 elements)
      ▶data_type: signed int16
```

图 7.19.2　进行投影转换后的结果

7.20　无法解析投影

7.20.1　无法解析问题

产生这个错误的原因可能就是我们设定的导出或转换坐标 crs 参数，即设定了谷歌地球引擎中没有的坐标系参数。

错误提示：Error: Projection: The CRS of a map projection could not be parsed.（Error code: 3）。

错误代码链接：https://code.earthengine.google.com/51c249ead37b0cf9d3873b4e1d326f8b?hideCode=true。

未修复代码：

```
Export. image. toDrive({
image: FVC, description: "ERect"+"_FVC_"+year,
crs:"EPSG:102012",
scale: 1000,
region: ERect.geometry(),
maxPixels:1e13
})
```

7.20.2　无法解析投影错误解决方案

正确代码链接：https://code.earthengine.google.com/11596f75a5db07f331f7ef643e4cf3b9?hideCode=true。

修复后代码：

```
// 加载一个简单的 Landsat8 影像
var image = ee.Image('LANDSAT/LC08/C01/T1_TOA/LC08_044034_
20170614');

// 获取研究区的边界坐标
var bounds = image.geometry().bounds().getInfo()['coordinates'];
print('Original image (UTM) URL:',
  image.getThumbURL({
    bands: ['B4', 'B3', 'B2'],
    min: 0,
    max: 0.3,
    dimensions: '400'
  })
);

// 将图像投射到莫尔维德投影 Mollweide
var wkt = ' \
  PROJCS["World_Mollweide", \
    GEOGCS["GCS_WGS_1984", \
      DATUM["WGS_1984", \
        SPHEROID["WGS_1984",6378137,298.257223563]], \
      PRIMEM["Greenwich",0], \
      UNIT["Degree",0.017453292519943295]], \
    PROJECTION["Mollweide"], \
```

```
    PARAMETER["False_Easting",0], \
    PARAMETER["False_Northing",0], \
    PARAMETER["Central_Meridian",0], \
    UNIT["Meter",1], \
    AUTHORITY["EPSG","54009"]]';

// 设置新的坐标系统
var proj_mollweide = ee.Projection(wkt);
// 将影像进行重投影
var image_mollweide = image.reproject({
  crs: proj_mollweide,
  scale: 300
});

print('Projected image (World Mollweide) URL:',
  image_mollweide.getThumbURL({
    bands: ['B4', 'B3', 'B2'],
    min: 0,
    max: 0.3,
    region: bounds,
    dimensions: '400'
  })
);
```

7.21　超出用户内存限制

7.21.1　超出用户内存问题

在谷歌引擎中，并行化算法的一种方法是将输入的影像拆分为小瓦片，在每个小瓦片上分别运行相同的计算，然后聚合结果。当运算的研究区过大时，且运行程序复杂的情况下就会超出用户内存限制。同时，当输入是具有许多波段的图像时，如果在计算中使用了所有波段，则最终可能会占用大量内存。当该集合转换为一个巨大的数组时，该数组必须一次全部加载到内存中。因为它是一个长时间的图像序列，所以数据很大并且不适合。

错误提示：Exceeds user memory limit。

错误代码链接：https://code.earthengine.google.com/5db0307e97098e3b37ad82d8762002e0?hideCode=true。

未修复代码：

```
var smallerHog = ee.ImageCollection('LANDSAT/LT05/C01/T1')
  .toArray()
  .arrayReduce(ee.Reducer.mean(), [0])
  .arrayProject([1])
  .arrayFlatten([['B1', 'B2', 'B3', 'B4', 'B5', 'B6', 'B7',
'QA']])
  .reduceRegion({
    reducer: 'mean',
    geometry: ee.Geometry.Point([-122.27, 37.87]).buffer(1000),
    scale: 1,
  });
print(smallerHog);
```

7.21.2 超出用户内存解决方案

一种可能的解决方案是将 tileScale 参数进行设置。较高的 tileScale 值会导致图块缩小 1 倍 tileScale^2。更好的解决方案是不必要地使用数组，因此根本不需要设定 tileScale：也能解决问题；切记在统计过程中最好不要加入数组。

正确代码链接：https://code.earthengine.google.com/b264129e37aa2eb2d51e027dffaa2e83?hideCode=true。

修复后代码：

```
// 方法 1
var smallerHog = ee.ImageCollection('LANDSAT/LT05/C01/T1')
  .toArray()
  .arrayReduce(ee.Reducer.mean(), [0])
  .arrayProject([1])
  .arrayFlatten([['B1', 'B2', 'B3', 'B4', 'B5', 'B6', 'B7',
'QA']])
  .reduceRegion({
    reducer: 'mean',
    geometry: ee.Geometry.Point([-122.27, 37.87]).buffer(1000),
    scale: 1,
    bestEffort: true,
    tileScale: 16 // 调整参数
  });
print(smallerHog);
```

```
// 方法 2
var okMemory = ee.ImageCollection('LANDSAT/LT05/C01/T1')
  .mean()
  .reduceRegion({
    reducer: 'mean',
    geometry: ee.Geometry.Point([-122.27, 37.87]).buffer(1000),
    scale: 1,
    bestEffort: true,
  });

print(okMemory);
```

第8章　GEE 云平台数据集

Google Earth Engine 数据总量超过 50 PB，超过 40 年的历史影像数据，且每天仍以超过 4 000 景影像的更新速度和扩展。从影像分类来看，GEE 云平台共有 525 个公共数据集（2022 年 10 月），常用的光学影像 Landsat、MODIS 和 Sentinel-2 等系列影像数据为主，同时也有 ASTER、NOAA 和 AVHRR 的等气候数据集，地形、土地分类等数据集。

8.1　Landsat 系列卫星

美国陆地观测卫星（Landsat）是美国地质调查局（USGS）和美国国家航空航天局（NASA）的一个联合项目，LANDSAT 系列卫星前身为（Earth Resources Technology Satellite，ERTS），是目前世界上运行最长的系列卫星，早期是美国用于观测地球资源与环境的系列地球观测卫星，于 2012 年向全世界公开。从 1972 年至今共有 Landsat 4 TM/5 TM/7 ETM+/8 OIL/TIR/9 OIL/TIR 40 年的卫星数据，Landsat 7 于 2022 年 4 月退役，2021 年 9 月 1 日 Landsat 9 卫星成功发射后，目前有 Landsat 8 和 9。今天在轨运行进行全天候对地观测，Landsat 卫星重返周期为 16 天，空间分辨率为 30 m，全天候对整个地球表面进行成像，包括多光谱和温度数据，见表 8.1.1。

表 8.1.1　Landsat 系列卫星参数

Landsat 系列	影像类型	GEE 中影像名称	影像时间
Landsat 4Thematic Mapper (TM)	地表反射率	LANDSAT/LT04/C02/T1_L2	1982-08-22-1993-06-24
		LANDSAT/LT04/C02/T2_L2	1982-08-22-1993-11-18
	大气层顶反射率	LANDSAT/LT04/C02/T1_TOA	1982-08-22-1993-12-14
		LANDSAT/LT04/C02/T2_TOA	1982-08-22-1993-11-18
	原始图像	LANDSAT/LT04/C02/T1	1982-08-22-1993-12-14
		LANDSAT/LT04/C02/T2	1982-08-22-1993-12-14

续表

Landsat 系列	影像类型	GEE 中影像名称	影像时间
Landsat 5 Thematic Mapper (TM)	地表反射率	LANDSAT/LT05/C02/T1_L2	1984-03-16-2012-05-05
		LANDSAT/LT05/C02/T2_L2	1984-03-05-2011-11-16
	大气层顶反射率	LANDSAT/LT05/C02/T1_TOA	1984-04-19-2011-11-08
		LANDSAT/LT05/C02/T2_TOA	2003-11-06-2006-12-01
	原始图像	LANDSAT/LT05/C02/T1	1984-03-16-2012-05-05
		LANDSAT/LT05/C02/T2	1984-01-01-2012-05-05
Landsat 7 Enhanced Thematic Mapper Plus (ETM+)	地表反射率	LANDSAT/LE07/C02/T1_L2	1999-05-28-2022-09-07
		LANDSAT/LE07/C02/T2_L2	1999-05-28-2022-09-03
	大气层顶反射率	LANDSAT/LE07/C02/T1_TOA	1999-06-29-2022-09-07
		LANDSAT/LE07/C02/T2_TOA	2003-12-01-2022-09-03
	原始图像	LANDSAT/LE07/C02/T1	1999-01-01-2022-09-07
		LANDSAT/LE07/C02/T2	1999-01-01-2022-09-03
Landsat 8 OLI/TIRS	地表反射率	LANDSAT/LC08/C02/T1_L2	2013-03-18-
		LANDSAT/LC08/C02/T2_L2	2013-03-18-
	大气层顶反射率	LANDSAT/LC08/C02/T1_TOA	2013-03-18-
		LANDSAT/LC08/C02/T1_RT_TOA	2013-03-18-
		LANDSAT/LC08/C02/T2_TOA	2021-10-28-
	原始图像	LANDSAT/LC08/C02/T1	2013-03-18-
		LANDSAT/LC08/C02/T1_RT	2013-03-18-
		LANDSAT/LC08/C02/T2	2021-10-28-
Landsat 9 OLI-2/TIRS-2	地表反射率	LANDSAT/LC09/C02/T1_L2	2021-10-31-
		LANDSAT/LC09/C02/T2_L2	2021-10-31-
	大气层顶反射率	LANDSAT/LC09/C02/T1_TOA	2021-10-31-
		LANDSAT/LC09/C02/T2_TOA	2021-11-02-

Landsat 系列	影像类型	GEE 中影像名称	影像时间
Landsat 9 OLI-2/TIRS-2	原始图像	LANDSAT/LC09/C02/T1	2021−10−31−
		LANDSAT/LC09/C02/T2	2021−11−02−

注:

①.Landsat C01 数据在 2022 年底将从 GEE 数据集中弃用。

②.Landsat 4/5 TM(Thematic Mappe)专题数据;Landsat 7 ETM+(Enhanced Thematic Mapper Plus)增强型专题数据;Landsat 8 OLI/TIRS(Operational Land Imager/Thermal Infrared Sensor)陆地成像仪 / 红外热传感器数据;Landsat 9 OLI-2/TIRS-2(Operational Land Imager/Thermal Infrared Sensor)第二代陆地成像仪 / 第二代红外热传感器数据。

8.2 MODIS 系列卫星

1999 年 2 月 18 日,美国将搭载了地球观测系统(EOS)的第一颗先进的极地轨道环境遥感卫星 Terra 发射升空,从此拉开了 MODIS 系列影像的序幕,MODIS(Moderate-Resolution Imaging Spectroradiometer)全称为中分辨率成像光谱仪卫星。它的主要目标是实现从单系列极轨空间平台上对太阳辐射、大气、海洋和陆地进行综合观测,获取有关海洋、陆地、冰雪圈和太阳动力系统等信息,进行土地利用和土地覆盖研究、气候季节和年际变化研究、自然灾害监测和分析研究、长期气候变率的变化以及大气臭氧变化研究等,进而实现对大气和地球环境变化的长期观测和研究的总体(战略)目标。2002 年 5 月 4 日成功发射 Aqua 星后,每天可以接收两颗星的资料。MODIS 系列卫星是用于观测全球生物和物理过程的数据,它具有 36 个中等分辨率水平(0.25 um~1 um)的光谱波段,每 1~2 天对地球表面观测一次。获取陆地和海洋温度、初级生产率、陆地表面覆盖、云、气溶胶、水汽和火情等目标的影像见表 8.2.1。

表 8.2.1　Landsat 系列卫星参数

数据类型	GEE 中影像名称	分辨率
MODIS Nadir BRDF-Adjusted Reflectance Daily	MODIS/006/MCD43A4	500 m
MCD43A3.006 MODIS Albedo Daily	MODIS/006/MCD43A3	500 m
MCD43A2.006 MODIS BRDF-Albedo Quality Daily	MODIS/006/MCD43A2	500 m

数据类型	GEE 中影像名称	分辨率
MCD43A1.006 MODIS BRDF-Albedo Model Parameters Daily	MODIS/006/MCD43A1	500 m
MOD09GQ.006 Terra Surface Reflectance Daily Global	MODIS/006/MOD09GQ	250 m
MOD10A1.006 Terra Snow Cover Daily Global	MODIS/006/MOD10A1	500 m
MOD11A1.006 Terra Land Surface Temperature and Emissivity Daily Global	MODIS/006/MOD11A1	1 km
MOD09GA.006 Terra Surface Reflectance Daily Global	MODIS/006/MOD09GA	500 m/1 km
MODOCGA.006 Terra Ocean Reflectance Daily Global	MODIS/006/MODOCGA	1 km
MOD14A1.006: Terra Thermal Anomalies & Fire Daily Global 1km	MODIS/006/MOD14A1	1 km
MCD43A1.006 MODIS BRDF-Albedo Model Parameters Daily	MODIS/006/MCD43A1	500 m
MCD15A3H.006 MODIS Leaf Area Index/ FPAR 4-Day Global	MODIS/006/MCD15A3H	250 m
MOD09A1.006 Terra Surface Reflectance 8-Day Global	MODIS/006/MOD09A1	500 m
MOD11A2.006 Terra Land Surface Temperature and Emissivity 8-Day Global	MODIS/006/MOD11A2	1 km
MOD14A2.006: Terra Thermal Anomalies & Fire 8-Day Global	MODIS/006/MOD14A2	1 km
MOD17A2H.006: Terra Gross Primary Productivity 8-Day Global	MODIS/006/MOD17A2H	500 m
MOD16A2.006: Terra Net Evapotranspiration 8-Day Global	MODIS/006/MOD16A2	500 m
MOD13Q1.006 Terra Vegetation Indices 16-Day Global	MODIS/006/MOD13Q1	250 m
MOD13A1.006 Terra Vegetation Indices 16-Day Global	MODIS/006/MOD13A1	500 m

续表

数据类型	GEE 中影像名称	分辨率
MOD13A2.006 Terra Vegetation Indices 16-Day Global	MODIS/006/MOD13A2	1 km
MCD64A1.006 MODIS Burned Area Monthly Global	MODIS/006/MCD64A1	500 m
MOD08_M3.006 Terra Atmosphere Monthly Global Product	MODIS/006/MOD08_M3	111 320 m
MCD12Q1.006 MODIS Land Cover Type Yearly Global	MODIS/006/MCD12Q1	500 m
MOD17A3H.006: Terra Net Primary Production Yearly Global	MODIS/006/MOD17A3H	500 m
MOD44W.006 Terra Land Water Mask Derived from MODIS and SRTM Yearly Global	MODIS/006/MOD44W	250 m

注：以上数据的开始时间均为 2000 年后。

CD43A4 V6 Nadir Bidirectional Reflectance Distribution Function Adjusted Reflectance（NBAR）MCD43A4 V6 天底双向反射分布函数调整反射率（NBAR）产品。

OD09GQ.006 Terra Surface Reflectance Daily Global 250 m。

每日全球地表数据集。

8.3　Sentinel 系列卫星

哨兵 1 号（Sentinel-1）是欧空局为哥白尼计划开发的 5 个任务中的第一个，是由欧洲委员会（EC）和欧洲航天局（ESA）的哥白尼联合倡议的欧洲雷达观测站。Sentinel-1 任务包括以 4 种独特的成像模式运行的 C 波段成像，具有不同的分辨率（低至 5 m）和覆盖范围（高达 400 km）。它提供双极化能力、非常短的重访时间和快速的产品交付。对于每次观测，都可以获得航天器位置和姿态的精确测量。Sentinel–1 旨在以预编程、无冲突的操作模式工作，以高分辨率对全球所有陆地、沿海地区和航线进行成像，常用于地表变形监测和森林变化监测。哨兵 1 号可用数据范围是从 2014 年 10 月至今，共有 5 个波段 "HH"，"HV"，"VV"，"VH" 和 "angle"，在 GEE 中的名称为 "COPERNICUS/S1_GRD"。

哨兵 2 号（Sentinel-2）是欧洲太空总署哥白尼计划中的一项地球观测计划任务的一部分，它携带一枚多光谱成像仪（MSI），可进行可见光、近红外（VNIR）和短波红外（SWIR）等 13 个波段的影像拍摄，分辨率 10~60 m，卫星平均重返周期为 5 天，多用于森林监测、水质监测和土地覆盖等观测，同时还可用于紧急救援服务。高分辨率多光谱成像卫星，分为 2A 和 2B 两颗卫星。第一颗卫星哨兵 2 号 A 于 2015 年 6 月 23 日 01:52 UTC 以"织女星"运载火箭发射升空。

在 GEE 平台中，将现有的哨兵 Level-1C 和 Level-2A 数据产品进行了统一的时间序列修正，也就是将在 04.00 处理基线中添加到反射波段的波段依赖性偏移进行了删除。该偏移影响 2022 年 1 月 24 日之后的数据；去除该偏移使这些数据与 04.00 之前的基线数据在光谱上一致。如果你正在使用 COPERNICUS/S2 或 COPERNICUS/S2_SR，建议你切换到 COPERNICUS/S2_HARMONIZED 和 COPERNICUS/S2_SR_HARMONIZED 见表 8.3.1。

表 8.3.1　Sentinel-2 数据

影像编号	影像类型	GEE 中影像名称	影像时间
Level-2A	地表反射率	COPERNICUS/S2_SR	2017-03-28-2022-10-03
		COPERNICUS/S2_SR_HARMONIZED	
Level-1C	大气层顶反射率	COPERNICUS/S2	2015-06-23-2022-08-18
		COPERNICUS/S2_HARMONIZED	

哨兵 3 号（Sentinel-3）任务的主要目标是以高精度和可靠性测量海面地形、海冰厚度、海陆表面温度以及海洋和陆地表面颜色，以支持海洋预报系统、环境监测和气候监测。哨兵 3 号分辨率为 300 m，从 2016 年 10 月开始提供数据服务，共有"Oa01_radiance-Oa21_radiance"和"quality_flags" 21 个波段，在 GEE 中的名称为"COPERNICUS/S3/OLCI"。

哨兵 5p（Sentinel-5 Precursor）是第一个专门用于监测大气层的哥白尼任务。Sentinel-5P 是欧空局、欧盟委员会、荷兰航天局、工业界、数据用户和科学家密切合作的结果。该任务由一颗携带对流层监测仪器（TROPOMI）仪器的卫星组成。TROPOMI 仪器由 ESA 和荷兰共同资助。Sentinel-5P 任务的主要目标是以高时空分辨率进行大气测量，用于空气质量、臭氧和紫外线辐射以及气候监测和预测，整体的分辨率为 1 113.2 m。Sentinel-5P 用于评估空气质量的数据包括臭氧、甲烷、甲醛、气溶胶、一氧化碳、氧化氮和二氧化硫的浓度见表 8.3.2。

表 8.3.2　Sentinel-5p 数据

影像分类	数据类型	GEE 中影像名称	影像时间
UV Aerosol Index 紫外线气溶胶指数	离线	COPERNICUS/S5P/OFFL/L3_AER_AI	2018-07-04
	近实时	COPERNICUS_S5P_NRTI_L3_AER_AI	2018-07-04

影像分类	数据类型	GEE 中影像名称	影像时间
Cloud 云	离线	COPERNICUS_S5P_OFFL_L3_CLOUD	2018–07–04
	近实时	COPERNICUS_S5P_NRTI_L3_CLOUD	2018–07–04
Carbon Monoxide 一氧化碳	离线	COPERNICUS_S5P_OFFL_L3_CO	2018–06–28
	近实时	COPERNICUS_S5P_NRTI_L3_CO	2018–06–28
Formaldehyde 甲醛	离线	COPERNICUS_S5P_OFFL_L3_HCHO	2018–10–02
	近实时	COPERNICUS_S5P_NRTI_L3_HCHO	2018–10–02
Nitrogen Dioxide 二氧化氮	离线	COPERNICUS_S5P_OFFL_L3_NO2	2018–06–28
	近实时	COPERNICUS_S5P_NRTI_L3_NO2	2018–06–28
Ozone 臭氧	离线	COPERNICUS_S5P_OFFL_L3_O3	2018–07–10
	近实时	COPERNICUS_S5P_NRTI_L3_O3	2018–07–10
Sulphur Dioxide 二氧化硫	离线	COPERNICUS_S5P_OFFL_L3_SO2	2018–07–04
	近实时	COPERNICUS_S5P_NRTI_L3_SO2	2018–07–04
Methane 甲烷	离线	COPERNICUS_S5P_OFFL_L3_CH4	2019–02–08

注：sentinel-5p 目前在 GEE 上还没有近实时数据。

8.4　气候和天气数据

8.4.1　地表温度

热卫星传感器可以提供表面温度和辐射率信息。地球引擎数据目录包括从几个航天器传感器得出的陆地和海洋表面温度产品，如 MODIS、ASTER 和 AVHRR，此外还有原始的 Landsat 热数据。

8.4.2　气候

气候模型产生长期的气候预测和历史上地表变量的插值。地球引擎目录包括来自 NCEP/NCAR 的历史再分析数据，网格化的气象数据集，如 NLDAS-2，和 GridMET，以及气候模型的输出，如爱达荷大学的 MACAv2-METDATA 和 NASA 地球交换的降尺度气候预测。

8.4.3　大气

在谷歌地球引擎中可以使用大气数据校正来自其他传感器的图像数据，或者可以研究它本身。地球引擎目录包括大气数据集，如来自 NASA 的 TOMS 和 OMI 仪器的臭氧数据以及 MODIS 月度网格化大气产品。

8.4.4　天气

天气数据集描述了短期内的预测和测量条件，包括降水、温度、湿度和风以及其他变量。地球引擎包括来自 NOAA 的全球预测系统（GFS）和 NCEP 气候预测系统（CFSv2）的预测数据，以及来自热带降雨测量任务（TRMM）等来源的传感器数据。

全球主要地表和海洋温度和降水等气候数据集见表 8.4.1。

表 8.4.1　全球主要地表和海洋温度和降水等气候数据集

影像分类	数据类型	影像时间	分辨率
ERA5 Daily Aggregates-Latest Climate Reanalysis Produced by ECMWF / Copernicus Climate Change Service	ECMWF/ERA5/DAILY	1979-01-02- 2020-07-09	27 830 m
ERA5 Monthly Aggregates-Latest Climate Reanalysis Produced by ECMWF / Copernicus Climate Change Service	ECMWF/ERA5/ MONTHLY	1979-01-01- 2020-06-01	27 830 m
ERA5-Land Hourly-ECMWF Climate Reanalysis	ECMWF/ERA5_LAND/ HOURLY	1981-01-01-	11 132 m
ERA5-Land Monthly Averaged-ECMWF Climate Reanalysis	ECMWF/ERA5_LAND/ MONTHLY	1981-01-01-	11 132 m
ERA5-Land Monthly Averaged by Hour of Day-ECMWF Climate Reanalysis	ECMWF/ERA5_LAND/ MONTHLY_BY_HOUR	1981-01-01-	11 132 m
TerraClimate: Monthly Climate and Climatic Water Balance for Global Terrestrial Surfaces, University of Idaho	IDAHO_EPSCOR/ TERRACLIMATE	1958-01-01- 2021-12-01	4 638.3 m
AG100: ASTER Global Emissivity Dataset V003	NASA/ASTER_GED/ AG100_003	2000-01-01- 2008-12-31	100 m
MOD08_M3.061 Terra Atmosphere Monthly Global Product	MODIS/061/ MOD08_M3	2000-02-01-	111 320 m
MYD08_M3.061 Aqua Atmosphere Monthly Global Product	MODIS/061/ MYD08_M3	2002-07-01-	111 320 m

影像分类	数据类型	影像时间	分辨率
Famine Early Warning Systems Network (FEWS NET) Land Data Assimilation System	NASA/FLDAS/NOAH01/C/GL/M/V001	1982-01-01-	11 132 m
GLDAS-2.1: Global Land Data Assimilation System	NASA/GLDAS/V021/NOAH/G025/T3H	2000-01-01-	27 830 m
Reprocessed GLDAS-2.0: Global Land Data Assimilation System	NASA/GLDAS/V20/NOAH/G025/T3H	1948-01-01-2014-12-31	27 830 m
NEX-GDDP: NASA Earth Exchange Global Daily Downscaled Climate Projections	NASA/NEX-GDDP	1950-01-01-2100-12-31	27 830 m
NEX-DCP30: NASA Earth Exchange Downscaled Climate Projections	NASA/NEX-DCP30	1950-01-01-2099-12-01	927.67 m
NEX-DCP30: Ensemble Stats for NASA Earth Exchange Downscaled Climate Projections	NASA/NEX-DCP30_ENSEMBLE_STATS	1950-01-01-2099-12-01	927.67 m
NCEP/NCAR Reanalysis Data, Surface Temperature	NCEP_RE/surface_temp	1948-01-01-	278 300 m
NOAA CDR OISST v02r01: Optimum Interpolation Sea Surface Temperature	NOAA/CDR/OISST/V2_1	1981-09-01-	278 300 m
NOAA CDR PATMOSX: Cloud Properties, Reflectance, and Brightness Temperatures, Version 5.3	NOAA/CDR/PATMOSX/V53	1979-01-01-2022-01-01	11 132 m
NOAA AVHRR Pathfinder Version 5.3 Collated Global 4km Sea Surface Temperature	NOAA/CDR/SST_PATHFINDER/V53	1981-08-24-	4 000 m
CFSR: Climate Forecast System Reanalysis	NOAA/CFSR	2018-12-13-	55 660 m
CFSV2: NCEP Climate Forecast System Version 2, 6-Hourly Products	NOAA/CFSV2/FOR6H	1979-01-01-	22 264 m
GFS:Global Forecast System 384-Hour Predicted Atmosphere Data	NOAA/GFS0P25	2015-07-01-	27 830 m
RTMA: Real-Time Mesoscale Analysis	NOAA/NWS/RTMA	2011-01-01-	2500 m
WorldClim BIO Variables V1	WORLDCLIM/V1/BIO	1960-01-01-1991-01-01	927.67 m
WorldClim Climatology V1	WORLDCLIM/V1/MONTHLY	1960-01-01-1991-01-01	927.67 m

续表

影像分类	数据类型	影像时间	分辨率
GCOM-C/SGLI L3 Sea Surface Temperature (V1)	JAXA/GCOM-C/L3/OCEAN/SST/V1	2018–01–01–2020–06–28	4 638.3 m
GCOM-C/SGLI L3 Sea Surface Temperature (V2)	JAXA/GCOM-C/L3/OCEAN/SST/V2	2018–01–01–2021–11–28	4 638.3 m
GCOM-C/SGLI L3 Sea Surface Temperature (V3)	JAXA/GCOM-C/L3/OCEAN/SST/V3	2021–11–29–2022–10–03	4 638.3 m
GSMaP Operational: Global Satellite Mapping of Precipitation	JAXA/GPM_L3/GSMaP/v6/operational	2014–03–01–2022–10–05	11 132 m
GSMaP Reanalysis: Global Satellite Mapping of Precipitation	JAXA/GPM_L3/GSMaP/v6/reanalysis	2000–03–01–2014–03–12	11 132 m
GLDAS-2.1: Global Land Data Assimilation System	NASA/GLDAS/V021/NOAH/G025/T3H	2000–01–01–2022–09–13	27 830 m
Reprocessed GLDAS-2.0: Global Land Data Assimilation System	NASA/GLDAS/V20/NOAH/G025/T3H	1948–01–01–2014–12–31	27 830 m
GPM: Monthly Global Precipitation Measurement (GPM) v6	NASA/GPM_L3/IMERG_MONTHLY_V06	2000–06–01–2021–09–01	11 132 m
GPM: Global Precipitation Measurement (GPM) v6	NASA/GPM_L3/IMERG_V06	2000–06–01–	11 132 m
PERSIANN-CDR: Precipitation Estimation From Remotely Sensed Information Using Artificial Neural Networks-Climate Data Record	NOAA/PERSIANN–CDR	1983–01–01–2022–06–30	27 830 m
OpenLandMap Precipitation Monthly	OpenLandMap/CLM/CLM_PRECIPITATION_SM2RAIN_M/v01	2007–01–01–2019–01–01	1 000 m
TRMM 3B42: 3-Hourly Precipitation Estimates	TRMM/3B42	1998–01–01–2019–12–31	27 830 m
TRMM 3B43: Monthly Precipitation Estimates	TRMM/3B43V7	1998–01–01 –2019–12–01	27 830 m
CHIRPS Daily: Climate Hazards Group InfraRed Precipitation With Station Data (Version 2.0 Final)	UCSB-CHG/CHIRPS/DAILY	1981–01–01–	5 566 m
CHIRPS Pentad: Climate Hazards Group InfraRed Precipitation With Station Data (Version 2.0 Final)	UCSB-CHG/CHIRPS/PENTAD	1981–01–01–	5 566 m

8.5 地形数据

数字高程模型（DEMs）描述了地球的形状。地球引擎的数据目录包含几个全球 DEM，如 30 米分辨率的航天飞机雷达地形任务（SRTM）数据，更高分辨率的区域 DEM，以及衍生产品，如 WWF 的 HydroSHEDS 水文数据库。通常，我们使用比较广泛的 SRTM 数据、ALOS 数据、GEDI 数据、MERIT 数据以及南极洲、澳大利亚、美国和加拿大区域性数据见表 8.5.1。

8.5.1 常用主流地形数据

影像名称	GEE 中影像名称	影像时间	分辨率
SRTM Digital Elevation Data Version 4	CGIAR/SRTM90_V4	2000−02−11	90 m
NASA SRTM Digital Elevation	USGS/SRTMGL1_003	2000−02−11− 2000−02−22	30 m
Global Multi-resolution Terrain Elevation Data 2010	USGS/GMTED2010	2010−01−01	231.92 m
Global 30 Arc-Second Elevation	USGS/GTOPO30	1996−01−01	927.67 m
ALOS DSM: Global 30m v3.2	JAXA/ALOS/AW3D30/V3_2	2006−01−24− 2011−05−12	30 m
ASTER Global Emissivity Dataset	NASA/ASTER_GED/AG100_003	2000−01−01− 2008−12−31	100 m
WWF HydroSHEDS Void-Filled DEM	WWF/HydroSHEDS/03VFDEM	2000−02−11	92.77 m
WWF HydroSHEDS Hydrologically Conditioned DEM	WWF/HydroSHEDS/03CONDEM	2000−02−11	92.77 m
WWF HydroSHEDS Hydrologically Conditioned DEM	WWF/HydroSHEDS/15CONDEM	2000−02−11	463.83 m
WWF HydroSHEDS Hydrologically Conditioned DEM	WWF/HydroSHEDS/30CONDEM	2000−02−11	927.67 m
CryoSat-2 Antarctica	CPOM/CryoSat2/ANTARCTICA_DEM	2010−07−01− 2016−07−01	1 000 m
Global ALOS Topographic Diversity	CSP/ERGo/1_0/Global/ALOS_topoDiversity	2006−01−24− 2011−05−13	270 m

影像名称	GEE 中影像名称	影像时间	分辨率
Hybrid Coordinate Ocean Model, Sea Surface Elevation	HYCOM/sea_surface_elevation	1992-10-02-2022-09-30	8 905.6 m
AHN Netherlands	AHN/AHN2_05M_INT	2012-01-01	0.5 m
USGS 3DEP 1m National Map	USGS/3DEP/1m	1998-08-16-2020-05-06	1 m
IGN RGE ALTI Digital Elevation	IGN/RGE_ALTI/1M/2_0	2009-01-01-2021-01-01	1 m
Canadian Digital Elevation Model	NRCan/CDEM	1945-01-01-2011-01-01	23.19 m
Australian SRTM Hydrologically Enforced Digital Elevation Model	AU/GA/DEM_1SEC/v10/DEM-H	2010-02-01-2010-02-01	30.92 m

8.6　GEDI 数据集

全球生态系统动态调查 GEDI（Global Ecosystem Dynamics Investigation）任务的目的是描述生态系统的结构和动态，以便从根本上改善对地球碳循环和生物多样性的量化和理解。附属于国际空间站的 GEDI 仪器在全球范围内收集北纬 51.6° 和南纬 51.6° 之间的数据，对地球的三维结构进行最高分辨率和最密集的采样，数据分辨率为 25 m。同时 GEE 平台还拥有 GEDI L4B 地面生物量密度网格化数据，该影像数据的时间在 2019 年 3 月到 2021 年 1 月，数据的整体分辨率为 25 m，见表 8.6.1。

表 8.6.1　全球生态系统动态 GEDI 冠层高度

影像名称	GEE 中影像名称
GEDI L2A Vector	LARSE/GEDI/GEDI02_A_002
GEDI L2A Monthly raster	LARSE/GEDI/GEDI02_A_002_MONTHLY
GEDI L2A table index	LARSE/GEDI/GEDI02_A_002_INDEX
GEDI L2B Vector	LARSE/GEDI/GEDI02_B_002
GEDI L2B Monthly raster	LARSE/GEDI/GEDI02_B_002_MONTHLY
GEDI L2B table index	LARSE/GEDI/GEDI02_B_002_INDEX
GEDI L4B Biomass	LARSE/GEDI/GEDI04_B_002

8.7   土地覆被

土地覆盖图以土地覆盖类别（如森林、草地和水）来描述物理景观。地球引擎包括各种各样的土地覆盖数据集，接近实时的动态世界到全球产品等。耕地数据是了解全球水资源消耗和农业生产的关键。地球引擎包括一些耕地数据产品，如 USDA NASS 的耕地数据集，以及来自全球粮食安全支持分析数据（GFSAD），包括耕地范围、作物优势和浇灌源，这里有清华的中国梯田数据以及美国和加拿大庄稼数据等，见表 8.7.1。

表 8.7.1   谷歌地球引擎土地分类数据集

影像名称	GEE 中影像名称	影像时间	分辨率
ESA WorldCover 10m v100	ESA/WorldCover/v100	2020−01−01−2021−01−01	10 m
Dynamic World V1	GOOGLE/DYNAMICWORLD/V1	2015−06−23−2022−10−03	10 m
GlobCover: Global Land Cover Map	ESA/GLOBCOVER_L4_200901_200912_V2_3	2009−01−01−2010−01−01	100 m
Copernicus Global Land Cover Layers: CGLS-LC100 Collection 3	COPERNICUS/Landcover/100m/Proba−V−C3/Global	2015−01−01−2019−12−31	100 m
MCD12Q1.006 MODIS Land Cover Type Yearly Global	MODIS/006/MCD12Q1	2001−01−01−2020−01−01	500 m
Cropland Extent 1km Multi-Study Crop Mask, Global Food-Support Analysis Data	USGS/GFSAD1000_V1	2010−01−01	1 000 m
Oxford MAP: Malaria Atlas Project Fractional International Geosphere-Biosphere Programme Landcover	Oxford/MAP/IGBP_Fractional_Landcover_5km_Annual	2001−01−01−2013−01−01	5 000 m
USGS National Land Cover Database	USGS/NLCD_RELEASES/2016_REL	1992−01−01−2017−01−01	30 m
USGS National Land Cover Database	USGS/NLCD_RELEASES/2019_REL/NLCD	2001−01−01−2019−01−01	30 m
USFS Landscape Change Monitoring System	USFS/GTAC/LCMS/v2021−7	1985−06−01−2021−09−30	30 m
USGS GAP CONUS	USGS/GAP/CONUS/2011	2011−01−01−2012−01−01	30 m

续表

影像名称	GEE 中影像名称	影像时间	分辨率
USDA NASS Cropland Data Layers	USDA/NASS/CDL	1997-01-01-2021-01-01	30 m
DESS China Terrace Map v1（中国梯田）	Tsinghua/DESS/China Terrace Map/v1	2018-01-01-2019-01-01	30 m
Global PALSAR-2/PALSAR Forest/Non-Forest Map	JAXA/ALOS/PALSAR/YEARLY/FNF	2007-01-01-2018-01-01	25 m
LUCAS Harmonized	JRC/LUCAS_HARMO/THLOC/V1	2006-02-05-2019-03-14	散点数据
Iran Land Cover Map v1 13-class	KNTU/LiDARLab/IranLand Cover/V1	2017-01-0-2018-01-01	10 m
Global Land Ice Measurements From Space	GLIMS/20210914	1750-01-01-2019-07-18	矢量数据
Copernicus CORINE Land Cover	COPERNICUS/CORINE/V20/100m	1986-01-01-2018-12-31	100 m
Global Human Modification	CSP/HM/GlobalHuman Modification	2016-01-01-2016-12-31	1 000 m
World Settlement Footprint	DLR/WSF/WSF2015/v1	2015-01-01-2016-01-01	10 m
Canada AAFC Annual Crop Inventory	AAFC/ACI	2009-01-01-2020-01-01	30 m
USFS Landscape Change Monitoring System	USFS/GTAC/LCMS/v2020-6	1985-06-01-2021-05-31	30 m
Hansen Global Forest Change	UMD/hansen/global_forest_change_2021_v1_9	2000-01-01T00:00:00Z-2021-01-01	30.92 m

8.8　微软行星高分辨率数据集

微软行星云计算平台的数据集也可以引入到 GEE 中，高分辨率图像可以捕捉到景观和城市环境的更多细节。天文卫星公共正射影像（Planet SkySat Public Ortho Imagery）影像提供 5 个波段（蓝色、绿色、红色、近红外以及全色波段），波段分辨率为 0.8 m，全色波段为 0.8 m。美国国家农业图像计划（NAIP）提供美国 1 m

分辨率的航空图像数据，包括自 2003 年以来每隔几年的大部分覆盖，见表 8.8.1。

　　除了以上的免费的高分辨数据集，我们还可以接入微软行星云计算平台中的挪威国际气候与森林倡议 NICFI（Norway's International Climate and Forest Initiative）的高分辨率数据集，拥有 4 个波段（R、G、B、NIR），该系列数据共分为 3 个部分，分别是非洲、美洲和亚洲，涵盖了北纬 30 度和南纬 30 度之间的地区，该数据集提供了对热带地区高分辨率卫星监测的访问，主要目的是减少和扭转热带森林的损失，促进应对气候变化，保护生物多样性，促进森林再生、恢复和提高，以及促进可持续发展等。在 2015 年 12 月至 2020 年 8 月期间，每年可以有两景全球影像，从 2020 年 9 月起，每月 1 景影像。具体接入的相关信息可以前往以下链接查看：https://blog.csdn.net/qq_31988139/article/details/123899833。

表 8.8.1　高分辨影像数据

影像名称	GEE 中影像名称	影像时间	分辨率
Planet SkySat Public Ortho Imagery, Multispectral	SKYSAT/GEN-A/PUBLIC/ORTHO/MULTISPECTRAL	2014–07–03–2016–12–24	2/0.8 m
Planet SkySat Public Ortho Imagery, RGB	SKYSAT/GEN-A/PUBLIC/ORTHO/RGB	2014–07–03–2016–12–24	0.8m
NAIP: National Agriculture Imagery Program	USDA/NAIP/DOQQ	2002–06–15–2020–12–17	1 m
Planet & NICFI Basemaps for Tropical Forest Monitoring-Tropical Africa	projects/planet-nicfi/assets/basemaps/africa	2015–12–01–2021–06–29	4.77 m
Planet & NICFI Basemaps for Tropical Forest Monitoring-Tropical Americas	projects/planet-nicfi/assets/basemaps/americas	2015–12–01–2021–06–29	4.77 m
Planet & NICFI Basemaps for Tropical Forest Monitoring-Tropical Asia	projects/planet-nicfi/assets/basemaps/asia	2015–12–01–2021–06–29	4.77 m
ALOS/AVNIR-2 ORI	JAXA/ALOS/AVNIR-2/ORI	2006–04–26–2011–04–18	10 m

8.9　其他地球物理数据

　　来自其他卫星图像传感器的数据也可以在地球引擎中使用，包括来自国防气象卫星计划的运行线扫描系统（DMSP-OLS）的夜间图像，该系统自 1992 年以来连续收集了大约 1 公里分辨率的夜间灯光图像。雨、雪、地表水和火灾数据，见表 8.9.1。

表 8.9.1　地表水和雪数据集

影像名称	GEE 中影像名称	影像时间	分辨率
JRC Global Surface Water Mapping Layers	JRC/GSW1_3/GlobalSurfaceWater	1984-03-16- 2021-01-01	30 m
JRC Global Surface Water Metadata	JRC/GSW1_3/Metadata	1984-03-16- 2021-01-01	30 m
JRC Monthly Water History	JRC/GSW1_3/MonthlyHistory	1984-03-16- 2021-01-01	30 m
JRC Monthly Water Recurrence	JRC/GSW1_3/MonthlyRecurrence	1984-03-16- 2021-01-01	30 m
JRC Yearly Water Classification History	JRC/GSW1_3/YearlyHistory	1984-03-16- 2021-01-01	30 m
MOD44W.005 Land Water Mask Derived From MODIS and SRTM	MODIS/MOD44W/MOD44W_005_2000_02_24	2000-02-24	250 m
MOD44W.006 Terra Land Water Mask Derived From MODIS and SRTM Yearly Global	MODIS/006/MOD44W	2000-01-01- 2015-01-01	250 m
WWF HydroSHEDS Free Flowing Rivers Network v1	WWF/HydroSHEDS/v1/FreeFlowingRivers	2000-02-11	矢量数据
WWF HydroATLAS Basins Level 12	WWF/HydroATLAS/v1/Basins/level12	2000-02-22	矢量数据
WWF HydroSHEDS Flow Accumulation	WWF/HydroSHEDS/30ACC	2000-02-11	927.67 m
MOD10A1.006 Terra Snow Cover Daily Global	MODIS/006/MOD10A1	2000-02-24- 2022-09-30	500 m
MYD10A1.006 Aqua Snow Cover Daily Global	MODIS/006/MYD10A1	2002-07-04- 2022-09-30	500 m
Global Forest Canopy Height	NASA/JPL/global_forest_canopy_height_2005	2005-05-20- 2005-06-23	927.67 m
Tsinghua FROM-GLC Year of Change to Impervious Surface	Tsinghua/FROM-GLC/GAIA/v10	1985-01-01- 2018-12-31	30 m

全书代码链接

字符串类型：

https://code.earthengine.google.com/54494b8c8f97af1ce204e71732761353?hideCode=true

数字类型：

https://code.earthengine.google.com/84299f618ba442da3f4c7ae8456c69ee?hideCode=true

列表类型：

https://code.earthengine.google.com/0e7eeafb5d044ab8d028ad7c6dea04da?hideCode=true

https://code.earthengine.google.com/eb508630e34ecce3ee02d54584295f3f?hideCode=true

字典类型：

https://code.earthengine.google.com/f8a8d9a24caf48d2ef4456964cb2f8fb?hideCode=true

数组类型：

https://code.earthengine.google.com/b934cc546ec8c9788b7f9fee39f4f58b?hideCode=true

矢量和矢量集合：

https://code.earthengine.google.com/05c4e0fddffa34b51eca5e4c0fddfb3f?hideCode=true

https://code.earthengine.google.com/41e2eb3a347f4ea1fa893c736d5c28ab?hideCode=true

https://code.earthengine.google.com/11d99eb7941308c5946285131e0678d7?hideCode=true

https://code.earthengine.google.com/e19e2d1e63be9721aa21db5bd0418c55?hideCode=true

https://code.earthengine.google.com/3b8ff7dc57b68b153d38d668ded0aec0?hideCode=true

影像和影像集合：

https://code.earthengine.google.com/e0e728ae5c6e380016ba02aaa9cdce88?hideCode=true

https://code.earthengine.google.com/9b236f3efc3af7ec6addbb2ebbf252ed?hideCode=true

https://code.earthengine.google.com/e1db02188aeff2a62988638168462285?hideCode=true

加载 DEM 影像：

https://code.earthengine.google.com/76a68a1259cdfac4dd129decc3a5ab48?hideCode=true

影像集合的加载：

https://code.earthengine.google.com/7d91b3c1247af27f037aa0452c4daafd?hideCode=true

底图的设定：

https://code.earthengine.google.com/218184694db8ce3abb87ae77fe89eb05?hideCode=true

矢量集合的加载：

https://code.earthengine.google.com/5cff694bb080bbeea478616a3c59b6de?hideCode=true

全球二级行政单元矢量集合快速加载：

https://code.earthengine.google.com/e1338fa3126a4591a6e5452accb619ff?hideCode=true

按 geometry 几何体来筛选影像：

https://code.earthengine.google.com/4e79ac08fed9c153a352e2156a77ce4d?hideCode=true

影像和影像集合的裁剪：

https://code.earthengine.google.com/5f4443216e028ced1ee0ef7a70a0f174?hideCode=true

影像和矢量的导出：

https://code.earthengine.google.com/1a59ac4a45d50584d8056362c131d73e?hideCode=true

影像时间、边界和云量的筛选：

https://code.earthengine.google.com/0bfbf9de8a342161122dc248c42e25bc?hideCode=true

矢量面积和周长计算：

https://code.earthengine.google.com/42ae3938d86c31fc926472b6195ba424?hideCode=true

单景影像的区域统计：

https://code.earthengine.google.com/db4ad77f7f278fedb8048619bdf24d86?hideCode=true

RMSE、MAE、MSE 的计算：

https://code.earthengine.google.com/6461bb39ca3998c1f57eba57c22e03ba?hideCode=true

按矢量面积大小筛选研究区：

https://code.earthengine.google.com/bf259078e316b48f30ac07a4d8bf78fa?hideCode=true

栅格重投影和重采样：

https://code.earthengine.google.com/2b3378cdc9e4383f3be1969b6d1e8137?hideCode=true

直方图图表展示：

https://code.earthengine.google.com/adcb695d56ac6512674fa38178e9b94c?hideCode=true

绘制指定区域的波段值：

https://code.earthengine.google.com/6e0a53db1bd6eac41e9158b1b3ce7361?hideCode=true

单景影像 NDVI 计算：

https://code.earthengine.google.com/76a68a1259cdfac4dd129decc3a5ab48?hideCode=true

影像集合 NDVI 和 SAVI 指数计算：

https://code.earthengine.google.com/0d5c15a38378a186b1298f83da3d92f9?hideCode=true

坡度、坡向、山阴计算：

https://code.earthengine.google.com/77976ebdc7a0cd6fa3d0c3de0889610f?hideCode=true

简单的动画加载：

https://code.earthengine.google.com/92621daa9c0e7cad6efee2e297a7d6c8?hideCode=true

矢量中心点和坐标缓冲区：

https://code.earthengine.google.com/e35697d4875f8f3a33f3426fd478fa79?hideCode=true

影像线性趋势分析：

https://code.earthengine.google.com/f4d064a1851b126edd3d8ebd7f107287?hideCode=true

Landsat 地表反射率数据去云：

代码 1：

https://code.earthengine.google.com/3d4579d4d9d2fdaa854665128a9c0237?hideCode=true

代码 2：

https://code.earthengine.google.com/9af97391eaa8004ea0cfcf1e3762a05b?hideCode=true

代码 3：

https://code.earthengine.google.com/a5fe4b056eb10fdf5e8ba7148f26c761?hideCode=true

代码 4：

https://code.earthengine.google.com/a686148de30f15408080884846863170?hideCode=true

MODIS 影像去云：

https://code.earthengine.google.com/92f9a754a7c5bf279dddf570d9427b02?hideCode=true

Sentinel-2 影像去云：

https://code.earthengine.google.com/8b0f0cd1be4ee6ef537d69afcc9131a1?hideCode=true

建立经纬格网：

https://code.earthengine.google.com/5d315de356cf7554ec74d6ed9fcede55?hideCode=true

等值线的绘制：

https://code.earthengine.google.com/8834c41485a4e66262782affe4bb6cbe?hideCode=true

缨帽变换分析：

https://code.earthengine.google.com/86b636852c8fbc5e668aeae17d1a4ebc?hideCode=true

直方图展示不同地物类型反射率展示：

https://code.earthengine.google.com/4c6db4a0157c736b3a5e3fff5ead9208?hideCode=true

绘制不同地类点影像时序图：

https://code.earthengine.google.com/f859d438480b4853ed2032c55fb1c60a?accept_repo=users%2Fgena%2Fpackages&hideCode=true

年、波段和地类为图例的时序图表：

https://code.earthengine.google.com/448e1072de605b42f441b285842a719c?hideCode=true

影像面积计算：

https://code.earthengine.google.com/f6c5eb5cafe58cb8657ceca7143d4b73?hideCode=true

矢量集合不同矢量类型区分：

https://code.earthengine.google.com/50fec39292e3ed1a31427bb0b0c92f20?hideCode=true

影像数据转化为矢量数据：

https://code.earthengine.google.com/d877d8363be8484342daf3055067f71d?hideCode=true

矢量转化未栅格数据：

https://code.earthengine.google.com/eae5a0d7073b531e12006e71695eeab0?hideCode=true

散点图的制作：

https://code.earthengine.google.com/9ab7cf9af711f699e9e3ff21478b7370?hideCode=true

加载动态 ui 并添加图例：

https://code.earthengine.google.com/dfc71ca89ad227f1d1271346622eed99?hideCode=true

动态连接：

https://earthengine.googleapis.com/v1alpha/projects/ee-bqt2000204051/videoThumbnails/82
404fe824f753271ab5d203977911d9-7f6adb5b68423186cd10b3c7c28fa34e:getPixels

分类图像图例的加载：

https://code.earthengine.google.com/c19cd798fbdd06b0bde9da75176ab08b?hideCode=true

不同影像间的波段融合：

https://code.earthengine.google.com/735c33e5de16c62eb1d34437b5449ca6?hideCode=true

逐年逐月指数合并下载：

https://code.earthengine.google.com/b99bbae6dd7af9959c08a5960ec2a518?hideCode=true

土地分类影像面积统计和精度评定：

https://code.earthengine.google.com/67ed30ace4816aa840e9f6ca8d4f151b?hideCode=true

单景影像批量下载：

https://code.earthengine.google.com/a43abb13a6e20f21602c719dc66b3f08?hideCode=true

人口预测分析：

https://code.earthengine.google.com/6ec9d1cb4c7055810e9c1ea772510d0a?hideCode=true

监督分类：

https://code.earthengine.google.com/c31fc29bbd979437b7c3ddf1e4d9ec2d?hideCode=true

非监督分类：

https://code.earthengine.google.com/375ffd1ba5f259d92bf1b2a70e7542c2?hideCode=true

用数组图表分析不同季节气温和海拔分析：

https://code.earthengine.google.com/db7a70df55e74fe8b627d613d764933c?hideCode=true

MODIS 海洋温度时间序列监测

APP 访问链接：https://google.earthengine.app/view/ocean

Code Editor 访问链接：

https://code.earthengine.google.com/?scriptPath=Examples%3AUser%20Interface%
2FOcean%20Timeseries%20Investigator

分屏联动地图

APP 访问链接：https://google.earthengine.app/view/linked-maps

Code Editor 访问链接：

https://code.earthengine.google.com/?scriptPath=Examples%3AUser%20
Interface%2FLinked%20Maps

滑动地图

APP 访问链接：https://google.earthengine.app/view/split-panel

Code Editor 访问链接：

https://code.earthengine.google.com/?scriptPath=Examples%3AUser%20
Interface%2FSplit%20Panel

区域单景影像（Mosaic Editor）

APP 访问链接：https://google.earthengine.app/view/mosaic-editor

Code Editor 访问链接：

https://code.earthengine.google.com/?scriptPath=Examples%3AUser%20
Interface%2FMosaic%20Editor

全球人口分布应用

APP 访问链接：https://google.earthengine.app/view/population-explorer

Code Editor 访问链接：

https://code.earthengine.google.com/?scriptPath=Examples:User+Interface/
Population+Explorer

全球森林变化探索

APP 访问链接：https://google.earthengine.app/view/forest-change

Code Editor 访问链接：

https://code.earthengine.google.com/?scriptPath=Examples%3AUser%20
Interface%2FForest%20Change

UI 各部件基础代码的总链接：

https://code.earthengine.google.com/c48faf410f4aa0e8b144fd8736b138eb?hideCode=true

ui.label() 标签：

https://code.earthengine.google.com/390400ac2bd1b98998cc6a267ae1c5c8?hideCode=true

ui.Chart 图表：

https://code.earthengine.google.com/390400ac2bd1b98998cc6a267ae1c5c8?hideCode=true

ui.Thumbnail 缩略图：

https://code.earthengine.google.com/f4e5144c9629b7cadb4d10d418c78a34?hideCode=true

ui.Button 按钮：

https://code.earthengine.google.com/4f0d88b8b7dccb876ca1e70865d07c46?hideCode=true

ui.Checkbox 复选框：

https://code.earthengine.google.com/024ade8bec0fb7f83e102a8f11ad4406?hideCode=true

ui.DateSlider 时间滑块：

https://code.earthengine.google.com/9384b809b6df53f138540b3c29e0856c?hideCode=true

ui.Select 选择器：

https://code.earthengine.google.com/5791cea66532389b2b9c4b03ccd5ffaa?hideCode=true

ui.Textbox 文本框：

https://code.earthengine.google.com/3763d5e54be6421f9ad837d7077df058?hideCode=true

ui.Map 地图：

https://code.earthengine.google.com/c175dce27d9465e0d7c997f82c29a400?hideCode=true

ui.Panel 面板：

https://code.earthengine.google.com/f451e3a7620ee5e3eb6df91fc184d529?hideCode=true

ui.SplitPanel 分割面板：

https://code.earthengine.google.com/5289440dd6ecb89e7d01272840845587?hideCode=true

显示高程的标签：

https://code.earthengine.google.com/22e494da31fd072bbcf4f4d87e92a721?hideCode=true

经纬度监视器 APP：

https://code.earthengine.google.com/111119786d46984bfab3e51a2875de42?hideCode=true

全球指定区域的去云 APP：

https://code.earthengine.google.com/159197b8b12d8f9dfd17b8b979f314fc?hideCode=true

影像波段时序图表加载 APP：

https://code.earthengine.google.com/2ccf2bc85646ae0959e63ebfd5cdf162?hideCode=true

NDVI 影像动画加载：

https://code.earthengine.google.com/9b4f04122ca6e7688f4709e8070b9748?hideCode=true

1992—2013 年全球夜间灯光：

https://code.earthengine.google.com/fb34e83c6f48cb12dc64e9c96e1ee62c?hideCode=true

1980—1990 年巴西金矿机场监测

https://code.earthengine.google.com/1a9319f22bd45f1300fcab596b20b5d6?hideCode=true

Landsat 5 影像条带色差修复：

https://bqt2000204051.users.earthengine.app/view/landsat-5-ndwi-image-restoration

美国西部土地利用：

https://code.earthengine.google.com/29aa7c059f7b77c78f4ccebfbeb29dee?hideCode=true#
lat=39;lon=-95;zoom=5;

圭亚那红树林监测：

https://code.earthengine.google.com/e66d23212b8c31ad62ce42eaebf3e2d7?hideCode=true

1984—2021 年 gif 影像动画：

https://emaprlab.users.earthengine.app/view/lt-gee-time-series-animator

1984—2022 年 NBR 时序分析：

https://jstnbraaten.users.earthengine.app/view/landsat-timeseries-explorer

散发影像下载：

https://eeflux-level1.appspot.com/

落基山脉不同时期影像：

https://rangelands.app/historical-imagery/

全球地表水动态监测应用：

https://ahudson2.users.earthengine.app/view/glad-surface-water-dynamics-1999-2018#lon=5
9.7544320854818;lat=44.75796980360793;zoom=4;timeseries=1;

基于 Kmeans 聚类的样本点筛选应用：

https://charliebettigole.users.earthengine.app/view/stratifi-beta-v21

全球疫情动态分析应用：

https://gena.users.earthengine.app/view/corona-virus

输出的波段必须有兼容的数据类型：

错误代码链接：

https://code.earthengine.google.com/ebefe86dc5847d9ea7d03a2af52a912d?hideCode=true

正确代码链接：

https://code.earthengine.google.com/ee75ef91b8e90b7d2bc3a3c4a2d03c17?hideCode=true

参数 ' 输入：无效类型：

错误代码链接：

https://code.earthengine.google.com/f7a7e7606cc82b27c3577faca85fd6ef?hideCode=true

正确代码链接：

https://code.earthengine.google.com/cd396da230faf07326ccbf77ad52346c?hideCode=true

影像导出时波段为 0：

正确代码链接：

https://code.earthengine.google.com/444e4ed74e1eaf1073660e11e5fe54f0?hideCode=true

表达式易出现的错误：

错误代码链接：

https://code.earthengine.google.com/8bb9314e647a16b4e5aabe85db874fbd?hideCode=true

正确代码链接：

https://code.earthengine.google.com/1d089051b5c014ecbc6414c0f5c3a86e?hideCode=true

导出过程中无法转换投影：

正确代码链接：

https://code.earthengine.google.com/f99cc518ae2e72790f7fa9ae2ebcef6d?hideCode=true

用户内存超限：

正确代码链接：

https://code.earthengine.google.com/991779fc8b2b679c71b71098ca2eda81?hideCode=true

XX is not a function

错误代码链接：

https://code.earthengine.google.com/68852ce1daf23948ed6a07c71f75af28?hideCode=true

正确代码链接：

https://code.earthengine.google.com/a1116bea3cb970f68c8474c1f24a0bd9?hideCode=true

无效的属性类型：

错误代码链接：

https://code.earthengine.google.com/58f32087247665e23dee6e2c3c16cbc7?hideCode=true

正确代码链接：

https://code.earthengine.google.com/c80e590d5a908bf0d4d51ee22d384b20?hideCode=true

无法读取未定义的属性：

错误代码链接：

https://code.earthengine.google.com/95d0be29f58192b286045bdff66715e2?hideCode=true

正确代码链接：

https://code.earthengine.google.com/b7639b2a1a4ad859d723f28411902757?hideCode=true

图层错误几何体多边形超限：

错误代码链接：

https://code.earthengine.google.com/245d7bd6486e801dec8daed391254eeb?hideCode=true

正确代码链接：

https://code.earthengine.google.com/11fff2b19ad184bca3e92c4e2f23d810?hideCode=true

最大值不能小于最小值：

正确代码链接：

https://code.earthengine.google.com/83555587abd3787e80eed9e843171465?hideCode=true

几何体和矢量的区别

错误代码链接：

https://code.earthengine.google.com/eed84701c5d3092db2e98fb84d7205a7?hideCode=true

正确代码链接：

https://code.earthengine.google.com/e569025155d2532c905878e13373b539?hideCode=true

影像集合错误：

错误代码链接：

https://code.earthengine.google.com/7ebb7dd76263f8f7355889bbce89ddf7?hideCode=true

正确代码链接：

https://code.earthengine.google.com/0a73a7568921dfed95b02e3e8734d4f8?hideCode=true

不一致的类型错误：

正确代码链接：

https://code.earthengine.google.com/5c7e3d52eaa03a493d15896f26ab306c?hideCode=true

正确代码链接：

https://code.earthengine.google.com/43134136a9d8b164ef0348109943bbd4?hideCode=true

计算超时：

错误代码链接：

https://code.earthengine.google.com/9554ad76e2ec22b5850fb679184d80c9?hideCode=true

正确代码链接：

https://code.earthengine.google.com/98264041b2a1a2bab8f8bfce67ec2be1?hideCode=true

多边形超限：

错误代码链接：

https://code.earthengine.google.com/16a463c5e3570c3a63842d964ecfa15f?hideCode=true

正确代码链接：

https://code.earthengine.google.com/b54b644c01d9288b0d32bfd2990d8ea7?hideCode=true

影像投影错误：

错误代码链接：

https://code.earthengine.google.com/a51da7ebdcc707d4a8846348297640b7?hideCode=true

正确代码链接：

https://code.earthengine.google.com/cd44e8707b49d7339159763525a03873?hideCode=true

无法解析投影：

错误代码链接：

https://code.earthengine.google.com/51c249ead37b0cf9d3873b4e1d326f8b?hideCode=true

正确代码链接：

https://code.earthengine.google.com/11596f75a5db07f331f7ef643e4cf3b9?hideCode=true

超出用户内存限制：

错误代码链接：

https://code.earthengine.google.com/5db0307e97098e3b37ad82d8762002e0?hideCode=true

正确代码链接：

https://code.earthengine.google.com/b264129e37aa2eb2d51e027dffaa2e83?hideCode=true

参考文献

［1］ Wu, Q., (2020). geemap: A Python package for interactive mapping with Google Earth Engine. The Journal of Open Source Software, 5(51), 2305. https://doi.org/10.21105/joss.02305.

［2］ Wu, Q., Lane, C. R., Li, X., Zhao, K., Zhou, Y., Clinton, N., DeVries, B., Golden, H. E., & Lang, M. W. (2019). Integrating LiDAR data and multi-temporal aerial imagery to map wetland inundation dynamics using Google Earth Engine. Remote Sensing of Environment, 228, 1-13. https://doi.org/10.1016/j.rse.2019.04.015 (pdf | source code).

［3］ Hansen M C, Potapov P V, Moore R, et al. High-resolution global maps of 21st-century forest cover change[J]. science, 2013, 342(6160): 850-853.

［4］ Yan X, Li J, Yang D, et al. A Random Forest Algorithm for Landsat Image Chromatic Aberration Restoration Based on GEE Cloud Platform—A Case Study of Yucatán Peninsula, Mexico[J]. Remote Sensing, 2022, 14(20): 5154.

［5］ Allred B W, Bestelmeyer B T, Boyd C S, et al. Improving Landsat predictions of rangeland fractional cover with multitask learning and uncertainty[J]. Methods in Ecology and Evolution, 2021, 12(5): 841-849.

［6］ Simard M, Fatoyinbo L, Smetanka C, et al. Mangrove canopy height globally related to precipitation, temperature and cyclone frequency[J]. Nature Geoscience, 2019, 12(1): 40-45.

［7］ Abatzoglou, J.T., S.Z. Dobrowski, S.A. Parks, K.C. Hegewisch, 2018, Terraclimate, a high-resolution global dataset of monthly climate and climatic water balance from 1958-2015, Scientific Data 5:170191, doi:10.1038/sdata.2017.191.

［8］ Thrasher, B., J. Xiong, W. Wang, F. Melton, A. Michaelis and R. Nemani (2013), Downscaled Climate Projections Suitable for Resource Management, Eos Trans. AGU, 94(37), 321. doi:10.1002/2013EO370002.

［9］ Alpert, J., 2006 Sub-Grid Scale Mountain Blocking at NCEP, 20th Conf. WAF/16 Conf. NWP P2.4.

［10］ Alpert, J. C., S-Y. Hong and Y-J. Kim: 1996, Sensitivity of cyclogenesis to lower troposphere enhancement of gravity wave drag using the EMC MRF", Proc. 11 Conf. On NWP, Norfolk, 322-323.

［11］ Alpert,J,, M. Kanamitsu, P. M. Caplan, J. G. Sela, G. H. White, and E. Kalnay, 1988: Mountain induced gravity wave drag parameterization in the NMC medium-range forecast model. Pre-prints, Eighth Conf. on Numerical Weather Prediction, Baltimore, MD, Amer.

Meteor. Soc., 726-733.

[12] Buehner, M., J. Morneau, and C. Charette, 2013: Four-dimensional ensemble-variational data assimilation for global deterministic weather prediction. Nonlinear Processes Geophys., 20, 669-682.

[13] Chun, H.-Y., and J.-J. Baik, 1998: Momentum Flux by Thermally Induced Internal Gravity Waves and Its Approximation for Large-Scale Models. J. Atmos. Sci., 55, 3299-3310.

[14] Chun, H.-Y., Song, I.-S., Baik, J.-J. and Y.-J. Kim. 2004: Impact of a Convectively Forced Gravity Wave Drag Parameterization in NCAR CCM3. J. Climate, 17, 3530-3547.

[15] Chun, H.-Y., Song, M.-D., Kim, J.-W., and J.-J. Baik, 2001: Effects of Gravity Wave Drag Induced by Cumulus Convection on the Atmospheric General Circulation. J. Atmos. Sci., 58, 302-319.

[16] Clough, S.A., M.W. Shephard, E.J. Mlawer, J.S. Delamere, M.J. Iacono, K.Cady-Pereira, S. Boukabara, and P.D. Brown, 2005: Atmospheric radiative transfer modeling: A summary of the AER codes, J. Quant. Spectrosc. Radiat. Transfer, 91, 233-244. doi:10.1016/j.jqsrt.2004.05.058.

[17] Ebert, E.E., and J.A. Curry, 1992: A parameterization of ice cloud optical properties for climate models. J. Geophys. Res., 97, 3831-3836.

[18] Fu, Q., 1996: An Accurate Parameterization of the Solar Radiative Properties of Cirrus Clouds for Climate Models. J. Climate, 9, 2058-2082.

[19] Han, J., and H.-L. Pan, 2006: Sensitivity of hurricane intensity forecast to convective momentum transport parameterization. Mon. Wea. Rev., 134, 664-674.

[20] Han, J., and H.-L. Pan, 2011: Revision of convection and vertical diffusion schemes in the NCEP global forecast system. Weather and Forecasting, 26, 520-533.

[21] Han, J., M. Witek, J. Teixeira, R. Sun, H.-L. Pan, J. K. Fletcher, and C. S. Bretherton, 2016: Implementation in the NCEP GFS of a hybrid eddy-diffusivity mass-flux (EDMF) boundary layer parameterization with dissipative heating and modified stable boundary layer mixing. Weather and Forecasting, 31, 341-352.

[22] Hou, Y., S. Moorthi and K. Campana, 2002: Parameterization of Solar Radiation Transfer in the NCEP Models, NCEP Office Note #441, pp46. Available here.

[23] Hu, Y.X., and K. Stamnes, 1993: An accurate parameterization of the radiative properties of water clouds suitable for use in climate models. J. Climate, 6, 728-74.

[24] Iacono, M.J., E.J. Mlawer, S.A. Clough, and J.-J. Morcrette, 2000: Impact of an improved longwave radiation model, RRTM, on the energy budget and thermodynamic properties of the NCAR community climate model, CCM3, J. Geophys. Res., 105(D11), 14,873-14,890.2.

[25] Johansson, Ake, 2008: Convectively Forced Gravity Wave Drag in the NCEP Global Weather and Climate Forecast Systems, SAIC/Environmental Modelling Center internal report.

［26］ Juang, H-M, et al. 2014:Regional Spectral Model workshop in memory of John Roads and Masao Kanamitsu, BAMS, A. Met. Soc, ES61-ES65.

［27］ Kim, Y.-J., and A. Arakawa (1995), Improvement of orographic gravity wave parameterization using a mesoscale gravity-wave model, J. Atmos. Sci.,52, 875-1902.

［28］ Kleist, D. T., 2012: An evaluation of hybrid variational-ensemble data assimilation for the NCEP GFS , Ph.D. Thesis, Dept. of Atmospheric and Oceanic Science, University of Maryland-College Park, 149 pp.

［29］ Lott, F and M. J. Miller: 1997, "A new subgrid-scale orographic drag parameterization: Its formulation and testing", QJRMS, 123, pp101-127.

［30］ Mlawer, E.J., S.J. Taubman, P.D. Brown, M.J. Iacono, and S.A. Clough, 1997: Radiative transfer for inhomogeneous atmospheres: RRTM, a validated correlated-k model for the longwave. J. Geophys. Res., 102, 16663-16682.

［31］ Sela, J., 2009: The implementation of the sigma-pressure hybrid coordinate into the GFS. NCEP Office Note #461, pp25.

［32］ Sela, J., 2010: The derivation of sigmapressure hybrid coordinate semi-Lagrangian model equations for the GFS. NCEP Office Note #462 pp31.

［33］ Yang, F., 2009: On the Negative Water Vapor in the NCEP GFS: Sources and Solution. 23rd Conference on Weather Analysis and Forecasting/19th Conference on Numerical Weather Prediction, 1-5 June 2009, Omaha, NE.

［34］ Yang, F., K. Mitchell, Y. Hou, Y. Dai, X. Zeng, Z. Wang, and X. Liang, 2008: Dependence of land surface albedo on solar zenith angle: observations and model parameterizations. Journal of Applied Meteorology and Climatology.No.11, Vol 47, 2963-2982.

［35］ Hijmans, R.J., S.E. Cameron, J.L. Parra, P.G. Jones and A. Jarvis, 2005. Very High Resolution Interpolated Climate Surfaces for Global Land Areas. International Journal of Climatology 25: 1965-1978. doi:10.1002/joc.1276.

［36］ K. Okamoto, T. Iguchi, N. Takahashi, K. Iwanami and T. Ushio, 2005: The global satellite mapping of precipitation (GSMaP) project, 25th IGARSS Proceedings, pp. 3414-3416.

［37］ T. Kubota, S. Shige, H. Hashizume, K. Aonashi, N. Takahashi, S. Seto, M. Hirose, Y. N. Takayabu, K. Nakagawa, K. Iwanami, T. Ushio, M. Kachi, and K. Okamoto, 2007: Global Precipitation Map using Satelliteborne Microwave Radiometers by the GSMaP Project : Production and Validation, IEEE Trans. Geosci. Remote Sens., Vol. 45, No. 7, pp.2259-2275.

［38］ K. Aonashi, J. Awaka, M. Hirose, T. Kozu, T. Kubota, G. Liu, S. Shige, S., Kida, S. Seto, N.Takahashi, and Y. N. Takayabu, 2009: GSMaP passive, microwave precipitation retrieval algorithm: Algorithm description and validation. J. Meteor. Soc. Japan, 87A, 119-136.

［39］ T. Ushio, T. Kubota, S. Shige, K. Okamoto, K. Aonashi, T. Inoue, N., Takahashi, T. Iguchi,

M.Kachi, R. Oki, T. Morimoto, and Z. Kawasaki, 2009: A Kalman filter approach to the Global Satellite Mapping of Precipitation (GSMaP) from combined passive microwave and infrared radiometric data. J. Meteor. Soc. Japan, 87A, 137-151.

[40] S. Shige, T. Yamamoto, T. Tsukiyama, S. Kida, H. Ashiwake, T. Kubota, S. Seto, K. Aonashi and K. Okamoto, 2009: The GSMaP precipitation retrieval algorithm for microwave sounders. Part I: Over-ocean algorithm. IEEE Trans. Geosci. Remote Sens, 47, 3084-3097.

[41] M. Kachi, T. Kubota, T. Ushio, S. Shige, S. Kida, K. Aonashi, and K. Okamoto, 2011: Development and utilization of "JAXA Global Rainfall Watch" system. IEEJ Transactions on Fundamentals and Materials, 131, 729-737. (In Japanese).

[42] T. Ushio, and M. Kachi, 2009: Kalman filtering application for the Global Satellite Mapping of Precipitation (GSMaP). Chapter for "Satellite Rainfall Applications for Surface Hydrology" (Editedy by Mekonnen Gebremichael and Faisal Hossain), Springer, ISBN978-9048129140, 105-123.

[43] S. Seto, N. Takahashi, T. Iguchi, 2005: Rain/no-rain classification methods for microwave radiometer observations over land using statistical information for brightness temperatures under no-rain conditions. J. Appl. Meteor., 44, 8, 1243-1259.

[44] Y. N.Takayabu, 2006: Rain-yield per flash calculated from TRMM PR and LIS data and its relationship to the contribution of tall convective rain, Geophys. Res. Lett., 33, L18705, doi:10.1029/2006GL027531.

[45] T. Ushio, D. Katagami, K. Okamoto, and T. Inoue, 2007: On the use of split window data in deriving the cloud motion vector for filling the gap of passive microwave rainfall estimation, SOLA, Vol. 3, 001-004, doi:10.2151/sola, February 2007-001.

[46] N. Takahashi, and J. Awaka, 2007: Introduction of a melting layer model to a rain retrieval algorithm for microwave radiometers. Proc. 25th IGARSS, 3404?3409.

[47] S. Seto, T. Kubota, N. Takahashi, T. Iguchi, T. Oki, 2008: Advanced rain/no-rain classification methods for microwave radiometer observations over land, J. Appl. Meteo. Clim., 47, 11, 3016-3029.

[48] T. Kozu, T. Iguchi, T. Kubota, N. Yoshida, S. Seto, J. Kwiatkowski, and Y. N. Takayabu, 2009: Feasibility of Raindrop Size Distribution Parameter Estimation with TRMM Precipitation Radar. J. Meteor. Soc. Japan, 87A, 53-66.

[49] T. Kubota, S. Shige, K. Aonashi, K. Okamoto, 2009: Development of nonuniform beamfilling correction method in rainfall retrievals for passive microwave radiometers over ocean using TRMM observations. J. Meteor. Soc. Japan, 87A, 153-164.

[50] S. Kida, S. Shige, T. Kubota, K. Aonashi, and K. Okamoto, 2009: Improvement of rain/no-rain classification methods for microwave radiometer observations over ocean using the 37-GHz emission signature. J. Meteor. Soc. Japan, 87A, 165-181.

[51] S. Shige, T. Watanabe, H. Sasaki,T. Kubota, S. Kida, and K. Okamoto, 2008: Validation of western and eastern Pacific rainfall estimates from the TRMM PR using a radiative transfer model, J. Geophys. Res., doi:10.1029/2007JD009002.

[52] S. Seto, T. Kubota, T. Iguchi, N. Takahashi, T. Oki, 2009: An evaluation of over-land rain rate estimates by the GSMaP and GPROF algorithms;The role of lower-frequency channels. J. Meteor. Soc. Japan, 87A, 183-202.

[53] T. Kubota, T. Ushio, S. Shige, S. Kida, M. Kachi, and K. Okamoto, 2009: Verification of high resolution satellite-based rainfall estimates around Japan using gauge-calibrated ground radar dataset. J. Meteor. Soc. Japan, 87A, 203-222.

[54] S. Kida, T. Kubota, M. Kachi, S. Shige, and R. Oki, 2012: Development of precipitation retrieval algorithm over land for a satellite-borne microwave sounder. Proc. of IGARSS 2012, 342-345.

[55] A. Taniguchi, S. Shige, M. K. Yamamoto, T. Mega, S. Kida, T. Kubota, M. Kachi, T. Ushio, and K. Aonashi, 2013: Improvement of high-resolution satellite rainfall product for Typhoon Morakot (2009) over Taiwan. J. Hydrometeor., 14, 1859-1871.

[56] T. Kubota, S. Shige, M. Kachi, and K. Aonashi. 2011: Development of SSMIS rain retrieval algorithm in the GSMaP project. Proc 28th ISTS, 2011-n-46.

[57] T. Ushio, T. Tashima, T. Kubota, and M. Kachi, 2013: Gauge Adjusted Global Satellite Mapping of Precipitation (GSMaP_Gauge), Proc. 29th ISTS, 2013-n-48.

[58] Rodell, M., P.R. Houser, U. Jambor, J. Gottschalck, K. Mitchell, C.-J. Meng, K. Arsenault, B. Cosgrove, J. Radakovich, M. Bosilovich, J.K. Entin, J.P. Walker, D. Lohmann, and D. Toll, The Global Land Data Assimilation System, Bull. Amer. Meteor. Soc., 85(3), 381-394, 2004.

[59] Adler, R.F., G.J. Huffman, A. Chang, R. Ferraro, P. Xie, J. Janowiak, B. Rudolf, U. Schneider, S. Curtis, D. Bolvin, A. Gruber, J. Susskind, P. Arkin, E.J. Nelkin, 2003: The Version 2 Global Precipitation Climatology Project (GPCP) Monthly Precipitation Analysis (1979-Present). J. Hydrometeor., 4(6), 1147-1167.

[60] Huffman, G.J., 1997: Estimates of Root-Mean-Square Random Error for Finite Samples of Estimated Precipitation, J. Appl. Meteor., 1191-1201.

[61] Huffman, G.J., 2012: Algorithm Theoretical Basis Document (ATBD) Version 3.0 for the NASA Global Precipitation Measurement (GPM) Integrated Multi-satellitE Retrievals for GPM (I-MERG). GPM Project, Greenbelt, MD, 29 pp.

[62] Huffman, G.J., R.F. Adler, P. Arkin, A. Chang, R. Ferraro, A. Gruber, J. Janowiak, A. McNab, B. Rudolph, and U. Schneider, 1997: The Global Precipitation Climatology Project (GPCP) Combined Precipitation Dataset, Bul. Amer. Meteor. Soc., 78, 5-20.

[63] Huffman, G.J., R.F. Adler, D.T. Bolvin, G. Gu, E.J. Nelkin, K.P. Bowman, Y. Hong, E.F. Stocker, D.B. Wolff, 2007: The TRMM Multi-satellite Precipitation Analysis: Quasi-Global,

Multi-Year, Combined-Sensor Precipitation Estimates at Fine Scale. J. Hydrometeor., 8(1), 38-55.

［64］Huffman, G.J., R.F. Adler, M. Morrissey, D.T. Bolvin, S. Curtis, R. Joyce, B McGavock, J. Susskind, 2001: Global Precipitation at One-Degree Daily Resolution from Multi-Satellite Observations. J. Hydrometeor., 2(1), 36-50.

［65］Huffman, G.J., R.F. Adler, B. Rudolph, U. Schneider, and P. Keehn, 1995: Global Precipitation Estimates Based on a Technique for Combining Satellite-Based Estimates, Rain Gauge Analysis, and NWP Model Precipitation Information, J. Clim., 8, 1284-1295.

［66］Funk, Chris, Pete Peterson, Martin Landsfeld, Diego Pedreros, James Verdin, Shraddhanand Shukla, Gregory Husak, James Rowland, Laura Harrison, Andrew Hoell & Joel Michaelsen. "The climate hazards infrared precipitation with stations-a new environmental record for monitoring extremes". Scientific Data 2, 150066. doi:10.1038/sdata.2015.66 2015.

［67］Hansen, M. C., P. V. Potapov, R. Moore, M. Hancher, S. A. Turubanova, A. Tyukavina, D. Thau, S. V. Stehman, S. J. Goetz, T. R. Loveland, A. Kommareddy, A. Egorov, L. Chini, C. O. Justice, and J. R. G. Townshend. 2013. "High-Resolution Global Maps of 21st-Century Forest Cover Change." Science 342 (15 November): 850-53. 10.1126/science.1244693 Data available on-line at: https://glad.earthengine.app/view/global-forest-change.

［68］Gong, P., Li, X., Wang, J., Bai, Y., Chen, B., Hu, T., ... & Zhou, Y. (2020). Annual maps of global artificial impervious area (GAIA) between 1985 and 2018. Remote Sensing of Environment, 236, 111510.

［69］乔治，孙希华. MODIS 在我国陆地科学中的应用进展研究 [J]. 国土资源遥感，2011，23(2)：1-8.

［70］QIAO Zhi, SUN Xi-hua. Advances in the Study of the Application of the MODIS Data to China's Terrestrial Science[J]. REMOTE SENSING FOR LAND & RESOURCES,2011, 23(2): 1-8.

致　谢

本书的第 5 章部分内容来源于吴秋生老师的开源软件包 geemap，吴秋生老师是美国田纳西大学诺克斯维尔分校助理教授，同时是亚马逊 AWS 深度学习小组的技术骨干，个人主页链接：https://wetlands.io。研究领域包括地理信息科学（GIS），遥感和环境建模。特别是在地理空间大数据、机器学习和云计算（例如，谷歌地球引擎、亚马逊网络服务）的融合与应用方面有突出的贡献，其开发了 GeeMap、Leafmap、Geospatial、Lidar、Whitebox-Python 和 WhiteboxR 等高级地理空间分析的开源软件包。

本书的第 7 章部分来源于 CSDN 博客（此星光明）中 GEE 错误集专栏，内容中总结了 CSDN 粉丝和公众号所提出的诸多问题。在此感谢各位同学、老师对我的信任和肯定，能让我有机会总结出 GEE 当中遇到的普遍问题，以便为更多初学者提供高效的帮助。另外，本书特别感谢阿里达摩院 AI Earth 团队和华为昇思（MindSpore）团队在本书创作期间给予的支持。

闫星光